U0386906

有幸为祖国的富强和老百姓扬眉吐气做一点实际的工作，是最大的精神享受，是任何物质享受难以比拟的。

——杜祥琬

作 者 简 介

杜祥琬（1938.4.29—），男，应用核物理、强激光技术和能源战略专家。生于河南省南阳市，原籍开封。1964 年毕业于苏联莫斯科工程物理学院。中国工程物理研究院研究员、高级科学顾问，中国工程院原副院长。

曾主持我国核试验诊断理论和核武器中子学的精确化研究，为我国核试验的成功和核武器发展做出了重要贡献。

曾任国家 863 计划激光专家组首席科学家、领域专家委员会主任，从事发展战略研究和激光物理与技术研究，是我国新型高能激光研究的开创者之一，推动我国新型高能激光技术跨入世界先进行列。

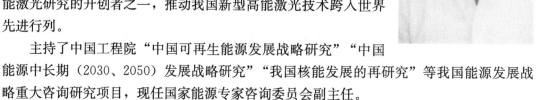

主持了中国工程院"中国可再生能源发展战略研究""中国能源中长期（2030、2050）发展战略研究""我国核能发展的再研究"等我国能源发展战略重大咨询研究项目，现任国家能源专家咨询委员会副主任。

主持了中国工程院"应对气候变化的科学技术问题研究"等重大咨询研究项目，参与了国家 2020 年和 2030 年低碳发展战略目标的论证，作为中国代表团高级顾问参加了多次联合国气候变化大会，任第二届国家气候变化专家委员会主任、第三届国家气候变化专家委员会名誉主任。

1997 年当选中国工程院院士，2006 年当选俄罗斯国家工程科学院外籍院士，2002 年当选中国工程院副院长。曾获国家科技进步奖特等奖一项、一等奖一项、二等奖两项，部委级一、二等奖十多项，2000 年获何梁何利科技进步奖。

写在科学边上

杜祥琬 著

科学出版社

北京

内 容 简 介

本书是作者在几十年的科研人生中所写的一些非专业的文字，是在科研实践之余写的东西。全书分为"铭记篇""家庭篇""学风篇""散文篇"和"诗歌篇"，分别写给人生中遇到的不同的人和事。写人、写景、讲故事，表达的则是作者的思想和感情。

本书适合广大学生、研究人员以及对这段跨世纪的历史感兴趣的读者阅读。

图书在版编目(CIP)数据

写在科学边上/杜祥琬著 . —北京：科学出版社，2019.6
ISBN 978-7-03-061565-7

Ⅰ. ①写… Ⅱ. ①杜… Ⅲ. ①物理学-文集②中国文学-当代文学-作品综合集 Ⅳ. ①O4-53②I217.2

中国版本图书馆 CIP 数据核字（2019）第 112645 号

责任编辑：钱 俊 / 责任校对：张小霞
责任印制：吴兆东 / 封面设计：耕者设计

科 学 出 版 社 出版

北京东黄城根北街 16 号
邮政编码：100717
http://www.sciencep.com

北京建宏印刷有限公司印刷
科学出版社发行 各地新华书店经销

*

2019 年 6 月第 一 版 开本：787×1092 1/16
2024 年 4 月第三次印刷 印张：22 1/2
字数：710 000

定价：168.00 元
（如有印装质量问题，我社负责调换）

关于杜祥琬的几个故事 *

（代序）

毛剑琴

最近翻了翻过去的记事本，找了几个关于老杜的故事和诸位分享。

一、在做激光时期的两次身体险情

1995 年秋，老杜为了试验，多次去合肥，期间短暂回京。9 月 7 日从合肥回京，8 日到所里开会，中午骑车回家。回家途中，在一条狭窄的自行车道上，遭遇一辆逆行的收废品的三轮车。骑车的是一位女师傅，车上堆满了东西，超出了车的宽度。她把老杜撞倒了，车上的废铁片把他的手指划伤，流血不止。师傅拿出创可贴给老杜贴上，由于下午还有事，老杜为了节约时间就回家了，下午去所里继续工作。晚饭后，老杜的手还很疼，我们不得已去北医三院看急诊。晚上 8 点多，医生看后说："再晚来一个小时，手指就要切掉"，立刻进急诊手术，给他重新处理了创口，缝了 7 针，打了破伤风针，一个多小时后老杜回家，第二天一早就去绵阳开会，几天后又回了合肥试验基地。

1999 年春，在合肥试验期间他病了，3 月下旬发现面部有一个区域麻木、没知觉，住入北医三院。开始医生当脑梗来治，一周以后没有好转，再次做核磁检查发现是鼻腔内肿物压迫神经所致，良性恶性不能确定，要立刻手术。为了做鼻子的手术，4 月 2 日住进同仁医院，4 月 8 日做内窥镜手术，手术全麻 4 小时，术后切片为良性，我们才松了一口气。其实那时候我工作也很忙，儿子在外地，幸亏有所办的徐敏等同志帮忙。两周后，4 月 19日，老杜出院。由于伤口是开放的，每天要用药水冲洗两次。按医嘱应在家休息两周后再去医院复查，但老杜执意要立刻回试验场地，没有办法，只能带着两箱药水，由我陪同回到合肥安光所。为了避免感染，863 办公室的张建平帮助我们把老杜所住房间的地毯撤了，我待了两天看情况稳定就回京了，老杜在合肥做完试验，到 5 月份才回京。

二、与老一辈科学家之间的深情

因为我在九所也工作过，所以我在后面会称老周、老邓等，这是我们当时习惯的

　＊　本文为毛剑琴教授 2018 年 4 月 27 日在中国工程物理研究院召开的"杜祥琬'事业、科学、人生'"会上的发言，由于发言时间有限，开会时将第四部分略去。

称呼。

1996 年 6 月 1 日是星期六，一大早王淦昌先生来电话，他对老杜说："你干得太累了，要注意劳逸结合，请毛剑琴接电话，我要请她好好照顾你的生活。"我接过电话以后，王老说："你要照顾好杜祥琬的身体啊。"我说："王老你放心，我一定做到，你自己要多保重啊。"那年王老 89 岁，老杜 58 岁。科学前辈这样关心后辈令人感动不已。1998 年 12 月 10 日王老因病去世，享年 91 岁。我们非常悲痛，老杜一气呵成，写了一篇悼念王老的文章，题为《科学泰斗 良师益友——深切悼念王淦昌先生》。12 月 23 日《科技日报》刊出，告别会是 25 日进行的。这篇文章成了告别会前唯一见报的悼念王老的文章。

1986 年 8 月 3 日，邓稼先先生追悼会后，老杜很悲痛，回家后撕下当天的台历，在背面一口气写成一首诗：

悼老邓
——并赠许鹿希老师

和平岁月未居安，一线奔波为核弹。

健康生命全不顾，牛郎织女到终年。

酷爱生活似童顽，浩瀚胸怀比草原。

手挽左右成集体，尊上爱下好中坚。

铸成大业入史册，深沉情爱留人间。

世上之人谁无死，精忠报国重天山。

写完后老杜立刻去老邓家，把诗送给了老邓的夫人许鹿希老师。许老师后来将这首小诗收入了《邓稼先传》。

2017 年 10 月 3 日，老杜要我和他一起去看在北京医院住院的周光召先生。他拉着周光召先生的手说："老周，今年是你 88 岁生日，米寿，我们来看你，祝你生日快乐，也祝你早日康复。"可惜老周一直在昏睡之中，老杜拉着他的手久久没有放下。

当时另一个非常相似的情景出现在我的眼前。那是距今 42 年前，1976 年地震期间，老杜得了重度急性痢疾，但因北医三院病房都在抗震棚里，无法住院，他无力行走了，我每天用自行车驮着他去三院打针。为了方便上厕所，经过批准才允许我陪他住在我们那已有裂缝的房子里。一天，任当时所长的老周来我们家看老杜，问了病情后，久久没有说话，因为当时九所真是面临着天灾人祸，1976 年 4 月 5 日的清明节前，九所群众在当时的书记和所长老周的带领下去天安门送了十多个花圈悼念周总理，还在所内墙上贴了悼念周总理的诗词。老杜因一首诗卷入其中，九所在"四人帮"的压力下要追查"黑手"。地震前在所内已经开过点名批判老杜的会，所长的压力也很大。在这样的情况下，老周和老杜相视无言，彼此忧心可知。老周在老杜的病床前坐了 20 分钟左右，什么话也没说就走了。要知道那时余震不断，而我们住的 2 号楼已震出了裂缝，危险随时可能发生。周光召先生能不顾危险来看老杜，至今想起，仍使我们十分感动。

三、两个 49 年

今年清明节老杜和我在绵阳，4 月 6 日我俩重访了 1969 年搬迁三线时的梓潼院部老点和当时九所的搬迁老点曹家沟。院部老点现在已成为两弹城，作了爱国主义教育基地。在里面我们找到了老杜当年的办公室、住过的宿舍和招待所、吃饭的食堂、放电影的广场等，去拜谒了邓稼先先生和王淦昌先生的故居，正值清明，给邓稼先先生的遗像献花悼念。由于当年物资十分短缺，每天的伙食是水煮白菜或萝卜，所以在周末人们都到梓潼来改善生活。翻过长卿山的黑风口，我们来到潼江边。老杜站在当年走过的漫水桥上对我说：“在黑风口下面江边的小饭馆，老邓和我一起吃过潼江的鱼。”又指着对面的梓潼县城说：“在街边的小饭馆，老周和我们一起吃过炒猪肝。”他又指着潼江说：“在潼江里我游过泳。”

我们两人当时心里都在想：如今黑风口、潼江、漫水桥还都在，可是老邓、老周……还有当年在潼江里游过泳的 31 岁的小伙子如今也 80 岁了，真是物是人非呀！

随后又来到曹家沟。1969 年 12 月，九所全部搬到这里，两个月后大部分科技人员回京，可是我们的行李在这里放了 20 年，如今当年的宿舍楼已经成为鸡舍，看了这一切，我们思绪万千。回来后我做了一个音乐相册，老杜看了以后写了一段话：这个音乐相册使人思绪连篇，无论多少曲曲折折，无论多少是是非非，始终不变的是爱的力量，爱——对国家和民族的爱，支撑着几代人的奋斗，战胜物质上的短缺和人世间的折腾，做了载入史册的事。

从梓潼回来后，我久久不能平静，想起了另外一个 49 年的故事。2014 年 10 月 11 日趁在三门峡开会之便，老杜要我和他一起去一趟河南灵宝县武家山大队，这是一个他好多年梦想着要回去的地方。1965 年刚从苏联学习回来参加九所工作不久的他，满怀热情地报名投入全国开展的“四清运动”。当时他随二机部“四清”队伍来到灵宝县，被分派到武家山大队，和另一名组员负责一个生产队的“四清”。“四清”的对象是农村的基层干部，做法是农民在“四清”工作队的领导下揭发和批判“四不清”干部。回想当年，老杜觉得自己虽然努力做到了和贫下中农同吃同住同劳动，但是也执行了错误的指示，对老乡做了些不对的事，比如干预老乡对村干部的选举等。所以他总觉得应该去看看老乡们。事先老杜跟我说：“不知道原来的老乡还有多少在，还能来几个。”出乎我们的意料，10 月 11 日下午，我们进武家山大队时，已经有一屋子人在等我们了。好多人拉着老杜的手说“什么风把你吹来了？”，一位大娘说：“你当年从山下挑水上山，给我们家送来。”一位大叔又说：“你当年帮我们在地里干过活儿。”当年的会计赵景谋向我们介绍了现在武家山农民已经过上了富裕的生活等。桌上摆满了武家山自己种的全国有名的灵宝苹果和大枣，一再地让我们品尝。坐定后老杜跟大家说：“那年‘四清’中我也做了些错事，比如选举时……”话还没说完，老乡就接过去说：“你那会儿很年轻，从城里到我们这儿来，帮我们做了很多好事，不容易啊……”多淳朴的老乡，他们的胸怀！他们的真情！只记得你做的好事，根本不想听你的歉意，老杜的眼圈红了。坐了一会儿大家建议去队里看看，于是一群人走到了老杜当年和五保户老大爷住过的全村最破的没有门的窑洞，又看到了当年往山上挑水的很陡很窄的小道，看到了满山的柿子树。老杜回忆，当年粮食不够，和老乡们用柿子充饥，老乡们说他们现在都不住窑洞了，大多数人都盖了砖瓦房，不少人还买了车，一再说下次再来时一定要在村里住几天。天快黑了，到了离开的时间，老乡们握着我们的手久久不愿松开，是呀，这跨越半个世纪的握手多不容易啊！人生能有几个49年呢，我们的青春年华，永远和这片山水连在了一起！

在返回三门峡的途中，老杜收到了赵景谋老乡发来的短信，是一首诗。

迎杜祥琬老先生故地重游

折柳当年拭泪腮，青山张臂故人来。

居同孤老寒窑洞，食在贫家土灶台。

指点乡村犹小道，纵横学海展雄才。

沧桑半纪风云事，执手何须叹发白。

返京的路上，老杜仍在回味着老乡们的深情，久久不能平静，途中写下了一首简诗答谢老乡。

答景谋老弟

心系武家山，梦牵五十年。

桑榆终圆梦，激情胜语言！

紧握不忍释，兄弟姐妹般。

寻觅当年路，却见多新颜。

祈我好乡亲，幸福更美满！

四、亲和力

有一段时间，国内一些地方对河南人有些偏见。2004年5月在郑州召开了有关"城市化"项目中原城市调研学术报告会，作为工程院副院长的老杜随时任工程院院长徐匡迪赴会，徐院长给老杜布置任务说："我致开幕词，闭幕会上你讲几句。"5月14日闭幕会上，老杜即席发言，一开头就用地道的河南话说："我是一个地道的河南人，生在南阳，长在开封。"顿时会场上响起了热烈的掌声，一时间会场的气氛轻松了许多。他又深情地接着说："如果没有中州这块土地的营养，没有家乡父老的培育，没有在开封受到的初等和中等教育，就不会有今天在工程院工作的我。这个'本'我一直铭记在心。后来，出去学习工作……但存在于内心的、根深蒂固的对河南的关切却一点也没有减退。……河南有过一个灾难深重的过去，解放后也走过一段崎岖的道路，现在虽然有了很大的发展，但从世界眼光来看，还是相对落后的，因而在我对河南的关切中，就多了一份深沉，多了一份热切。热切期盼河南的振兴，热切盼望中原的崛起。河南的振兴是我们民族振兴的象征，中原的崛起是中华民族和平崛起的标志。……实现中原的崛起是一番光荣而艰巨、伟大而壮丽的事业。"

在这之前，2002年10月我随老杜回开封高中参加他的母校百年校庆，他在代表老校友讲话时说：每当有人问起我是哪里人时，我都会毫不迟疑地回答："我是河南开封人。"当他用地道的开封话说出这七个字时，会场上的校友们报以热烈的掌声，气氛顿时活跃起来。事实上，在那段时间，老杜在河南人多的会上讲话或报告时，开场白都是用地道的河南话说："我是河南开封人。"他用这个办法在努力地消除"偏见"给他的河南老乡们心灵上带来的阴霾，从而维护他们的尊严，为他们鼓劲儿。

2010 年 6 月在俄罗斯西伯利亚克拉斯诺亚尔斯克召开的国际能源会上，由于当时的历史背景，老百姓的生活有所下降，在会上明显地感觉到俄罗斯科学家们情绪的沉闷。闭幕宴会上，大会主席邀请老杜上台讲话，老杜讲了一些感谢和祝贺的话后，主动说我们一起唱个歌吧，于是用俄文唱起了《歌唱祖国》，这是一个我们这些上世纪六十年代中国大学生几乎都会唱的苏联歌曲："我们祖国多么辽阔广大，它有无数田野和森林，我们没有见过别的国家，可以这样自由呼吸……"，他那男中音俄语歌声响起时，宴会厅里顿时安静下来，越来越多的俄罗斯学者站起来和他一起唱，大会主席也上台和他一起唱，一直把三段歌词唱完后，大会主席激动地说："现在，我们知道有一个国家比我们更能自由呼吸，那就是中国，我建议再唱一支歌《莫斯科—北京》。"于是大厅里又一次响起了大合唱的歌声，场景很是动人。合唱结束后响起了长时间的掌声，一扫沉闷的空气。

2018 年 6 月的一天，像往常一样，老杜到绵阳九院院部出差后回北京，在飞机上，一位乘务组的小伙子和老杜聊天，"您是河南南阳人?"老杜回答："我生在南阳，祖籍是开封。"小伙子说："我也是河南人，是新乡人。"老杜问起小老乡，家里怎么样? 还有什么人在老家? 并嘱咐他"你要常回去看看父母啊!"下飞机时，机组的另一位女服务员对老杜说："您很有亲和力，做您的手下一定很幸福!"之前，我一直在想，以上的几个镜头很生动，反映了老杜平时待人接物的态度，但没找到一个合适的标题来概括。"亲和力"的说法给了我启发，在和人相处中，老杜确实有一种亲和力，这种亲和力来自他内心对每个人的尊重，来自他敏锐的洞察力，从而能及时地使和他接触的人感到一种真诚和亲近。当然，这也是和他所受的家庭教育是分不开的，他不止一次地跟我说起，他那郑州大学教授的父亲杜孟模，每天骑自行车上下班，而且每次回家经过家门口传达室时，总要下车和值班的师傅聊几句，得知师傅家里有困难时，还会解囊相助。他传承了父亲的这种亲和力，这在他的三观中占有很重要的地位，也是他一生几次跨界，总能带领不同领域的团队完成好国家任务的重要原因。

最后，回顾几十年的老故事，正如老杜讲的一句话："没有大家，我一个人什么事也做不成。"这是千真万确的。所以，我要向今天在座的和没能来的领导、同事、朋友表示衷心的感谢。

前　言

几十年的人生经历，有着宏大的历史背景。虽说是短暂的一瞬，却也十分丰富。作为一名科技工作者，在几个领域的应用研究中，我做了一些具体科研工作，也写了一些研究论文和专著。同时，出于工作的需要或内心的感悟，也写了一些其他的文字，它们与科研实践有密切的联系，但并不是专业的论文，可以说是写在科学实践旁边的东西，本文集由此得名。

《写在科学边上》由几部分构成。

"铭记篇"是献给老一辈的。有幸在一批杰出的科学家指导下工作，他们坚实的学术功底和大写的品格风范使我终生受益。我会铭记在心，祖国和人民也不会忘记他们。

"家庭篇"是写给家人的。几代人、一百多年，在曲折复杂的时代背景下，留下了为社会进步不懈奋斗的足迹，也倾注了对祖国和家庭的深情，付出了牺牲和爱的奉献。写给亲人的文字是过心的。

"学风篇"是职责的产物。在担任中国工程院科学道德建设委员会主任并参与中国科协科学道德委员会工作期间，对科技界和教育界存在的学风和科学道德问题，做了一些梳理和分析，讨论了治理的"药方"。表达对纯学术境界的呼吁和期盼，对科学精神和文化建设的感悟。

"散文篇"是些杂文。有随笔和一些不成文体的随想，包括对母校的回忆和国内外出差的所见所想。表达对真、善、美的追求，对青年一代的寄语。

我对诗词虽有爱好却没有研究，也没有写诗的素养。收在"诗歌篇"里的是一些自由体的抒情诗及顺口溜，记录一些令我感动的人和事，特别是对人间真情的赞颂。

是的，历史和现实是五味杂陈的。几十年的事业和生活实践，使我感到最可贵的是人间真情。同甘共苦中产生的真情，攻克难关共享成就的奋斗中凝成的真情，亲人、师长、同事、朋友、晚辈和父老乡亲们的真情，有温度、有深度，令人感动，给人幸福。

以此书，献给真、善、美的他们！

杜祥琬

2018 年 6 月

目　录

铭 记 篇

家 庭 篇

学 风 篇

散 文 篇

诗 歌 篇

附　录

铭

记

篇

回忆周恩来总理^①

听到周总理逝世的消息，心情特别沉痛，这种沉痛，没有什么语言可以表达，哀乐和热泪也难以形容！周总理，您是我们内心爱戴和尊敬的革命家！哀乐声中，思绪连篇，不能平静。

哀乐声中，仿佛看到了您那伟大、光辉的形象，听到了您那亲切、坚定的声音，忆起了使我永远难忘的一天。

那是一九七一年十一月十二日下午，中央专委要听取三次核试验的零前汇报。上午接到通知后，我们兴奋得不得了，午饭都没有心思吃了。对我们来说，汇报工作虽然重要，但更使人喜在心头的是要去好好看看总理啊！下午三点前，我们来到庄严的人民大会堂，走进北门，来到四川厅，坐在几排半圆形的椅子的侧面后排，等待着总理。眼望着大厅的入口，心情急切而兴奋。我不禁想到，我们还没有为党、为人民做什么工作，今天却能坐在总理的身边向他老人家汇报，聆听他的教导，这是无上的幸福，可也是对自己的鞭策啊！

周总理来了！四点整，敬爱的周总理出现在大厅入口，右手略为抬起，迈着稳健而轻捷的步子，快步走来，我们简直想喊出来：周总理身体多么好啊！思想一下想起"大跃进"年代的一句歌词："革命人永远是年青，他好比大松树冬夏常青！"我们的总理，正是这样的革命人啊！

总理在前排中央位置就坐，翻阅出席人的名册，图摆放在总理面前的地毯上，朱光亚同志在图前，面向总理开始汇报。那时，林彪自我爆炸刚两个月，汇报开始，总理就想到两个月前九月八日那次专委会，总理说："上一次黄永胜心不在焉，问他他也不说话，原来是忙得很，顾不过来。"然后总理问大家："文件（指关于林的文件）都听过了吧！"停了一下说："观光华侨不通知，华侨工人也不通知，意见大了。要搞一个文件，解释这个问题。对外，兄弟党暂不通知，方毅去阿尔巴尼亚，恐怕要略谈一二，主席同意了。"

我们的总理思考着、处理着多么重大的事情啊！可是，总理对我们的事业却过问得非常具体、非常仔细！汇报的第一个是"43 试验"，当朱光亚同志说到装置结构时，总理问："张翼翔同志，二炮对这些摸得怎么样了？也可能不用，备而无患嘛！总要从用着想。""43"是第一次要在地平面上做的核试验，总理特别关心安全性，所以当汇报说，这次威力的上限预计为××吨时，总理问："如果核材料烧光了，威力会超过多少？"为了安

---

① 本文写于 1976 年 1 月，未曾发表过。

全有充分把握总理问到这个极端的情况，这时朱光亚看了我一眼，我赶忙站起来回答道"不超过××吨"。不知是我声音小了，还是总理想要听得确切些，侧过脸来，又问了一句"多少？"我提高声音说"最多××吨"！总理这才放心了，我坐下来，心都要跳出来了。在"43"汇报快结束的时候，总理又说："防范工作要与中央卫生部联系好，不需要大车待命了吧！"总理的工作总是这样周到、细致。

周总理非常关心革命后继有人的问题，关心新干部的成长。总理在名单上看到的××的名字，就招呼他说："××啊，到这里来！"让他中间坐在总理后面听。总理还在听汇报中说："给朱光亚你们一个任务，在'四五'期间带出徒弟来，天有不测风云，病一下怎么办？六十年代已经干到七十年代初了。"总理就是这样忙着今天，还想着明天啊！

总理教导我们要和工人相结合，重视实践经验，看到名单里没有工人，总理说："工人怎么没有来？要提倡给老工人谈技术，他们有很多经验，装置他们敢自己爬上去，工人和科技工作，要相结合嘛！不结合起来，总会有差距，不管多么尖端，也要结合好。李时珍采药，从实践总结经验，一代代发展下来。"

在汇报进行过程中，总理还对林彪反党集团对国防事业的破坏进行了尖锐的批判。总理说："花样不要太多，林一个电话就一个花样，就有人投其所好，下必甚焉！"总理特别关心我们九院的情况，问"九院有多少人？搬家搬得怎么样？青海出了许多怪现象，两个'赵'，赵登程检查了没有？赵启民在交通部就极左，这次又进去，态度怎么样？有错后改正嘛！"总理还询问七机部的情况，特别问到一代青年人情况，总理说："他，他们被批得很厉害，我也不知道，×××同志要冷静一点，好好研究一下。"

总理就是这样，从技术到政治，从生产斗争到阶级斗争，从新干部到老干部，从国内到国外，胸中装着多少事情啊！

时间过得真快！一个女服务员走来，说"总理，该吃饭了"，这时我们才想起看手表，已经六点半了，但总理还在继续讲。过了几分钟，服务员又走过来说："总理，饭要凉了"。总理还是说完了才宣布"吃饭"。这时，我们走到前面去，把地毯上的图卷起来。并想更近一点多看总理几眼，这时，总理离开座位，恰好从我的身边走过，我听见总理高声、清晰地对在场的领导们说了一句："对年青人的政治生命，你们要慎重啊！"这句话深深地打动了我的心。老一辈伟大的无产阶级革命家，是何等地关怀着青年一代的成长啊！

离开了接见厅，我们只想，能和总理一起吃晚饭多好啊！可是总理在想什么呢？总理在想着用吃饭的时间做工作：四川厅旁边就是小餐厅，总理刚走到餐厅门口，稍稍停了一下，没见×××，就喊了一声，×××慌忙过去，总理知道他陷进了林彪的活动，但还是要教育、挽救他，就叫他与总理坐到一桌去，总理那一桌除他外，都是中央领导同志。

这是一顿特别的晚餐，只有一个菜，不是用盘，也不是碗，而是一个盆子盛着的，在桌子中央，这一个菜不管当时还是今天想起来都是特别朴素而又好吃！可我们没有心思研究菜里都放了些什么，一心在注意着总理的言谈和手势。我们的饭桌是总理旁边一排，中间隔着一桌，但因一共只有四五十人，所以看得很清楚，总理吃的是和我们完全一样的饭，也是一个菜，最后跟大家一样一小盘白兰瓜。总理在整个吃饭的过程中，没有停止谈话，一直在工作！

　　饭后，我们不得不恋恋不舍地告辞了，我们几乎是后退着走出来的，因为谁都想在自己的脑海里多留下几个总理那伟大动人的形象！可是总理从餐厅出来，又走进了四川厅，那是七机部的一个试验任务已经在等待着汇报了。这一天，像总理一生中千万个操劳的日日夜夜一样，也是一直工作到深夜，到黎明！

　　今天，面对总理庄严、可敬、可爱的遗像，心里茫然若失，悲痛难言！周总理的逝世实在是难以弥补的损失啊！总理没有死，他活在我们心中，永远活在人民的心中！

缅怀钱三强先生^①

　　怀着对三强先生缅怀和崇敬的心情，我很想参加钱三强先生 90 周年诞辰座谈会和"钱三强星"命名仪式，但因出差外地，不能前往，特此写信，代表中国工程院对座谈会的组织者表示感谢，并对"钱三强星"的命名表示热烈的祝贺！

　　钱先生是新中国原子能事业的开创者。在他所做的大量工作中，也包括对人才的培养。根据他代表我国政府同苏联政府签的协议，1959 年派遣了三十名学生去莫斯科工程物理学院学习原子能有关专业，他亲自为我们送行，并谆谆叮嘱，至今难忘。从此，我们有幸沿着钱老开辟的道路，为我国的原子能事业尽力。

　　钱先生是二十世纪我国杰出的科学家和科技领导人。他一直站在国家高度，胸怀大局、全局，完全从国家利益出发，无私地处理各种问题，倡导团结协作，全国一盘棋，为我国科技事业的发展做出了巨大的贡献。钱先生是科技工作者的楷模，他的思想和精神永远值得我们学习和弘扬。

　　借此机会，特向何泽慧先生致以亲切的问候和美好的祝福！

---

　　① 本文写于 2003 年 10 月 16 日，为钱三强先生 90 周年诞辰代表中国工程院写的信。

科学泰斗　良师益友[①]

——深切悼念王淦昌先生

❖ 1987 年，作者与王淦昌先生在美国马里兰大学

　　王老最后的几个月，病情急剧恶化。每次去医院看他时，心中总被一种不祥的预感所笼罩：难道我们真的要失去王老了吗？11 月 14 日，他在病床上谈到神光Ⅱ工程时，用清晰的语言对我们说："中国人不应当干得差，靠大家努力！"12 月 5 日，已十分虚弱的他，又对联合实验室的同志用力地说："一定能成功！"他是在不遗余力地鼓励后人，推进中国的激光核聚变事业。34 年前，正是他，创造性地提出了"用激光引发核聚变"的思想。几十年来，他一直是这项研究的实干家、带头人，是竖立在这支研究队伍最前头的一面旗帜！

　　王淦昌是 20 世纪中国科学界最杰出的人物之一，是物理学界的泰斗。王淦昌先生早年的杰出成就之一，是提出了独到的探测中微子的实验方法。经过系统的研究、思索，他在 1942 年 1 月的《物理评论》上发表的《关于探测中微子的一个建议》一文中，提出了

---

① 本文最初发表于 1998 年 12 月 23 日《科技日报》，后转载于《物理》1999 年第 4 期。

利用 ^{7}Be 经 K 俘获成为 ^{7}Li 的单能反冲原理测量中微子的存在。1947 年又在《物理评论》上发表了《建议探测中微子的几种方法》一文。当时国内无实验条件，许多国外物理学家按他建议的方法进行实验，确定了中微子的存在这一独具匠心的工作，受到国际物理学界的高度评价。可以说，这是一项与诺贝尔物理学奖擦边而过的工作。我第一次知道王淦昌这个名字，是 1960 年在莫斯科，王淦昌领导的研究组在杜布纳联合核子研究所发现反西格玛负超子的研究成果公开发表，引起了科学界的轰动。当时，我还是一个在莫斯科学习的学生，从新闻纪录片上看到了苏联学者在王先生面前毕恭毕敬地请教问题。这个镜头在我的心中留下了终生难忘的印象。回国后，每次听王老说起："中国人不比外国人差"时，总使我想起这个镜头。是的，中国科学工作者应当有这样的自信和自尊，应当对人类科学的发展作出第一流的贡献！

王先生回国后，根据国家的需要隐名埋姓，投入了中国核武器的研制，成为这一事业的主要奠基人之一。作为初创阶段"冷实验委员会"的主任、副院长，他不仅为原子弹和氢弹的突破立下了汗马功劳，而且为奠定核武器研究的技术基础（如脉冲功率技术）解决了许多关键技术问题。核试验转入地下后，年过花甲的他，为测试方法过关，花费了大量心血，使我国的地下核试验做到了一次试验，多方收效。1997 年春，王老在家门前散步时，被一伙骑车的年轻人撞倒，致使大腿骨折，卧床半年，体质大为下降。记者在报上披露此事，批评那撞倒老人逃之夭夭的骑车人，文中称王老是"中国原子弹之父"，王老看后对我们说："这样称呼不合适，原子弹是集体搞出来的，我没有做什么！"深知王老对我国核武器事业作出重大贡献的我们，听了这几句话，除了被他的崇高品格和美德深深感动外，还能说什么呢?！

王老是我国高技术研究发展计划的开创者之一。1986 年 3 月，他和王大珩等 3 位科学家向中央提出了建议，认为开展高技术研究"事关我国今后国际地位和进入 21 世纪后在经济和国防方面能否进入世界前列的问题"。科学家的思想和邓小平的高瞻远瞩相结合，便诞生了我国著名的"863 计划"。他经常来参加我们激光技术专家组的研讨会，耄耋之年的他仍然思维敏捷，总能提出许多具体的问题和看法。他不仅大力推动了我国高功率固体激光和准分子激光的发展，还对新型的化学激光、X 射线激光和自由电子激光的发展提出过重要的意见。其中，氟化氪准分子激光研究，是王老亲自领导在中国原子能科学研究院搞起来的。1990 年底，实现了百焦耳激光能量输出的"七五"目标，1991 年初，召开了这个阶段成果的鉴定会。通常，来参加鉴定的专家总是要说不少好话的，可是王老那天却对自己带头搞出来的成果严厉地说："一百焦耳，光束质量不好没有用，没有用！"他的话，震撼了每一位与会者的心。这句朴素而尖锐的话，包含着对发展强激光的一个根本性的深邃的见解：一定要把光束质量放在第一位。以后几年，在发展各类新型强激光的实践中，许多始所未料的现象和问题，究其源，常常与光束质量有关，这大大加深了我们对王老那句话的理解。近年来，包括氟化氪准分子激光在内的各类强激光，不仅进一步提高了输出能量和功率，而且显著改善了光束质量，听到这样的进展，他总是高兴得合手鼓掌。20 世纪 90 年代以来，我国新型强激光的发展上了几个台阶，王老十分关注，11 月中旬，他在病床上得知最近的一次大型实验又取得圆满成功的消息时，激动地从被子里伸出右手，翘起大姆指说："干得好，祝贺大家！"1992 年 11 月，王老到绵阳参加中国工程物理研究院的发展战略研讨会，听了"开拓科研新领域"的报告后，他在讨论会上给予了热情的鼓励，并明确地建议，今后院的工作应该是三条线："核武器、高技术、军转民。"此后，"三大任务、三个基地"已成了我院新时期工作的指导思想。实际上，鼓励创新，是王老学术思想的特色，他曾说："科学上的新追求，才是我的最大兴趣。"90 岁高龄的他，还亲自赴香港作关于能源的讲学，他讲的不是一般的能源问题，而是事关人类未来的、可持续发展的、洁净的新能源。他是一个活到老、学到老、求新到老的人！

王老的人品光彩照人。他是一位伟大的爱国者。曾在德国留学 4 年并在世界各大国享有盛誉的王淦昌，始终坚持以报效祖国为己任，不惜隐名埋姓甚至忍辱负重。"文化大革命"拉大了我国科学技术与世界水平的差距，王老心急如焚。一次谈到激光聚变时，他摇着头说："我们开始得比人家早，不应该比人家差这么多，不应该！"他谆谆叮咛出国进修的青年人：学成后一定要回来，中国需要人才。他倡导全国一盘棋的大协作，常说："中国科技工作者要团结一致，参与国际竞争。"正是在王老等老一辈科学家的不倦努力下，中国科学院和中国工程物理研究院在激光核聚变领域已进行了 20 多年卓有成效的大协作。王老为人正直、感情丰富而真挚。他深深敬爱周总理，1976 年初，总理去世时，他正和我院的同志一起在外地出差。回京后，清明前，北京应用物理与计算数学研究所的同志们准备去天安门广场为周总理敬献花圈，王老闻知，一定要去，并坚持同大家一起挤公共汽车去。在广场，他冒着初春的寒风和小雪，脱帽向总理遗像深深鞠躬。不料，竟有个别人向王洪文写信告状，说有人"绑架人大常委王淦昌"去天安门广场闹事。王洪文下令追查"反革命"。王老正在三线出差，接到追查组的调查信，他气得发抖，愤怒地说："胡说八道！什么'绑架'，我是自己要去的！悼念总理有什么罪?！"他就是这样大义凛然地抵制了追查，保护了同志，大家都从内心敬佩王老的品格。王老处事实事求是，有啥说啥，朴实无华。去年大家祝贺他 90 大寿，请他讲话时，他说："买了这么多花篮来，不好，太浪费了，卖花的人倒是发财。现在贪污浪费太多，不好！"1980 年，中国核学会在兰州召开代表大会，年过七旬的王老主动坚决辞去了学会理事长的职务，从此，许多学会都不约而同地有了一个惯例：理事长均不超过七十岁，还是王老带的一个好头。王老是第一流的科学家，却非常平易近人、和蔼可亲、生活俭朴、关怀后辈。一些早年跟过他一道工作的小伙子，如今已是满头银发，王老还经常念叨这些同志，见了面，就深有感情地说："你们也都不小了，要注意身体啊！"使我永远难忘的是，1996 年 6 月 1 日，星期六一大早，家里的电话铃响了，是王老打来的，他说："好几个同志都对我说，你干得太累了，要劳逸结合，当心身体！请毛剑琴接电话，我要请她照顾好你的生活！"顿时，一股热流通过我的全身，比我年长 30 岁的王老，竟以这般的真挚和深情，关怀一个后人的健康，这是多么可贵而动人的情怀呵！写到这里，我不禁热泪盈眶。呵，王老，我的良师益友，忘年之交，我们除了加倍努力工作之外，还有什么办法回报您的一片真情，告慰您的在天之灵呢?！

王淦昌和国家 863 计划①

——为王淦昌先生百年诞辰而作

1. 国家"八六三"（863）计划是科学家的智慧和国家领导人的战略眼光相结合的产物

20 世纪 80 年代，中国从"文化大革命"的恶梦中醒来，国家的经济、教育、文化、科技都遭到"文化大革命"灾难性的破坏。改革开放刚拉开序幕，邓小平登高一呼："发展是硬道理，"道出了亿万人民的心愿。"科学技术是第一生产力"的思想开始深入人心，加快发展我国科学技术事业有了现实的可能性。同时，我国科学技术与世界先进水平的差距十分明显，国力不强，家底薄弱。而国际上，从 80 年代初开始，一波新技术革命的浪潮迅猛发展，其中最具标志性的是，美国总统里根 1983 年宣布的《战略防御倡仪》（SDI）计划，具有明显的实现一超独霸的战略意图。相继出笼的欧洲的《尤里卡计划》及日本、苏联的高技术计划，在国际高技术领域掀起了不甘落后的竞争热潮。

国家发展的机遇不能一再丧失，国际的挑战必须积极应对。严峻的形势引发了科技界认真的思考和讨论。在这个国内外的大背景下，王大珩、王淦昌、陈芳允、杨家墀等四位老科学家于 1986 年 3 月 3 日上书中央，提出了研究和发展我国战略性高技术的建议。小平同志以他特有的敏锐和战略眼光，于 3 月 5 日即迅速作出批示，肯定了这个建议，并要求"此事宜速作决断，不可拖延"。据此，国务院和有关领导部门组织众多专家，进行高技术研究发展计划的论证和拟定，经过半年多的努力，形成了一个"军民结合，以民为主"，比较全面又重点突出的"八六三"计划。从此，1986 年 3 月这个历史性的时间点载入史册。1986 年 11 月 8 日，中央、国务院正式下发了《高技术研究发展计划（"八六三"计划）纲要》，即著名的"24 号文件"。明确指出，该计划的目的是"在几个最重要的高技术领域，跟踪国际水平，缩小同国外的差距，并力争在我们有优势的领域有所突破"。"为十五年至二十年后的发展创造条件，使其达到在国际上受人尊重的水平"。为此，计划设立了六大领域（后扩展为八个）。

二十年过去了，国际形势和科学技术都发生了重大的变化。连国力强大的美国也意识到 SDI 计划雄心过大，目标不实际，在几经调整之后，终于蜕变成现在的国家导弹防御（NMD）计划，并在大力推进之中。虽有这些变化，但当年提出"八六三"计划的国际大

---

① 本文原载于《物理》2007 年第 5 期。

背景，以及这一大背景对我国安全构成的威胁和挑战，都更加清晰。在 20 世纪，美国依仗"核威慑"的军事战略，已发展为 21 世纪的"核和非核双重威慑"战略，在保持"核霸权"的同时，又在谋求"空间霸权""信息霸权"。回头看看 20 年前确定的"八六三"计划的总目标和选定的几个主要技术领域，是很有针对性的，是应对国际挑战又符合我国国情的"不对称而有效"的战略选择，而且在 20 年的实践过程中，又动态地进行了必要的调整和补充。回顾二十年，深感"八六三"计划决策的正确，深感"八六三"计划意义重大和深远，深感老一辈科学家和国家领导人的高度智慧和高瞻远瞩的战略眼光。

2. 王淦昌参与提出"八六三"计划并非偶然

青少年时代的王淦昌生活在多灾多难的旧中国，他既是一个用功读书的好学生，又多次受到爱国主义的激励。"五四"运动时，还是小学生的他，就参加老师率领的游行队伍，上街宣传反对卖国、抵制日货，人们赞许的目光在他的心灵深处，栽下了爱国的幼苗。老年时的他在回忆这件事时说："这是我第一次上街游行，只想着能为国家兴亡出点力就是光荣，大家就欢迎，否则受人唾弃，岳飞和秦桧就是一例，我从小就想着要做岳飞那样的人。"1925 年，上海发生"五卅"惨案，震惊全国。正在上海学习的他和学生们一道上街撒传单。1926 年 3 月，在清华大学上学的他参加了反对八国最后通牒的集会游行，并动员同学说"国难当头，匹夫有责。"这次受到武力镇压的流血事件，就是著名的"三一八"惨案。当晚，叶企孙教授激动地说："如果我们的国家像大唐帝国那样强盛，这个世界上有谁敢欺侮我们？……只有科学才能拯救我们的民族……"这番话给王淦昌留下了难忘的印象，他从此下决心走科学救国的道路，始终为实现"祖国需要更加强大"这个愿望而不懈地奋斗。

要科学救国，就要投身科学，王淦昌选择了作为科学之基的物理学。无论是在吴有训指导下在清华从事的科研工作中，还是在德国攻读博士学位的研究工作中，他都有出色的表现，并学到了最新的物理学理论和实验技巧。

王淦昌先生早年的杰出成就之一，是提出了独到的探测中微子的方法。在抗战时期内迁至西南，在浙江大学工作的他，经系统地研究、思索，在 1941 年提出了《关于探测中微子的一个建议》，发表于 1942 年 1 月的 *Physical Review*[1] 上，他建议利用 ^{7}Li 的单能反冲原理测量中子微子的存在。1947 年，他又在 *Physical Review* 上发表了《建议探测中微子的几种方法》[2]。当时国内无实验条件，多位国外实验物理学家按他建议的方法进行实验，确定了中微子的存在。这一独具匠心的工作，受到国际学界高度评价。可以说，这是一项与诺贝尔物理学奖擦边而过的工作。

我第一次知道王淦昌，是 1960 年在莫斯科，王先生领导的研究组在前苏联杜布纳联合核子研究所发现反西格玛负超子的研究成果公开发表，引起了科学界的轰动。正在莫斯科学习的我，从新闻纪录片上看到，苏联学者在王先生面前毕恭毕敬地请教问题。这个镜头在我的心中留下了终生难忘的印象。在以后的几十年里，每次听王老说起："中国人不比外国人差"时，总使我想起这个镜头。

王先生回国后，根据国家的需要，隐名埋姓，投入了中国核武器的研制，成为这一事业的主要奠基人之一。作为初创阶段"冷实验委员会"的主任，他不仅为原子弹和氢弹的突破立下了汗马功劳，而且为奠定核武器研究的技术基础（如脉冲功率技术）解决了许多关键技术问题。核试验转入地下后，年过花甲的他，为测试方法过关，花费了大量心血。1969年第一次地下核试验前，他在坑道内发现了放射性氡气，为了尽量减少氡气对工作和大家身体的影响，经他建议，采取了一些措施，他自己却身先士卒，坚持在洞内工作。不料却遭到军管会的批判，"活命哲学""扰乱军心"的大帽子扣到王老的头上。军管会的一派胡言使王老十分愤怒。但他却把个人的荣辱生死置之度外，坚持完成好国家任务，使一次地下核试验做到了多方收效……

王淦昌就是这样从青少年到中老年走出了一条执着追求、科学报国的人生道路。"文化大革命"灾难过后，面对世界高科技发展的机遇和挑战，年近八旬的他，怎能不心急如焚。参与开创"八六三"计划，是他人生轨迹的必然，是他为国建树的又一个丰碑。

3. 关注激光技术领域，推进激光核聚变研究

"八六三"计划的领域之一是"激光技术领域"，旨在发展新型的高功率、高质量的激光技术，以适应工业加工及其他方面的应用。王先生经常来参加我们激光技术专家组的研讨会，耄耋之年的他仍思维敏捷，总能提出许多具体的问题和看法。他不仅大力推动了我国高功率固体激光和准分子激光的发展，还对新型的化学激光、X射线激光和自由电子激光的发展提出重要的意见。其中氟化氪准分子激光研究，是在王老亲自领导下在原子能研究院搞起来的。1990年底，实现了百焦耳激光能量输出的"七五"目标。1991年初，召开了这个阶段成果的鉴定会。通常，来参加鉴定的专家总是要说不少好话的，可是王老那天却对自己带头搞出来的成果严厉地说："100焦耳光束质量不好没有用，没有用！"他的话，震撼了每一位与会者的心。这句朴素而尖锐的话，包含着对发展强激光的一个根本性的深邃的见解：一定要把光束质量放在第一位。以后几年，在发展各类新型强激光的实践中，许多始所未料的现象和问题，究其源，常常与光束质量有关，这大大加深了我们对王老那句话的理解。近年来，包括氟化氪准分子激光在内的各类强激光，不仅进一步提高了输出能量和功率，而且显著改善了光束质量，听到这样的进展，他总是高兴得合手鼓掌。近年来，我国新型强激光的发展上了几个台阶，王老十分关注。临终前不久，他在病床上得知最近的一次大型实验又取得圆满成功的消息，激动地从被子里伸出右手，翘起大拇指说："干得好，祝贺大家！"

在他和王大珩、于敏等的努力推动下，1993年初，惯性约束核聚变在"八六三"计划激光技术领域立项，作为一个主题，开展激光驱动的核聚变物理与技术的研究。实际上，早在1964年，正是他，创造性地提出了"用激光引发核聚变"的新思想。若那时即抓紧干，我国当走在世界前列，不幸的是"文化大革命"使我国大大落后了。"文化大革命"刚过，王先生即率领中国工程物理研究院（时称九院）的一支队伍到中国科学院上海光机所讨论两单位合作开展激光惯性约束聚变事宜。这两个单位分别具有核聚变物理和激光光学的优势，有很好的互补性。大家当时称王淦昌为"大王老"，称王大珩为"小王老"，两位王老力促这一重要的合作研究，建立了联合实验室，强调"合则成，分则败"。

1980 年，提出了联合建造脉冲功率为 10^{12} 瓦的固体激光装置，建成后于 1987 年 6 月通过鉴定，经张爱萍将军题词，命名为"神光"装置。"神光"装置建成后，王先生特别强调要保证它良好地运行，多做物理实验研究。激光核聚变在"八六三"计划立项后，制定了新的发展规划，建成性能更高的研究平台。王老在工作中继续发挥指导作用，特别是强调在技术上和物理上要做出创新的成果。当激光专家组提出把准分子激光转向惯性约束聚变应用时，他表示完全支持。在去世的前几天，已十分虚弱的他，还对联合实验室的同志用力地说："一定能成功！"他是在不遗余力地鼓励后人，推进中国的激光核聚变事业。在我国的激光核聚变研究中，王先生的人格魅力，起到了重要的凝聚人才队伍的作用，而他不断创新的学术思想，起到了重要的推动作用。

4. 王淦昌留下了宝贵的精神财富

"八六三"计划 20 年的健康发展，离不开一条生命线，那就是坚持科学发展、自主创新。这包括：一是坚持把发展战略研究和总体概念研究放在首位。由于"八六三"计划的定位，它既然有创新性、重大性，也就有高难度和风险性，因此要不断深化发展战略研究，以便确定适合国家需求和国情，又符合科学发展规律的发展方向、战略目标与重点。对每一个项目，又要做好总体概念研究。这些工作对项目的健康发展有重要的指导作用；二是坚持科学、客观的技术决策。运用"八六三"计划的机制，科学地论证和选择技术路线，避免单位和个人的局限性。在项目的选择上，立足科学分析做到高起点，以实现跨越发展，在项目的实施上，则坚持循序渐进、按科学规律办事，科学地确定发展步骤和阶段；三是坚持科学精神、科学态度和优良学风。在工作的每一步、每个环节，都科学地发现问题、分析问题、解决问题，理论与实验相结合，知其然，知其所以然，使自主创新体现在工作的全过程。保持严谨、踏实的学风，远离浮躁和急功近利。这条科学发展的生命线来自王淦昌等老一辈科学家留下的优良传统，来自于科研团队"国家利益高于一切"的共同精神支柱和价值观。

不断追求新概念，做创新性的工作，是王淦昌学术思想的重要特征。从基本粒子物理领域到核武器突破和激光核聚变，他自己走过了一条不断创新之路。他曾说："科学上的新追求，才是我的最大兴趣。"1992 年 11 月，王老到绵阳参加中国工程物理研究院的发展战略研讨会，听取"开拓科研新领域"的报告后，他在讨论会上给予了热情的鼓励，并明确地建议，今后院的工作应该是三条线："核武器、高技术、军转民。"此后，"三大任务、三个基地"已成了该院新时期工作的指导思想。90 高龄的他，还亲自赴香港作关于能源的讲学，他讲的不是一般的能源问题，而是事关人类未来的、可持续发展的、洁净的新能源。他是一个活到老、学到老、求新到老的人！

王先生倡导全国一盘棋的大协作。他常说："中国科技工作者要团结一致，参与国际竞争。"站在国家高度，超脱小单位利益，才能有这样的胸怀。对于今天的中国科技界，这一点具有重大的现实意义，这也是"八六三"计划的特色和灵魂。

王先生关怀后辈，提携后人。一些早年跟他一道工作过的小伙子，后来也已满头银发，王老经常念叨这些同志，见了面，就深有感情地说："你们也都不小了，要注意身体啊!"在他年过九十的时候,曾对我说:"六十岁的人是可以从头开始干的!"这句话是他"老骥伏枥、志在千里,烈士暮年、壮心不已"的写照,是他的心里话。事实上,在他年过花甲之后,又做成了几件大事:地下核试验,推动激光核聚变,研制准分子激光器,开创国家"八六三"计划等。这句话也是他对后辈的鼓励。关心事业未来和祖国未来的他,满怀着对后人的深情和期待,他是后来人的良师益友、忘年之交。

王淦昌属于中国,闻名世界。他是一位忠诚的爱国者,他把自己毕生的智慧和精力献给了祖国的科学技术事业。他是 20 世纪中国科学界最杰出的人物之一,是物理学的泰斗,治学严谨、实事求是、功底深厚、成就卓著。他是一位品德高尚的人,为人正直、朴实无华、平易近人、和蔼可亲,是科技工作者的楷模和榜样。

参考文献

[1] Wang K C. Phys. Rev. , 1942, 61:97.

[2] Wang K C. Phys. Rev. , 1947, 71:645.

王淦昌与我国的核武器和高技术事业[①]

王淦昌院士不仅是一位在基础研究领域成就卓著的物理学家、科学巨匠，也是我国国防尖端应用研究领域的开创者和奠基人之一。20 世纪 60 年代初，正当王老精力充沛地潜心驰骋于基本粒子的微观世界王国时，由于党和国家的挑选，他的科学生涯来了个急转弯，奉命参加核武器的研制工作。

王老是我国核武器研制的主要奠基人之一。在"两弹"突破创业阶段，他参加了我国原子弹、氢弹原理突破及第一代和武器研制的试验研究和组织领导。在爆轰试验、固体炸药、新型炸药和精密工艺研究以及核物理和核爆近区测试等方面，王老功载史册。中国工程物理研究院在创业初期，曾设置了四个技术委员会，王老受命担任冷试验委员会的主任委员，在科研生产第一线，在冷试验现场带领群众上千次地反复试验，创造性地工作，开展了一系列缩比的局部聚合爆轰试验，终于掌握了炸药工艺、试验部件及爆轰过程等规律。他指导解决了一系列重大关键技术问题。值得一提的是，创建初期，我院科技人员平均年龄不到 26 岁，对原子武器知识了解甚少，王老言传身教，从无到有，自力更生，为创建试验基地，带出一支年轻队伍，建立了不可磨灭的功勋。无论在长城脚下的工地，还是在青海草原、茫茫戈壁滩，王老均留下了坚实的足迹。一提起王老，我院广大科技人员和工人群众就会念念不忘与他一起共同战斗过的岁月。

王老是我院核武器实验物理研究的奠基人和开拓者。早在建院初期，他就十分重视开展实验室研究和应用基础研究。1962 年，他领导我们开展脉冲 X 射线技术测量内爆瞬时压缩等研究，带领大家研制脉冲 X 光机，指导建立脉冲功率技术、强流脉冲电子加速器等。实现闪光 X 光照相，可清晰分辨判断产品内爆压缩过程物理图像，因而，X 光照相设备是我国核武器研制过程中的关键设备之一。正是王老亲自率领我们自力更生，不畏政治压力，带领群众日夜攻关，创造性地建造了 X 光照相装置，为开展实验室爆轰物理研究及发展新一代武器奠定了坚实的技术基础。

王老为"两弹"突破亲自参加与组织了前三次地下核试验，为迅速掌握地下和试验测试与工程技术作出了卓越的贡献。王老不顾当年已见过六十，和年轻人一样加班加点，哪里有困难、有风险，他就在哪里出现。在核物理和近区测试领域，从制定物理方案至现场实施的每个技术环节，都凝聚着他的心血，渗透着他那一丝不苟、严肃认真的科学精神和

---

① 本文是 1997 年在王淦昌 90 华诞庆祝会上，作者代表中国工程物理研究院的发言，发表于《中国核工业报》，1997 年 6 月 4 日。

作风。成功率很高的国家大型核试验来之不易，靠的是试验前的精心设计和精心组织。王老就是组织指挥者的杰出代表。

在新的历史阶段，王老于 1986 年 3 月及时会同王大珩等科学家联名提出在我国开展高技术研究工作的建议。他们在建议书中指出，这是"事关我国今后国际地位和进入 21 世纪后在经济和国防方面能否进入世界前列的问题"。今天，我国"863"计划的实施已经取得重要突破。王老以他那博大精深的智慧、敏锐的目光，高瞻远瞩地预见未来，为我国高科技现代化事业献计献策，为我国发展高技术武器及拓宽高技术领域研究指明了方向，作出了不懈的努力。他不仅大力推动我国高功率固体激光和准分子激光的发展，还对新型的化学激光、X 射线激光和自由电子激光的发展提出过重要的意见。我国微波研究的新进展也同王老当年打下的脉冲功率技术的底子密不可分。

早在 1964 年，王老就与苏联诺贝尔奖获得者巴索夫院士几乎同时分别提出了"利用高功率激光驱动核聚变反应"的科学思想，是当今世界上这一科技领域的开拓者之一。王老至今仍指导着我国的高功率激光聚变研究。王老以他对这一领域的科学预见和巨大影响力，汇聚科技队伍，组织协作攻关。1988 年，王老又审时度势，会同王大珩、于敏等科学家，不失时机地建议国务院加快我国在这一领域的研究。此后，这项建议被列入"863"计划项目。现在，我国的惯性约束聚变研究正一步一个脚印，逐步向前发展，在国际上占有一席之地。

王老指导和带领我们为新时期的发展创建了重要的科研试验基地，带出了一支能为核武器和高技术事业团结奋战、群体攻关的科技队伍。王老现在是我院的高级科学顾问。从 20 世纪 80 年代末直到 90 年代的历史转变时期，我院组织了几次重大的发展战略研讨会，王老多次亲临会场，高瞻远瞩，阐述他的中肯建议和观点。

王老的思想精髓之一是"一个科学工作者要为祖国的富强献身"。他本人身体力行，也以此教育和鼓励后辈。1996 年 10 月，王老到我院视察工作，专门与年轻人座谈，语重心长地勉励青年人奋发工作，立志成才，献身国防科研事业。

王老的科学思想永不停顿，他的学术思想青春常在。他最关心的是科学上的新进展，一再强调和自我勉励说："科技上的新追求，才是我的最大兴趣"。王老从事科学工作，学到老，研究到老，实在感人肺腑。他的思想永远是年轻的，仿佛有一种无穷的力量激励着他，永远在神秘的科学世界不停地探索。

王老大力倡导协作，他常说："中国科技工作者要团结一致，参与国际竞争。"实际上，我国核武器研制的成功，正是全国大力协作的结果，是从事核地质、核材料、核物理、核数据、核技术、核武器研制和核武器试验工程的广大科技人员和解放军大力协同才取得的。王老为发展全国大协作付出了大量心血，中国科学院和我院 20 年来在惯性约束聚变研究领域的成功大协作，首先要归功于王老和王大珩先生的不懈努力。

我院的同志们十分尊敬和爱戴王老，因为他有高深的学术造诣和作为一个正直科学家所具有的热爱祖国、实事求是的品格；因为他有不断创新和求索的学术思想和一丝不苟、严肃认真的科研作风；因为他有对同志谦逊、热情、平易近人的高尚品德和情操。在我院事业受到干扰的困难时期，王老以大无畏精神，实事求是、爱憎分明、旗帜鲜明地保护群众。王老与我院普通科研人员结下了深厚的战斗友情。

翻开科技史册，一排排科技巨匠展现在我们面前，他们之所以能步入科学殿堂，造福人类，除了具有丰富的科学知识外，还在于他们都具有特殊的品格和道德。爱因斯坦在评价居里夫人时曾说过："第一流人物对于时代和历史进程的意义，在其道德品质方面，也许比单纯的才智成就还要大。即使是后者，其取决于品格的程度也远远超过通常所认为的那样。"王老为我们留下了一代师表的光辉形象，王老有特殊的品格和美德，是我们心目中永远的楷模。

怀念杰出的物理学家王淦昌[①]

2007 年是中国著名物理学家王淦昌诞辰 100 周年。在中国，在他的家乡常熟、在北京，人们举行了一系列的纪念活动，回忆他的杰出贡献，赞颂他的高尚品德。在他工作过的杜布纳联合核子研究所，人们也在怀念这位受人尊重的科学家。王淦昌以他的杰出成就载入史册，以他的人格魅力活在人们的心中。

王淦昌生在 20 世纪初，西方列强对中国的凌辱，使他走上了科学救国的道路。他选择了作为科学之基的物理学。清华大学毕业后，20 世纪 30 年代初，他在德国工作期间就显示了一个实验物理学家的能力，做出了创造性的工作。1934 年回国后，他在抗日战争的艰苦环境下，提出了利用 ^{7}Li 核单能反冲测量中微子的方法，后来又写出了《建议探测中微子的几种方法》，这些文章均发表在 *Physical Review* 上。在当时战乱的条件下，中国没有做实验的条件，美国人阿仑等按王淦昌的思想进行实验取得了成功。1949 年新中国成立后，他又为中国的宇宙线实验研究打下了基础。

20 世纪 60 年代初，王淦昌在杜布纳做出了杰出发现。杜布纳是莫斯科郊区的一个地方，当时的苏联、捷克、匈牙利、中国等联合建立了一个联合核子研究所，最好的研究设备与核物理研究科学家都在那儿。王淦昌是中国专家组的组长，也是联合所的副所长，他就带了一拨人，利用他们自己制作的设备来探测各种基本粒子，他知道有粒子、反粒子、质子、反质子、电子、正电子，还有一些介子和超子，他预计，如果能够探测某种超子的话，在胶片上应该是一个什么样的径迹，路程是什么样的？测了上万张的胶片，他们就分析，在其中的一张发现，他们预计的应该是反西格玛负超子的行为，就判定了这种反西格玛负超子的存在。这个发现引起了科学界的轰动。

这儿有一个小插曲，不是他的发现，而是非常令人钦佩的一个科学家的严谨性。当时有一张照片中有一个很长的粒子的轨迹，像一个新的粒子，当时有的科学家非常着急，想宣布我们发现了新的粒子，甚至想命名为"D 粒子"，但是王淦昌觉得这个证据不充分，这件事我们要做进一步的分析，有可能是新粒子，但是也有可能是另外一种介子的反应。当时有一个国际会，报道最新粒子学一年来的成就，就让王淦昌上去讲了这件事，王淦昌当时讲的时候，对这张胶片的解释有两种可能性，他作为两种可能性来讲的，一个是新粒子，一个是介子的反应轨迹。当时他的研究组做了严格的理论和实验的分析，最后确认这

---

① 这篇"北京来信"是应杜布纳联合核子研究所之邀所写的对王淦昌的纪念文，本文是中译文。俄文原文发表在该所的所刊《科学·合作·进步》上，2007 年 10 月 26 日，作为附件附在本文之后。

张照片不是一个新的粒子，而是 K 介子的电荷交换反应，确定以后就把这个结果公布了。王淦昌说，谢天谢地，我当时没有说它是新粒子，如果我当时急于宣布它是新粒子，我就成为一个吹牛的人，科学家是不能吹牛的。这虽然不是一个发现，但是它给我们一个启发，作为一个科学家一定要严谨、严格，不能随随便便地下结论。

1961 年王淦昌回到中国，国家要他参加突破原子弹的工作。他毫不犹豫地说："我愿以身许国。"从此，他隐姓埋名，为中国原子弹、氢弹的突破、地下核试验的测试、核武器研究基本设施的建造工作了十七年，成为中国核武器事业的奠基人之一。

1964 年王淦昌提出了"用激光束引发核聚变"的思想。苏联的 Прохоров 和 Басов 也在同一年独立提出了这一思想。直到 1998 年逝世前，王淦昌是中国激光核聚变事业的主要领导人。与此相关，他亲自参加了高功率固体激光器和氟化氢准分子激光器的研究和发展。

1986 年他和另外三位老科学家共同倡议开展中国高技术的研究，在邓小平的支持下，形成了"中国高技术研究发展计划"。20 年来，该计划为推动中国高新技术的进步起到了重要的作用。

王淦昌是一个品德高尚的人。他虽然成就巨大，却始终谦虚谨慎，平等待人，关心青年科学家的成长。我是在 МИФИ 上学时，认识在杜布纳工作的王淦昌教授的。我回国有幸在他的领导下工作了 30 年，他不仅在工作上对我的帮助很大，还关心我的身体健康，使我终生难忘。他对俄罗斯、对杜布纳怀有真挚的感情，在他八十岁的时候，又一次到杜布纳旧地重游，促进中俄科学家的合作。今年俄罗斯举办中国年，我有幸作为中国科学家代表团的副团长，陪同徐匡迪院长访问了 46 年前我来过的杜布纳，内心高兴而激动。仅以此短文献给王淦昌、献给杜布纳，并衷心祝愿中俄科技合作进一步加强。

附录：俄文原文

Письмо из Пекина

Воспоминания о выдающемся физике

В 2007 году отмечается **столетие** со дня рождения известного физика **Ван Ганчана**. В Китае, на его родине в городе Чаншу (провинция Цзянсу) и в Пекине проведен ряд мероприятий, посвященных юбилею ученого. Люди помнят о его грандиозном вкладе в науку и высоких нравственных качествах. В ОИЯИ, в Дубне, где работал Ван Ганчан, также сохранилась память об этом уважаемом ученом. Его имя вписано в историю великими открытиями, а человеческое обаяние навечно останется в наших сердцах.

Ван Ганчан родился в начале прошлого века, когда Китай был под гнетом иностранных завоевателей. В юности Ван решил служить своей стране, развивая науку, и выбрал физику, так как считал ее основой всех наук. После окончания университета Цинхуа, в начале 30-х годов, он поехал работать в Германию, где проявил замечательные творческие способности физика-экспериментатора. В 1934 году ученый вернулся на родину. В тяжелых условиях непрекращающейся войны он написал статью, где предложил методику по обнаружению нейтрино путем измерения моноэнергетической отдачи ядра ^{7}Li. Статья была опубликована в журнале "Physical Review" в 1942 году. Но в те военные годы, не имея возможностей для проведения экспериментов, Ван не смог проверить свои гипотезы. Однако в том же году после публикации вышеназванной статьи американский ученый Д.Ален получил положительные экспериментальные результаты, воспользовавшись методикой Ван Ганчана. После создания КНР Ван Ганчан заложил фундамент для экспериментальных исследований космических лучей.

В начале 60-х годов Ван Ганчан работал в Дубне, где также сделал новое выдающееся открытие. В Дубне совместными усилиями правительств стран-участниц ОИЯИ был создан Объединенный институт ядерных исследований, в котором стали работать лучшие ученые, специалисты по ядерной физике и были обеспечены условия для проведения самых современных экспериментальных исследований. Ван возглавлял китайскую группу специалистов в Институте и работал вице-директором ОИЯИ. Он и его сотрудники исследовали элементарные частицы с помощью собственного экспериментального оборудования. Уже тогда он знал о существовании частиц и античастиц, протонов и антипротонов, электронов и позитронов, мезонов и гиперонов. Ван размышлял о том, какие траектории, зафиксированные на фотопленках, будут соответствовать определенным видам гиперонов и какое расстояние они пройдут. Учеными были исследовано более десятка тысяч фотоэмульсионных пленок, и на одной из них была обнаружена траектория предполагаемого антисигма-минус-гиперона, что потрясло научное сообщество.

В этой истории был интересный эпизод, который демонстрирует почтительное и строгое отношение Ван Ганчана к научной работе. Когда на одной из пленок была обнаружена протяженная траектория частицы, указывающая, возможно, на новый гиперон, некоторые ученые, не справившись с волнением, поспешили заявить об обнаружении нового вида частицы и даже придумали ей название - "Частица номер 1". В ответ на это Ван Ганчан сказал, что, пока нет достоверных доказательств, нельзя объявлять об открытии и необходимо продолжить дальнейшие исследования, а выявленная на пленке траектория может быть как следом частицы нового типа, так и следом от реакции мезона. В это же время проходила международная конференция, на которую был приглашен Ван Ганчан.

На конференции он рассказал о недавней истории по обнаружению возможных новых частиц и подчеркнул, что это явление может иметь два объяснения. Более детальное изучение данной пленки, в конце концов, убедило Вана и его рабочую группу в том, что траектория на пленке была результатом реакции обмена зарядами К-мезонов. Только после этого они обнародовали полученный результат, а Ван Ганчан с облегчением сказал: "Слава богу, не поспешил с выводом, иначе люди считали бы меня хвастуном. Ученые должны быть всегда осторожными и ответственными в своих умозаключениях".

В 1961 году, сразу после возвращения на родину из СССР, государство предложило Ван Ганчану участвовать в создании атомного оружия. Получив это предложение, Ван не усомнился и сказал: "Я рад буду служить моей Родине". С того момента в течение целых 17 лет он углубился в решение задач по созданию атомных и водородных бомб, проведение подземных ядерных испытаний и строительство базовых сооружений для исследования ядерного оружия. Ван Ганчан был одним из основателей создания ядерных вооружений в КНР.

В 1964 году Ваном была предложена идея ядерного синтеза с помощью лазерных пучков. В этом же году советские ученые А.М.Прохоров и Н.Г.Басов независимо выдвинули подобную идею. Ван Ганчан был главным руководителем работ по лазерному ядерному синтезу в Китае до окончания своей жизни в 1998 году. Он участвовал в исследованиях и разработках твердотельных лазеров большой мощности и эксимерных лазеров KrF.

В 1986 году Ван и трое других известных ученых совместно предложили правительству начать программу по исследованию и развитию высоких технологий. При поддержке Дэн Сяопина была сформирована "Всекитайская программа по исследованию и развитию высоких технологий". В течение последних 20 лет эта программа играла важную роль в прогрессе высоких технологий в стране.

Ван Ганчан был благородным человеком. Он достиг великих открытий, оставаясь при этом скромным, задушевным и искренним человеком. Он уделял много внимания воспитанию молодых ученых. Я лично познакомился с профессором Ваном, когда еще учился в МИФИ, а он в то время работал в Дубне. Мне повезло, что я работал под его руководством в течение 30 лет. Он мне много помогал, и не только на работе, но и заботился о моем физическом здоровье, чего я никогда не забуду. Ван Ганчан с искренним чувством и большой любовью относился к России и Дубне. В возрасте 80 лет он снова приехал в гости в Дубну, где встретился с коллегами, и посвятил свой визит дальнейшему укреплению сотрудничества китайских и российских ученых.

Нынешний год провозглашен Годом Китая в России, и я имел честь посетить Дубну в качестве заместителя главы делегации китайских ученых, сопровождая президента Академии инженерных наук Китая Сюй Куанди. В Дубне я был 46 лет назад, и это посещение принесло мне невыразимую радость и глубокое моральное удовлетворение.

Я посвящаю эту небольшую статью великому ученому Ван Ганчану и городу Дубне, а также хочу сердечно пожелать дубненским коллегам дальнейшего благополучного развития и укрепления научно-технического сотрудничества между Китаем и Россией.

Академик Ду Сянвань, вице-президент Академии инженерных наук Китая
Пекин, сентябрь 2007 года.

物理学家王淦昌的故事

——纪念王淦昌先生百年诞辰①

各位领导、老师们、同学们，早上好！我看到满屋子的朝气蓬勃的同学们，先说说自己的感受：当学生真好！我要是能年轻 50 多岁，让我跟你们一块在教室听老师讲课，感觉该有多棒。说到这儿我就想起，王淦昌先生生前给青年学生送了一句话，先把这句话送给大家，五个字，他说"学习是享受"。"学习是享受"，你可以问问自己，有没有这种感觉，如果有这种感觉很好，如果这感觉不是很到位，希望你找到这种感觉。当你感觉到学习是享受的时候，不仅能学得更好，而且这种感觉有助于你的身心健康，这句话大家不妨试试看。

今天给大家尽点义务，为什么想给大家讲这个题目呢？中学生时代是一个人成长过程当中非常重要的一个成长阶段，我们这些上年纪的人有一种义务，就是尽量地做一点工作，能够有利于年轻人的成长。我想今天讲一些王先生的故事，从你们的角度看，是王淦昌爷爷的故事，如果多少对你们有一定的帮助，我就心满意足了。

王淦昌是谁呢？档案有这么几句话，"1907—1998 年，江苏常熟人，20 世纪杰出的物理学家，是一个品德高尚的人。"一个再大的科学家也是从娃娃长大的，他是从小男孩长大的，我就从他小时讲起，他的故事太长了，今天选讲他的 18 个故事。

1. 小时候的故事：少年心灵的深处，栽下爱国的幼苗

他的青少年时代，是清朝末年和民国初期，那时候正是我们国家饱受灾难和屈辱的那样一个社会背景，在那样一个背景下，王淦昌小时候的心灵深处受到影响，这个会影响人的一辈子。他小时候就是在那样一个时代背景下栽下了爱国的幼苗。

1919 年"五四"运动，那时候他 12 岁，还是小学的学生，北京大学发生了学生上街游行，打倒卖国贼，在他的家乡常熟，老师就带着小学生，举着"打倒卖国贼"的标语上街游行，当地的老百姓就夹道看着这些学生，非常称赞这些学生的爱国行为，投给他们赞许的目光，这在他的心里留下一个终身难忘的印象。在 90 岁的时候，他说"这是我第一次上街游行，只想着能为国家的兴亡出点力就是光荣，大家就欢迎，否则会受人唾弃，岳飞和秦桧就是一个例子，我从小就想着要做岳飞那样的人。"

① 本文根据作者 2007 年 3 月 6 日在中科院国家科学图书馆报告厅举行的"纪念王淦昌院士百年诞辰第三场专题系列报告会"上发言整理而成。

后来，他在上海上了中学，当时发生了五卅惨案，学生受到了镇压，他也和同学们一块上街去发传单，反对帝国主义。他在撒传单时，被一个印度巡捕给逮住了，问你为什么这样做？王淦昌那时候已学了半年多的英语，他用英语跟那个印度巡捕说，我在救自己的祖国，你在干什么，你要帮助帝国主义吗？如果在你的国家发生了这样的事，你会逮他吗？印度巡捕听后就把他放了，说你走吧。

1926 年他在清华上学的时候，参加了反对八国最后通牒的集会游行，当时很多的学生上街，他也参加了游行，并且他动员同学们说，"国难当头，匹夫有责"。但是这次游行受到了段祺瑞政府的枪杀镇压，他亲眼看到有一些同学倒在血泊中，他的印象非常深，非常生气，这就是著名的"三一八"惨案。那天晚上他回到清华以后，清华物理系的教授叶企孙就激动地跟他说"如果我们的国家像大唐帝国那样强，这个世界上有谁敢欺负我们……只有科学才能拯救我们的民族……"这一段话，他记了一辈子，他从此下决心，始终为实现"祖国需要更加强大"这个愿望而不懈地奋斗一生。从此他就走上了科学道路。

2. "物理学是一门很美的科学"

要科学救国，就要投身科学，王淦昌选择了作为科学之基的物理学，物理学是科学的基础。

他在清华的导师是吴有训先生。在清华从事的科研工作中，吴有训让他做探测器，来测量空气中的放射性，王先生从吴老师手上就学会了动手的能力，后来他到了德国学习，攻读博士学位，在那里有一个很好的导师，是一位非常著名的女物理学家，他学到了当时最新的物理学的理论和实验技巧。他在那儿攻读博士学位期间，自己动手做仪器，这也是在清华打下的基础。

1934 年他在德国，当时德国是一个什么背景？当时有一个实验，就是用 α 粒子打 Be 的原子核，发现打了以后，出现一种穿透力很强的中性粒子，当时有人怀疑这是 γ 射线，后来，居里夫妇做了相同的实验，也测到了中性的粒子，穿透力很强，已经是非常的清楚了，不是一般的 γ 射线能达到的，当时没有测试质量，就说有很强的 γ 射线。因为他是学生，建议他的导师用探测器来做一下这个实验，当时导师没有接受他的建议，没有做，可是不久以后英国的查德威克做了这个实验，他发现这个不仅是一个很强的中性粒子，而且它的质量跟质子差不多，于是就把它命名为"中子"，就是原子核的基本组成部分，质子和中子是这时候被发现的，中子的发现是非常重大的发现，有了对中子的认识，才有了核裂变、反应堆、核武器等，中子的发现是开启核试验的钥匙。这时候王淦昌很遗憾，他说他建议导师做这个实验，如果导师同意的话，说不定中子的发现就是王淦昌的事，导师说这是运气，但是如果这件事真是王淦昌发现了中子，就不是现在的王淦昌了。中子的发现，后来获得了诺贝尔奖，所以，王淦昌后来回忆说，与发现中子擦肩而过，事实上是与诺贝尔奖擦肩而过。

3. 战争年代十四年："大草帽"和中微子研究的杰出成果

20 世纪 30 年代初，已经爆发了"九一八"事变，他在 1934 年做完了毕业论文答辩，决定从德国回国，回国后比较长的时间就是在浙江大学，从 1936 年到 1950 年在那儿任教，"大草帽"是什么意思？日本人打来了，当时要逃难，先迁到广西的宜山，宜山有一个庙，当时是学校的校舍，因为庙也不够，就在空地上搭了很多大草棚子，没有桌子，也没有凳子，老师站着讲课，学生站着听课，学生有一块木板当桌子做笔记，就是这样的条件。到了过新年的时候，新年要联欢一下，主持人就说，今天过新年，给大家每人送一个礼物，一顶大草帽，就是指着那个棚子，说这是"大草帽"。那个年代的人在非常艰苦的条件下学习，还非常幽默，给他们一个挺逗的新年礼物。"大草帽"那个地方也没有待很久，不安全，学校又迁到了贵州的一个地方，王淦昌得了肺结核，虽然病了一段时间，但是他在那儿还非常用功地阅读国际上的物理学的最新进展。在肺结核的阶段，而且是在油灯底下自己想问题，去研究一个中微子探测的方法，因为当时人们在研究，在他生病的时候，发现其它衰变能量不平衡，就怀疑一种中性粒子出来，但是没有验证，只是一种假想，他就提出一种办法来测量中微子。

提出利用 Li-7 核反冲的方法来测量中微子的存在，他写好了建议，可惜那个时候抗日战争，教室是"大草帽"，怎么做实验，没有条件，就把这个文章送给了中国的物理杂志，但是物理杂志没有钱了，每年只出一期，就送给了美国，国际上最著名的物理学杂志，很快就发表了。这个被美国人阿伦拿去做实验，他们发表了文章确认这个中性粒子的存在，但是这个实验王淦昌看到以后，觉得还不够理想。

1947 年他又在 *Physical Review* 上发表《建议探测中微子的几种方法》，阿伦他们又抓紧时间做这个实验，比较明确的、确切的证明了中微子的存在，这是一个非常标志性的成果。这个成果受到国际学术界的高度评价，这也是一项与诺贝尔奖擦身而过的成果。

4. 当了四个月的中国人民志愿军：考察"原子炮弹"？

一直到抗日战争胜利，王淦昌 1946 年，又回到杭州。过了几年，到新中国成立以后，1950 年到北京来研究中国物理学的发展问题，后来他又来到北京筹建近代物理研究所，那个时候朝鲜战争爆发了，1951 年到 1953 年，当时发现美国人用一种炮弹，炮弹的威力非常厉害，就怀疑是不是原子炮，志愿军司令部就把这个信息传给了中央领导，找了科学家派一个小组到朝鲜战场考察一下，是不是用了原子炮弹，就找王淦昌听取他的意见，你愿不愿意去做这件事。王淦昌一点没有犹豫，说我愿意去，就带了三个年轻人，四个人组成一个小组，做了准备，自己动手做了一个探测放射性的记数器，然后自己做了一个外壳，就做好一个探测器，小心包装好，到鸭绿江边，穿上中国人民志愿军的军服，到了朝鲜以后，邓华副司令员接见了他，他就上前线了，看看是什么炮弹片，一测量发现一点没有放射性，所以他毫不犹豫地判断这不是原子弹，可能只是一种气浪弹。他后来回忆说，当时是 1952 年，还没有搞核武器，我们对核武器还没有概念，后来知道核武器有很大的威力，一旦爆炸整个武器上的部件、材料都会被熔化、气化掉，根本不可能有完整的弹片，就可以判断这不是原子炮弹。但是因为当时没有这个概念，所以就在那儿待了四个月，当了四个月的志愿军，一个是国家需要，一个是自己有本事来做探测器，对这个事做了一个判断。

5. 云南落雪山上的宇宙线实验室，中国的实验物理学在此生根了！专注地听研讨会，从沙发坐到了地毯上！

他到北京以后就组建中国科学院物理研究所，王淦昌是副所长，又开始致力于对宇宙线的研究。在他的领导下，就在云南的落雪山建了一个宇宙线实验室，在那儿探测宇宙线位置。有一些国外的科学家来看，看到他们的设备，也看到他们测的一些东西，就评价中国的实验物理学在这儿生根，印象非常深。他从那个时候开始，一直到后来在莫斯科的工作，对物理世界最基本的组成，最基本的粒子做了一系列工作。到后来做核武器，离开这个领域，离开之前召集他的学生一块儿开了一个研讨会，研讨一下我们下面粒子物理要做什么工作？王淦昌召集这个会，他那时候已经 50 多岁了，年轻的、中年的、老年的，大家坐到一块儿进行研讨，谁都可以上台去讲话，讲自己的想法，要做什么。王淦昌是非常专注地在听、在看、在想问题，坐在沙发上，不由自主地就坐到地毯上去了，他自己毫无感觉。旁边人一看，这个老先生怎么坐到地上去了，就给他搀起来了，他是处在高度关注的状态都把自己忘了。

6. 在杜布纳的杰出发现和一个难忘的小插曲

王淦昌在杜布纳的杰出发现。杜布纳是莫斯科郊区的一个地方，当时叫社会主义阵营的苏联、捷克、匈牙利、中国等联合建了一个联合核子研究所，整个从苏联到中国，最好的研究设备与核物理研究科学家都在那儿。他是中国专家组的组长，也是联合所的副所长，他就带了一拨人，利用他们自己制作的设备来探测各种基本粒子，他知道有粒子、反粒子、质子、反质子、电子、正电子，有一些介子和超子，他预计，如果能够探测某种超子的话，在胶片上应该是一个什么样的痕迹，路程是什么样的？测了上万张的胶片，他们就分析，在其中的一张发现，他们预计的应该是反西格玛负超子的行为，就判定了这种反西格玛负超子。

我第一次知道王淦昌也是那个时候，我在莫斯科上学，他的这个发现引起了轰动，我在那儿看了一个新闻纪录片，就是王淦昌在那儿讲，在黑板上讨论，大家不知道清不清楚，俄罗斯人自尊心非常强的，那时甚至有点不大看得起中国人，但是我从这个纪录片可以看到，苏联学者对王淦昌先生是毕恭毕敬地提问题，这个镜头给我留下非常深的印象。后来我有幸在王淦昌的领导下工作，听他有好几次说到这个话，"中国人不比外国人差"。我一听到这句话，就会想到那个镜头。中国人应该有自己的自尊心、自信心，做好自己的工作。

这儿有一个小插曲，不是他的发现，但是非常令人钦佩的就是一个科学家的严谨性，当时一张照片中有一个很长的粒子的轨迹，很像一个新的粒子，当时苏联的科学家非常着急，想宣布我们发现了新的粒子，甚至想命名为"第一粒子"，但是王淦昌觉得这个证据不够充分，这件事我们要做进一步的分析，有可能是新粒子，但是有可能是另外一种介子的反应。当时有一个国际会，报道最新粒子学一年来的成就，就让王淦昌上去讲了这件事，王淦昌当时讲的时候，对这张胶片的解释有两种可能性，他作为两种可能性来讲的，一个是新粒子，一个是介子的反应轨迹。当时他们一起分析，做了严格的理论和实验的分析，最后确认这张照片不是一个新粒子，而是 k 介子的电荷交换反应，出现的应该是这样一个轨迹，确定以后就把这个结果公布了。王淦昌说，谢天谢地，我当时没有说它是新粒子，如果我当时急于宣布它是新粒子，我就成为一个吹牛的人了，科学家不能吹牛的。这虽然不是一个发现，但是它给我们一个启发，作为一个科学家一定要很严谨、严格，不能随随便便地下结论。

7. "我愿以身许国"，为突破原子弹、氢弹隐名 17 年

从莫斯科回来，1961 年，组织找王淦昌谈话，就想请他参加突破原子弹的工作，他二话没说，就说了一句话"我愿以身许国"。从 1961 年到 1978 年，长达 17 年，王淦昌的名字消失了，他本来在国际物理学是很活跃的，他改名叫"王京"，其实这个名字也没怎么出现，家里人也不知道他干什么去了，只说他去出差，不知道去干什么，回北京开会，偶尔到家里看一看。他就成为了中国核武器的奠基人之一，当时还没有做成核武器，原子弹实际上是先用炸药，用炸药爆炸压缩的材料产生爆炸力，有核爆炸的实验叫热实验，没有核爆炸的叫冷实验，他是冷实验委员会的主任，他自己研究高能量的炸药，产生比较好的压缩，大家一块儿研究这个炸药的配方，然后炸药爆炸怎么设计等。最后，原子弹的成功除了这些基础性的工作以外，还研制了一系列基础的设施，提出了很多关键问题，其中一个就是 X 光机，X 光机是什么东西？就是用炸药，对非核材料要压缩，看能不能有一个很好的聚到中心的一个爆轰波，想用"眼睛"来看这个爆炸的过程，知道他的进程是不是进行得很好。就用一个电子束，打到一个靶上，用产生的 X 射线来照这个爆炸的过程，拍出来照片。当时很多人都加入这个工作，王淦昌先生当时已经快 60 岁了，他说咱们干这种事，没有礼拜天，只有星期七，他星期七的话就被年轻人传开了，背着王老就说，王老说只有礼拜七，没有礼拜天。他自己不分钟点地在那儿加班工作。

8. 忍辱负重花甲年

首次核实验是在地上一个铁塔上做的核实验，后来转入到地下，一个是减少大气的污染，另一个是在地下实验便于做很多的测试。第一次中国的地下核实验是在 1969 年，当时他 62 岁，年过花甲了，地下核实验，可以在它的周围安放很多的探测器，探测到信息以后，把这个信号传出来，为这个测试方法他付出了很大的心血。

当时在一个洞里面做实验，结果他和一些年轻人进去以后，就发现自己带进去的探测器卡卡响，说明什么？哪来的这么多放射性？就搞不清楚了，王淦昌静了一下，看探测结果，很快就判断这里面可能有氡气，当年他在清华做工作的时候，测试北京的大气有氡气，他很有经验，马上判断这是氡气，对人是有损伤的，他为了在保证工作的前提下，尽量减少大家受氡气的影响，就采取了一系列的措施，尽量把准备工作在洞外做好，再进来。可是他自己已经年过花甲了，不顾个人安危，在洞内做工作时间也是很长的。当时是"文化大革命"时期，我们那个院不是科学家领导的，是军管领导的，派军队来管理，叫军管，军管根本不懂核武器这套，当时一听王老说了，洞里面有氡气，马上就批判王老扰

乱军心，活命哲学，把这个大帽子扣在王老的头上。王老十分愤怒，他是为了大家的健康，他心里很愤怒，但是他还是把国家的任务放在第一位，几次地下核实验都带头下去，实验取得很好的成功。

王淦昌就是这样，从青少年到中年开始做基础性的物理学研究，特别是基本粒子的研究，然后又做中国的核武器，氢弹的突破，地下核实验，走出了一条很执着的追求科技的人生道路。

9. 最满意的一项工作：提出"激光驱动核聚变"思想

他自己曾说，人家说你做了那么多工作，你最满意的是哪项。他说我最满意的就是提出了"激光驱动核聚变"，1961 年我们国家第一台激光器出来，当时已经在做核武器了，但是他知道激光做出来以后，又在做原子核聚变、裂变的时候，他就想，激光的方向性很好，他就提出用激光驱动核聚变的思想。

王淦昌在 1964 年提出这个想法，在同一年的两个苏联的科学家，他们也独立地提出了这样一个想法，那时候这个想法王淦昌是最早的提出人之一，当时抓紧干的话，中国应该是走在前列的，但是"文化大革命"使我们大大落后了，后来又开始做这件事。

"文化大革命"刚一过，王先生就率领着中国工程物理研究院一支队伍，到中科院上海光机所，两个单位讨论激光要产生核聚变，这两个单位一家一个长处，所以要两家结合，这两个单位分别具有核聚变物理和激光光学的优势，有很好的互补性，大家讨论怎么做这个事，他倡导"合则成，分则败"，大家当时称王淦昌为"大王老"，称王大珩为"小王老"，两位王老力促这一重要的合作研究，在上海建立联合实验室，如果用激光打一个小的球，里面放核聚变的材料，这个球直径不到 1 毫米，就可以产生聚变，可以出中子，叫激光引发核聚变。

在他去世的前几天，我去医院看他，他已经非常的虚弱了，他还跟实验室的同志用力地说，"一定能成功"，他在不遗余力地鼓励后人，推进中国的激光核聚变的事业。王淦昌先生的人格魅力起到了重要的凝聚人才队伍的作用，而他的不断创新的学术思想，又起到了重要的推动作用。

10. "我不是被绑架的！"、"悼念周总理，有什么错！"

我再讲另外一个故事，他是如何做人的？1976 年 1 月 8 号，周恩来总理去世，当时王淦昌和北京第九研究所的一拨青年同志都在新疆做核实验，做核实验的时候，知道周总理去世的消息，当时北京有很多的悼念活动，送别周恩来。王老回到北京以后，就在清明前夕，3 月底大家想去悼念周恩来总理，做花圈，准备到天安门纪念碑那儿给周总理献花圈，当时他说他也去，都已经 69 岁了。说给他派个车吧，他说我不要派车，我跟大家一起坐公共汽车去，从花园路一直坐到天安门，就派了两位青年同志，一个男同志、一个女同志陪他。献完花以后，很快就有人汇报了，所谓的造反派，就写信给江青、王洪文。信是这么说的，"有人绑架人大常委王淦昌去天安门闹事"，这么一个信，王洪文就一纸批下来，追查。后来立了案，调查这件事，先去找王淦昌调查，王淦昌说，我不是被绑的，我是自个儿去的。这还有一个很细节的地方，他托了一位可靠的同志，做好一个小信封，写了一封信，"我说我是自己去的，谁也没跟我去，这张字条，你看到后立刻销毁"，他就是要保护那两位跟他去的同志，所以他特意写了这么一个条子给这两位同志。跟他去的同志，很遗憾没有保留这个条子，销毁了。如果把这封信留着，是一个宝贝，是说明他非常高尚的人品的证据。

11. 提出国家 863 计划的故事

这段历史过了以后，咱们跳到 1986 年，国家开始转向经济建设，"文化大革命"时代我们落后了很多，老科学家看到国际上很多技术的进展，看到中国落后很着急。我们的灾难过了以后，面对世界挑战的机遇，他 79 岁了，四位科学家写了一封信，提出一个建议，说中国要开展高技术研究，要跟踪世界的前沿，要不然中国的差距会拉得更大。

邓小平以他的战略眼光，3 月 3 号的信，3 月 5 号邓小平就批了，说要立刻支持这件事，所以有了 863 计划，是科学家的智慧和国家领导人的战略眼光相结合的产物。邓小平批了以后，就形成了八个领域，国家高技术研究发展计划，为什么叫"863"？就是 1986 年 3 月，这个时间点就永远被载入史册。

12. 九十岁的王老说："60 岁的人是可以从头开始干的！"

王淦昌快 90 岁的时候，我每年都要到他家里去看看他。有一次他对我说："60 岁的人是可以从头开始的！"这句话太深刻了，一方面是鼓励年轻人，还早着呢，60 岁才开始，何况年轻人，更是可以大有作为的。我想他这句话也是他自己的一个真实的心情的写照，"老骥伏枥，志在千里，烈士暮年，壮心不已"，这是他的心里话。他当时是说如果让我退到 60 岁，我还要大干一场，干很多事，也是他对后人的鼓励。

实际上他在年过花甲以后，又做了几件大事。地下核实验，是他在 62 岁以后做的事，做了中国原子能研究所的所长，推动我国的核电事业。核电我要插一段话，当时很多的国家，40 年代有了核武器，就开始做核电站，利用核能，但是中国没有正确决策。后来王老就建议，尽早发展中国核电，有一次在讨论这件事，有一个部级的领导说，中国搞原子弹可以自力更生，但是搞核电站只能引进，中国没有能力。王老气坏了，给中央写了一封信，说中国可以自己搞核电站，我们现在有的核电站是引进的，但是浙江的秦山核电站是中国第一个核电站，是中国人自己设计、自己建造的，是在王老他们一批人的努力下，我们自己建造的，自己建立的第一个核电站。

然后他又继续推动中国已经落后的激光核聚变实验，当时有一种新的激光叫准分子激光，他就在原子能所，自己带领了一支队伍，这就是那个准分子激光器的设备，研制准分子激光器一直到现在。然后开创国家"863"计划。"60 岁的人可以从头开始"，这句话不是空话，他确实做了很多实实在在的事情。

90 高龄的他，还亲自到香港讲学，他讲能源，不是一般的能源，而是未来可持续发展的洁净的能源，他 90 岁了，是活到老学到老、求新到老的这样一个人。

13. 四点思维经验和送给青少年的三句话

他在 90 岁的时候，他总结了四点思维经验。今天送给在座的同学。

第一，跟踪科学前沿，保持思维敏锐。世界上最先进的国家在做什么工作，我们就不要重复了，我们要分析前沿，想问题，做最新的内容。

第二，独立思考，大胆怀疑。这点也是他的体会，连居里夫妇这么大的科学家都要分析，中子出来了，他没有敢确定，说是 γ 射线，如果没有这样的怀疑精神，就不会有新的中子。牛顿是一个非常伟大的科学家，牛顿力学是非常完美的经验力学，但是到了很微观的一些问题，还有空间一些相对论成分的问题，经典力学就出问题了。上个世纪初，爱因斯坦思考了很多问题，打破了经典力学，提出了相对论。如果没有大胆的思考和怀疑，就没有现在这个成果。恩格斯曾经讲过一句非常有哲理的话，他说"我们的后人纠正我们今天的很多错误，他们纠正我们的错误会远远多于我们纠正前人的错误"，恩格斯说"我们差不多还处在人类文明的开端"，这是一百多年前说的这句话，现在大家听这句话还是对的，我们相信后人会纠正我们今天很多错误的事，这样才可能发展。

第三，实验为源，理论为本。中微子虽然是一个假说，但是没有探测到中微子，还是不算数的。理论为本，是要有理论，要有解释，要能解释这个实验现象，要分析个所以然。

第四，锲而不舍，持之以恒。干什么事都不会非常顺利，做基本粒子也好，做核武器研究也好，没有一件事是一帆风顺的。这时候一个人如果轻易就没有信心，就会半途而废，这一点对我们今天中国的科技界非常重要，要锲而不舍，不要急功近利。

他 90 岁给青少年送了三句话，"知识在于积累"，这比较好理解，我们要不断学习知识，才智在于勤奋。他写过八个字，"业精于勤，勤能补拙"，他很谦虚，老说这个不懂，那个不懂，很爱学习，勤劳地工作，才智在于勤奋。我说到这儿，再借一句爱因斯坦的话，"大多数人认为是才智成就了科学家，他们错了，是品格"。成为大科学家首先不是才智，是品格，勤奋这个品格能够让你得到才智。最后，"成功在于信心"，也要坚持不懈地做这件事。

准分子激光是王淦昌老先生自己提出做的，达到一个脉冲出来一百焦耳的能量，这是一个阶段性的成果。我们去给他做一个成果鉴定会，我也是鉴定委员之一，搞鉴定的时候，要说点好话的，这是王老带头出来的成果。最后开会时，他说一百焦耳光束质量不好没有用，连接说了两个没有用。自己的成果自己说不好，没有这样的事，王老这句话说了以后，大家虽然很震惊，但是这句话是非常深刻的警醒，他们搞准分子激光的，还有其它激光的同志们都知道了他这句话，激光不仅是在于能量的大小，而在于光束质量，要提高光束质量。什么叫光束质量？就是光的发散角要小，虽然激光的方向性很好，但它还是有光的发散性。科学家有什么样的特点呢？不管什么成果，实事求是，我觉得一百焦耳是肯定的，但是光束质量不好没有用，非常的朴实，非常的实事求是。这使得大家后来把光束质量做好了。

14. 九十岁生日时说："贪污浪费太多,不好,不好!"

下面再讲一个我亲历的事,王老90岁的时候,1997年,当时要给他过生日,他知道了,就不让大家给他过。在大厅里开会,我也去了,讲完了以后,最后请王老上台讲几句,那时候虽不是大礼堂,但是要比今天这个会议室要大,坐了几百人,空地方都放了花篮,就是贺生日的花篮,摆满了。王老说不要搞大,还找这么大的房间开会,还买了这么多花篮,太浪费了,花店的老板倒是发财了。就像在家聊天一样的话,非常的朴实,也没有什么开场白。然后一转话锋,说现在社会上贪污浪费太多,连着说两个"不好,不好"。他在1984年做人大常委的时候,在人大常委会发言,就讲现在的社会很多贪污腐败,有法不依,执法不严,他是一个非常刚正不阿的科学家。

15. 感情丰富真挚,青年人的良师益友

王老是一个科学家,他也是一个感情非常丰富和真挚的青年人的良师益友。王先生很关怀后辈,他非常尊重他的老同事,一些早年跟他一道工作过的小伙子,现在也都50、60了。王老也经常念叨这些同志,见了面就很有感情地说:"你们也都不小了,要注意身体啊。"因为他关心的是事业未来,祖国的未来。他的学生生病,比他自己生病还着急。大家知道王乃彦院士,1987年,"863"计划启动的时候,正要工作了,王乃彦半夜起来上厕所,撞到了门框上,把眼角膜撞掉了,他自己很着急,看不着东西,王老比他还着急,找人给他看病,现在恢复得非常好。他还有一个很得意的门生得了病需要换肾,王老就给他找肾源。还有一个年轻的助理研究员,后来生了病,住了院,王老听说他得了癌症,年轻人得了不治之症,老先生坐在病床的边上,还自己动手把香蕉的皮剥了,喂到年轻人的嘴里吃。在座的看到白发老人喂年轻人吃水果,感情是非常真挚的,令人感动。

他还送给年轻人一句话,"学习是享受"。我在这儿再补充一点我的感受,学习是享受,不光是当学生的时候,一辈子都会有这个感觉,在工作中要不断地学习,搞什么行当都一样,知识是不够用的,科学发展很快的,你要不断地学习,不断地充实,那种感觉就是享受,这种感觉是一辈子的,大家将来可能会有更深的体会。

16. 两次为国捐献

王老生活当中的小事。他从德国回国以后,1936年到1950年,一直在大学教书,一个教书先生没多少钱的,他夫人又是一个家庭妇女,是不挣钱的,他孩子不少,有四五个孩子,结果1937年抗日战争爆发,当时说有力出力,有钱出钱,他说我没有力气了,就捐钱,跟夫人商量,把夫人的嫁妆,金银首饰、铜板,值钱的送了十几斤。那时候家庭生活很困难,他就在那时候得了肺结核,吃的也不好,营养很差。

60年代初,国家经济困难,天灾人祸,经济十分困难,困难的程度就不在这儿描述了,基本的填饱肚子都很困难了。那时候我在莫斯科学习,他在那儿工作。当时他把节省下来的14万老卢布,折合起来大概是1.4万新卢布,都捐给大使馆,支援国家的经济困难。他把在杜布纳的收入捐出来了。他在生活当中不太讲究,对自己的要求很低,很简

单，但是国家有需要，他就慷慨解囊。

17. 被骑自行车的人撞倒；"我不是原子弹之父，那是集体干成的"

到 1997 年，他住在木樨地的 20 号楼，一天晚上在楼下散步，马路边上，一个骑车的年轻人把他撞了，然后这个年轻人扬长而去，老先生 90 岁了，躺在地上动不了，周围人发现了以后把他撑起来，从那儿以后身体就不行了，他就不能动了。我们在广州开会，96 年时他 89 岁了，去体检，心跳 60 多，血压 80/120，很好。被撞倒后，每况愈下，功能都衰退了。这件事，最后《北京晚报》的记者知道了这件事，当成新闻，在《北京晚报》上写了一小块豆腐块的文章，就说"原子弹之父王淦昌被人撞倒，年轻人扬长而去"，就做了这么一篇报告。王老看到这个报道以后，说"我不是原子弹之父，那是集体干成的"，非常的朴实。王老到病危之后，就一直嘱咐，最近的实验有什么好的进展？感觉到好的时候，就从被窝里把手掏出来，拍手祝贺。

18. 对家人和老师的深情

王淦昌先生从小失去了父母，他是他的外婆带大的，等他 14 岁的时候，外婆年纪也老了，外婆说我也不能养活你了，我得找一个人来关照你，给你介绍一个媳妇儿，他才 14 岁，介绍了一个 17 岁的媳妇儿，吴月琴，就是他的妻子，一个非常普通的家庭妇女，文化水平不高，个子也不高，贤妻良母，两个人一直相伴了 76 年，他的夫人比他早几个月去世，生了好几个孩子。王淦昌这一辈子，在国外工作不说了，在国内也是工作，都不怎么回家，回家也不怎么管家里的事，所以家里所有的事情都是他夫人承担的，他的孩子都是夫人一个人养大。王老蛮有脾气的，有时他态度不好，夫人有点不高兴，他就说"妈妈不要生气"，他学孩子的口气管他夫人叫妈妈，一生气就说，"我听你的还不行吗，听你的，听你的"。他跟他的孩子说，我非常抱歉的一点就是我没管什么事，你们的母亲功劳很大，你们要好好孝敬她。他很喜欢他的外孙女，有一年过年，点灯笼，出去玩，那个蜡一倒，就着了，王老正在屋子里吃饭，马上过去把灯笼踩灭，灯笼坏了，小孙女哭了起来，王老很生气地说"再不踩灭，屋子都烧着了"，但是第二天他买了一个新的灯笼送给小孙女，说昨天跟你说话态度不好。

到 90 年代末，王老已经是 70 岁左右的人了，经常为了激光核聚变去上海，上中学是在上海上的。在上海他想找他的老师，老师也都七八十岁，退休了，他到老师的家里，一进门就是一个深鞠躬，70 岁的老先生对自己的老师表示自己的感恩和敬重。

"不尽的结尾"，他留给我们宝贵的精神财富

王淦昌的故事，几十年的成就讲是讲不完的，我就讲这 18 个故事。故事总要结束的，人的一生也是要走向终点的，9 年前他走到了生命的终点，但是 9 年后，在他家乡、在北京有一系列的报告会，什么原因呢？我想他的成就都已经是过去，他的成就已经载入史册，但是他留给人们的精神财富、他的人格魅力一直在人们的心中。今天要讲故事的结尾，我就用了"不尽的结尾"。他留给我们宝贵的精神财富，这些精神财富是人们受益无

穷的。

不断追求新的概念，做创新性的工作，是王淦昌学术思想的重要特征。从基本粒子领域到核武器，到激光核聚变等等，他走了一条不断创新的道路，用他自己的话说"科学上的新追求是我最大的兴趣"。

王老还提倡全国一盘棋的大协作，要做一个科学工作者，一定要有这样一个观念，他说中国科技工作者要团结一致，参与国际竞争，他的思想一直是国际竞争，千万不要小心眼，要站在国家的高度，超脱小单位的利益，才能有这样的胸怀。这是王淦昌先生给我的非常深刻的感受，在今天的中国科学界尤其重要。

他是一个忠诚的爱国者，把自己毕生的智慧和精力献给了祖国的科学技术事业。他是二十世纪中国科学界最杰出的人物之一，他是物理学界的泰斗。

刚才讲了很多的故事，表现了他的严谨治学、实事求是、功底深厚、成就卓著。但是我想强调，他是一个品格高尚的大写的人，为人正直、朴实无华、平易近人、和蔼可亲，他有这么高的国内外的威信，却十分谦虚，他做人的理念是科学工作者的楷模和榜样。

爱因斯坦悼念居里夫人时说的一句话，"第一流人物对时代和历史进程的意义，在其道德品质方面，也许比单纯的才智成就方面还要大。即使是后者，它们取决于品格的程度，也远超过通常所认为的那样。"爱因斯坦作为一个伟人，他有自己的体会，也曾说"大多数人说，是才智造就了伟大的科学家。他们错了：是品格。"我想是很值得我们青年朋友来吸取的。

王淦昌属于中国，闻名世界。他的故事映射了 20 世纪的中国，从灾难走向发展的历史。王淦昌是一位杰出的科学家，为祖国的强盛矢志不渝地奋斗一生。

王淦昌以他的杰出成就载入史册，以他的人格魅力活在人们的心中！希望他的故事对你们的成长有一点帮助，这也是我的一点责任。

谢谢大家。

悼　老　邓①

——并赠许鹿希老师

和平岁月未居安，
一线奔波为核弹。
健康生命全不顾，
牛郎织女到终年。

酷爱生活似童顽，
浩瀚胸怀比草原。
手挽左右成集体，
尊上爱下好中坚。

铸成大业入史册，
深沉情爱留人间。
世上之人谁无死，
精忠报国重天山。

注："老邓"指邓稼先先生。许鹿希是邓稼先的夫人。

❀ 左起：许鹿希，邓志典，杜祥琬，杨振宁（1996 年）

---

① 本文写于 1986 年 8 月 3 日，邓稼先遗体告别仪式后。

愿宁静而致远　求深新以升腾[①]

——悼彭桓武先生

　　我与彭先生的最后一次会面是在 2006 年 9 月"彭桓武星"的命名仪式上，那时先生精神还好。如今星斗依旧，人事全非，难免惹人唏嘘。但我想，先生那种踏实严谨、不断创新的科学精神，淡泊名利、虚怀若谷的高尚品德，默默奉献、不求回报的爱国情操，将同他为新中国科技发展和国防实力提高而做出的功绩一起，镌刻在历史的丰碑上，光耀后世！

　　四十多年前，我初入二机部九所，就有幸在彭先生领导下工作。"文革"后，他调到中科院，距离虽远，但仍保持联系。先生治学、为人皆出众，我从先生教，受益颇深。

　　彭先生的一生是爱国奉献的一生，他的人生轨迹同国家的发展紧密地结合在一起。彭先生早年留学英国，师从玻恩和薛定谔，30 岁不到就同另外两位科学家一起发表了 HHP 理论，轰动了理论物理界，在英国学术界有极高的声誉和地位。可当他听到日本投降的消息，就毅然返回国内，希望能以自己所学重建家邦。记得曾有人问他为什么要回国。他生气地回答："中国人回自己国家不需要问为什么，不回来才要问为什么。"建国后，因国家需求，他毫无怨言地把工作重心从理论物理转向应用物理。又因为保密的需要，他甘愿几十年默默无闻，在"两弹一星"的研究过程中，做出了重要的关键性的贡献。

　　彭先生学术功底深厚、治学严谨，晚年时学术上还颇多创新。记得"文革"中，我们课题组在攻关过程中遇到弹塑性理论这个"拦路虎"。一天我在走廊里遇到彭先生说起此事，他就在黑板上用粉笔推导公式，为我们详细讲解弹塑性理论。那时，我深深地为他深厚的理论功底所折服。彭先生调回中科院后，工作重心转回到他所钟爱的理论物理上。其时，他已过花甲，却始终活跃在学术前沿。

　　2005 年 6 月，学界在清华大学举行研讨会，庆祝彭先生 90 寿辰。彭先生还在会上做了《广义相对论——一个富于刺激性的理论》的学术报告，同大家分享了他近年来的研究成果。

　　彭先生淡泊名利，宁静致远。他曾几次主动从领导岗位上退下来，理由就是"我不称职"。彭先生曾当过三届全国人大代表，一届全国政协委员，后来自己"给自己革了职"。他后来在接受采访时解释说："我从未提过案，从未发过言，理应革职。"先生一生却对

---

　　① 本文原载于《光明日报》，2007 年 3 月 3 日。

"教师"这个岗位情有独钟。他曾在云南大学、清华大学、北京大学、中科院研究生院等大学和研究机构任教，周光召、黄祖洽等一批我国著名物理学家和很多院士都曾受教于他。晚年时，先生总结自己做学问的经验，以"主动继承，放开拓创，实事求是，后来居上"16 字诀遗赠后学。

彭先生生活简朴、温饱即可，对物质享受从无要求。我入九所时，彭先生已是副所长，主管理论部。其时我们住处相近，发现他经常穿的只一件蓝色咔叽布上衣。因衣着太过寒酸，一次先生去书店买书，差点被当成小偷。改革开放后，先生依然故我，世纪之交还穿着 50 年代的旧衣服。先生对自己的生活虽散漫，对朋友同事却慷慨。1996 年，他捐献了获得的何梁何利奖奖金，设立"彭桓武纪念赠款"，把 100 万港币悉数分赠给那些曾经和他一起工作过的科学家。因为在他的心里，荣誉和成就是属于集体的。

彭先生在科学上是活跃的，在生活中是朴素的，但他的内心世界是敏感而丰富的。先生于不惑之年喜结良缘，伉俪情深。他文理兼修，工于诗词，诗文流传于世者，多是为夫人所做。夫人仙逝后，他独居近三十载，除专心物理研究外，消遣之一就是写诗悼念亡妻。先生精于古典文学，特别喜欢《三国演义》，不仅电视剧从头看到尾，还把主题歌的歌词工工整整地抄下细心品味。

关于先生的记忆，一文难穷。他给我的帮助和教诲，我永生难忘！掩卷沉思，中国科技界目前的种种弊端，其根源也许就在缺少先生这样的人，缺少先生这样的精神。彭先生曾说："科学家最高的追求也无非就是做工作。"他以诗"愿宁静而致远，求深新以升腾"直抒胸臆。我想，这句话也值得广大科技工作者共深思。彭桓武先生精神永垂！

"他是一位战略科学家"

——追忆朱光亚先生①

"我从参加工作就在朱先生领导下，他的学问和品格，给我留下了深刻印象，有太多值得我们学习。可如果一定要我说印象最深刻的是什么，我会说，朱光亚先生是一位战略科学家。"中国工程院院士杜祥琬说。

"朱光亚先生是两弹一星元勋，他不仅承担了一些具体的研发工作，而且参与制定了研发的纲领性文件，比如《原子弹装置科研、设计、制造与试验计划纲要及必须解决的关键问题》和《原子弹装置国家试验项目与准备工作的初步建议及原子弹装置塔上爆炸试验大纲》。"杜祥琬说："上世纪 80 年代后，朱先生先后出任国防科工委科学技术委员会副主任、主任，担负起了全面领导和组织国防科技发展战略研究的重任，可以说他也是我国国防科技事业的领导者和奠基人之一。"

"朱先生是个极认真的人，特别是在学术上。他没想好、没想周全之时绝不发言。那时我们开学术交流会，大家发言后等他拿主意或是总结，他并不急于说话，总是默默地一根接一根抽烟。他吐烟圈极漂亮，还能螺旋式上升。他告诉我们，是在朝鲜停战谈判当翻译时学的。"杜祥琬说："后来了解了他这个习惯，只要他一开始吐烟圈，我们就知道他正在思考，于是静静地等着。他一开口，总是高屋建瓴，有振聋发聩的作用，有些想不明白的问题往往就迎刃而解了。"

"1987 年我参加了 863 计划激光技术主题专家组，后来又成为首席科学家。激光技术是朱光亚先生负责指导的领域之一。这是一个探索的领域，一开始大家的思路并不是特别清晰。在最困难的起步阶段，朱先生几乎每次会议都要参加。他提出，一是要发展战略研究；二是要先把总体概念搞明白，不急于上工程；三是要注意理论与实践的结合；四是要重视基础性研究。"

在杜祥琬看来，学习朱光亚的精神具有重要的现实意义。"比如说他治学严谨。每次专家组会议后都要写纪要，由他审定后公布。他总是用铅笔认真地修改，字写得极工整。今天的科技工作者，是不是应该向他那样戒骄戒躁，踏踏实实地办事、做学问？再比如，有一次会议简报上写着某某院士出席，他作了批注，大意是'院士不是职务、不是职称，只是荣誉称号，不要作为称谓来说'。这样的平常心，是不是值得每个人深思？"

---

① 本文原载于《光明日报》2011 年 2 月 28 日 06 版。

从 863 计划的实施看朱光亚院士的学术思想[①]

杜祥琬　闵桂荣

❖　与朱光亚在美国 U. C. Irvine（1991 年）

20 世纪 80 年代，美国总统里根抛出 SDI（星球大战）计划，紧接着欧洲提出"尤里卡"计划。面对国际上的高技术竞争与挑战，我国王大珩、王淦昌、杨嘉墀、陈芳允四位著名科学家于 1986 年 3 月 3 日联名上书党中央提出了"关于跟踪世界战略性高技术发展"的重要建议。1986 年 3 月 5 日，邓小平同志指示："这个建议十分重要，……此事宜速作决断，不可拖延。"此后国务院组织了全国 200 多位著名专家学者进行了充分的专题研究，制订出我国高技术研究发展计划建议。

朱光亚院士作为国防科工委科技委主任，亲自参与组织指导了专家论证工作，对中国发展高技术的具体项目的设立、研究内容与发展方向等进行了严密的论证，他特别重视有着国防背景的航天领域和先进防御技术领域的论证，对两领域的组织构建和框架的形成，以及任务目标的确定起到重要的指导作用。

1986 年 11 月 18 日，中共中央和国务院［1986］24 号文件正式批准了《高技术研究发展计划纲要（简称 863 计划）》，我国宏大的国家高技术 863 计划开始组织实施。这时朱

[①]　本文原载于《朱光亚院士八十华诞文集》，原子能出版社，2004 年。

光亚院士担任了国务院高技术计划协调指导小组成员，他一直负责国防科工委领导的航天技术领域和先进防御技术领域的组织实施领导工作。对确定两领域及各主题的专家组人选、各主题发展方向与目标、研究发展战略、方针和技术路线，起到了不可磨灭的导向作用。

朱光亚院士对 863 计划的指导，不仅体现了他作为科学家的广博知识、作为领导者的经验和远见卓识，也体现了他从科技实践中形成的学术思想，如重视总体概念研究、发展战略研究、科技信息的分析评估、技术集成的创新和学科性的基础研究等。

一、重视总体概念研究

在 863 计划的起步阶段，朱光亚院士几乎参加领域和主题专家组的所有工作会议并亲临指导。由于当时我国在高技术领域还处于一片空白，不知道如何迈好第一步。这时他特别强调要做好软科学概念研究，并具体化提出了概念研究的几个层次：①顶层战略层次的概念研究，即研究国家军事战略方针所决定的对领域、主题的需求牵引及其地位和作用；②物理层次概念研究，即研究系统技术的物理机制、物理概念；③系统技术层次概念研究，即研究系统的总体概念与技术分析等；④体系层次的概念研究。这一切，首先要具体化到关键技术与关键物理问题的技术分解和落实实施。

朱光亚院士对先进防御技术领域某主题提出，在概念研究阶段要淡化工程概念。不要总想上大工程做演示试验，要从中国国情出发，对目标体系可以有个总体设想，没有一个总体设想没办法抓。有个总体设想可以理出哪些是关键技术问题。但有设想又不能当真工程去做，"重在认识和理解物理机制与关键技术"的指导思想。在这一思想的指导下，使主题在存在定理未证明的情况下，正确确定牵引技术发展的阶段目标（虚态牵引）。并针对这个目标，深入开展总体概念软科学研究，同时认真地研究各项关键技术，以及相关的重要物理机制，通过概念研究，初步回答科学技术可行性问题。

对航天技术领域，他强调要首先做好顶层战略层次概念研究论证工作，并提出九点意见，首先是"适度目标的选定，要注意国家战略、军事战略的研究"，"建立空间基础设施只能是适合我国国力的配套的空间基础设施"等等。

他还就载人航天的意义指出：载人航天是一个国家综合国力的显著标志，并显示一个国家的竞争能力，对保持大国地位、增强民族自豪感和凝聚力有着突出的作用，它能带动科学技术中许多领域的发展。中国的载人航天是一定要实现的，中国人迟早要上天的！

在朱光亚院士的批示下，航天领域专家委于 1989 年 7 月完成并上报了《关于〈863 计划航天技术领域发展纲要的初步意见（汇报稿）〉的请示》。1990 年 3 月，朱光亚院士和科技委王寿云副秘书长在"对载人航天意义的再认识"文中再次阐明载人航天的意义。他们从载人航天与国家威望、战略威慑、军事应用、商用潜力等方面深入论证，认为从政治、经济、科技、军事诸方面考虑，发展我国载人航天是十分必要的。

1992 年 1 月 8 日，中央专委召开了第五次工作会议，讨论了载人航天的问题，同意载人航天工程立项，并从发展载人飞船起步，迈出了载人航天工程的第一步。并相继开始了载人航天工程的技术、经济可行性论证和组织实施阶段。在 2003 年航天英雄杨利伟顺利实现我国首次太空飞行的今天，回顾朱光亚院士在载人航天方面的学术思想和有关指示，确实是非常重要的。

二、不断深化发展战略研究

航天技术和先进防御技术两领域所涉及的都是国际高技术前沿项目，是开创性的、高难度、长周期的大科学攻关项目。这样的重大项目如何发展，才能不花冤枉钱，不走弯路，取得高效益？朱光亚院士首先提出的是要求各领域主题要做好发展战略研究，通过发展战略研究制订出本领域主题的发展蓝图，明确研究方向、任务目标、指导思想、研究重点和具体技术路线发展策略等，走有中国特色的高技术发展之路。

1990年3月，在先进防御技术某主题专家组工作会议上，他说："主题工作有自己的特点，我们对别人的东西还不大清楚。因此，要对国外的情报信息进行深入评估分析，不要只停留在情报调研的水平。要通过评估分析，并根据中国的国情，勾画出有中国特色的发展蓝图和发展战略目标。目前的着眼点在于分析跟踪的对象，认识和理解其中的科学技术问题，不能盲目跟着外国人跑，要有判断地进行跟踪研究。我们主题工作着眼点是发展科学技术基础，限于我国的财力，不可能短期较量，要做长期打算，有所为，有所不为。"在他的指导下，该主题于1990年完成并上报了《主题发展蓝图设想》，并得到国务院高技术计划协调指导小组的批准。从此，开始了关键技术攻关和先期技术集成实验阶段。

航天技术领域的发展战略研究论证工作是在朱光亚院士直接关心指导下进行的。他对载人航天技术除了顶层概念研究论证外，对具体发展战略研究也十分关注。1988年8月他指出，要求"目标要具体，不能老停留在'模块式、规模适当……'这样的定性语言上。就规模（尺寸、重量等）而言，可以（也应该）允许得两种或两种以上方案。"要坚持大系统可行性分析论证的作法。1989年2月，他具体提出"空间站采用模块式结构、规模适当、有人短期照料"，"采用无毒、低成本、高性能液体燃料大型运载火箭"，"空天飞机只能开展适当跟踪性预研工作"，"实现载人航天，要有一个实验阶段"。要把必须考虑到的各个侧面论证课题清理一下，"包括发射场地问题、大件运输问题、测控与数据中继传输问题、生保系统（含救生）问题等"。

1991年10月，他又提出要抓紧载人飞船可行性分析论证工作。他说："苏联专家既然已讲明'联盟号'已过时，并已有了下一代飞船方案，应当弄明白他们为什么要这样做，经验教训有哪些，技术进步又是哪些，这对我们考虑我们的技术途径是很有参考借鉴意义的。"在航天领域专家委第十次工作会议上，他说："为了将概念研究进行好，应该用初步蓝图指导，因此其中有些线条是模糊的，先画虚线进行研究，使其逐步清晰。概念研究和大系统论证互为促进，最后修改形成蓝图。"由于确定了正确的发展蓝图，使航天领域在2000年圆满完成十五年的任务目标。通过了著名专家组成的验收委员会的验收。

朱光亚院士还指出，发展战略研究要根据国内外形势变化，高技术新进展、新动态、新情况持续进行，不断深化。这对实际工作起重要指导作用。各主题每个五年计划开始，都首先抓好发展战略深化研究。1993年，根据国际形势的巨变，国际军事战略格局的发展，中央军委确定了新时期的军事战略方针，"把未来军事斗争的重点放在可能发生的新技术特别是高技术局部战争上"。朱光亚院士向专家组传达贯彻中央军委新时期军事战略方针的精神，要求先进防御技术两个主题按新军事战略方针深化自己的发展战略研究工作，及时对主题的发展方向进行动态调整。在他的指示指引下，两主题分别完成了"新形势下主题发展战略的深化研究"报告，并在新的发展战略指引下，开始向系列先期技术集成实验阶段迈进。

三、重视国内外信息评估分析

朱光亚院士在领导开展军口 863 计划的工作中，十分重视对国外高科技发展信息的评估分析。他对听到的国外的各种信息都要求对信息来源、可靠性、正确性和权威性进行认真评估，对一些道听途说或夸大事实的信息，通过研究分析予以排除，做到去粗取精，去伪存真，由此及彼，由表及里，掌握事情的全貌。

他建议先进防御技术两主题要认真研究美国物理学会的报告《定向能武器的科学技术问题》（简称 APS 报告），认为 APS 报告对 SDI 未来的分析很有战略眼光。他们建议美国政府不要急于搞工程搞演示，而是首先老老实实抓科学技术问题。提出的五点建议是符合实际的。主题专家组成员都认真学习了 APS 报告，对确定两主题的发展战略起到重要参考作用。

1991 年 9 月，朱光亚院士要求先进防御技术两主题专家组做好对 SDI 的再评估和对发展战略的再思考。他说再思考是当前国际形势下的要求。由于苏联解体，东欧剧变，国际政治、军事、科技态势发生很大变化，要从更高角度来研究我们的发展战略，不断完善我们的认识。从里根到布什，美国的 SDI 计划有很大变化，需要我们再思考，进行再分析评估，结合我们的工作进展，对技术问题作出一些判断，两个主题要交流评估一次。遵照他的指示，1991 年 11 月下旬，两主题召开发展战略再思考研讨会，会后完成了《对国际空间防御技术发展趋势的再评估和我国 863 计划先进防御技术的再思考》一文。朱光亚院士认真看后，认为《再思考》写得比较深入，认识比较一致，这在当前形势下是很有必要的。他说：有人说冷战结束了，搞核载军了，还搞先进防御技术有什么用？我们对此要冷静分析，这两年国际形势变得很快，也有人说"冷战一"结束了，还有"冷战二"存在。总体组要跟得紧些，认真对待，经常分析研究，找出对方的薄弱环节。他还讲了希腊神话中无敌英雄赫拉克勒斯的故事，这位英雄力大无敌，却有一个致命弱点，就是他的脚踵。我们也要找出对方的弱点，统一思想，想出对策，坚定不移发展我们的先进防御技术。

当对某主题的发展方向出现不同认识时，朱光亚院士又指导该主题专家组进行了"再思考"。并指示专家组召开组外专家征求意见会，发扬学术民主，邀集了科技界多方面的专家领导开会，汇报了主题的"再思考"报告，并听取了专家和领导的意见和建议。这样不仅使主题发展方向更加明确，也使这个高难度、费口舌的主题得到了科技界更多的理解和支持。

四、重视先期技术集成实验

某主题为了对系统的科学技术可行性做出判断，抓紧了两方面的研究工作，一是首先做好总体概念研究，同时弄清有关的物理问题，突破各项单元技术，重视技术路线的论证，创新和选择。二是通过一系列先期技术集成实验（PTIE）进行可行性研究和验证。在单元关键技术攻关基础上，及时进行先期技术综合实验（PTIE）是发展高技术项目的有特色的、行之有效的途径。

1993 年 8 月，朱光亚院士参加了某主题专家组第二十次工作会议，听取了"关于先期技术集成实验的设想与初步方案的报告"。对 PTIE 的提法表示赞同。为了做好系统的可行性研究，首先是要做出科学技术可行性的判断。为此，在弄清有关物理问题和突破各项单元技术的基础上，要通过一系列先期技术综合实验，进行全系统的试验和演示。对这样一个高难度、多环节、多因素的研究对象，综合性的实验研究尤其重要。

先期技术综合实验（PTIE），是一个物理和技术目的明确的实验系列，此系列的安排是从易到难，由简入繁，集成度由少到多，由基础性到系统性，其目的在于及时而循序渐进的验证物理和技术的可行性，检验全过程各物理因素的影响和系统各环节的接口和匹配，验证和演示全系统的能力。直至初级实验样机和试验样机的研制与演示试验。

1995 年秋天，某主题正在进行第一次 PTIE 实验。朱光亚院士亲临现场观看实验，并对实验的成功表示祝贺，对参试同志表示亲切的问候。他指出："这次实验使全系统可行性研究迈出了历史性的一步，是对主题研究工作的一次成功的检阅，为'九五'及二十一世纪初的发展奠定了坚实的基础。这次实验的特点，第一是采用 PTIE 的办法，提出明确目标，科学论证技术路线，总结和吸取国内外强激光研究的历史经验，周密计划，精心组织，大力协调，从而带动全局以较高效率实现跨度较大的技术进步。第二是学习核试验的经验，组成现场作业队，把 863 机制的专家组决策、指挥与各行政单位的支持、保障有机结合起来，是实施 PTIE 系统性外场实验的适当形式。第三是通过这次 PTIE 实验，锻炼了队伍，增强了信心，提高队伍的科学技术水平、战斗力和为共同事业奋斗的凝聚力。"同时还指出，这只是"万里长征的第一步"，还要再接再厉，艰苦奋斗，为增强我国的综合国力和国防实力做出贡献。

1995 年 11 月在国防科工委召开的预研工作会议的报告中，朱光亚院士指出："我认为先期概念技术演示包含的一个实质性内涵就是新技术的综合集成。演示验证的目的是考核技术综合集成的工程化应用效能。先期概念技术演示过程要求进行部件级或分系统级的技术综合集成，以深入考核技术综合集成的可行性和风险以及相关技术之间相互作用的有效性、可靠性和兼容性，为进一步进行全系统级的技术综合集成提供成熟而实用的预研成果，这样可减少技术工程化应用的风险，提高产品的研制效率（降低研制成本，缩短研制周期。美军的研究表明，演示阶段所花费用通常只占武器系统全寿命费用的 2%~3%，而据此所做的技术选择或决策却决定着以后 80% 以上费用的花法与效益）。可见，先期概念技术演示阶段实际上就是技术综合集成的第一次努力，也是技术转移到解决作战需求的第一步。当然，国情不同，对美国的做法，我们不应照抄照搬，而应从我国实际出发进行试点、总结和提高。"

接着，针对 PTIE 试验，朱光亚院士指出："最近，我国 863 计划某主题专家组组织领导了一次初级技术综合实验（PTIE），就是高技术预研工作的先期概念技术演示的又一实例。这次实验包括系统的主要技术环节，这是对全系统的一次成功的技术综合集成演示。有关军兵种等单位应邀派技术人员参观了实验。这次先期概念技术演示，使系统技术的可行性研究迈出了历史性的一步。"

1997 年到 1999 年，该主题又进行了三次 PTIE 实验，取得了国际先进水平的成果。1998 年 11 月初，当他听到某次 PTIE 试验一项重要试验任务首次成功的消息时，非常高兴，响亮地说："好！代我向大家表示祝贺和感谢！"

朱光亚院士还亲自参加了该主题四次 PTIE 试验的成果鉴定会。对第一线的科技工作者及时给予热情的鼓励和支持。并提出殷切的希望。

2001 年 1 月，由著名专家组成的验收组对这一主题工作进行评估验收。验收组对该主题的工作给予了高度评价：经过发展战略研究选定了正确的技术途径和发展方向；研究方面取得大跨度发展，四次 PTIE 实验验证了系统的科学技术可行性，取得了多项国际先进水平的成果，是技术发展的重要里程碑，标志我国在该技术领域研究水平进入世界前列，为下一步发展奠定了基础。该主题"高质量地完成了预定的各项任务，取得了突破性进展。"

五、重视基础研究

朱光亚院士在领导军口高技术项目过程中，还十分重视基础研究。他认为，高技术要鼓励创新研究。为此，要支持学科基础和应用基础研究，增强发展的后劲。高技术发展需要深厚的科学技术基础支撑，二者关系是密不可分、血肉相联的。因此，863 计划开始阶段，就以部分资金放到自然科学基金委支持新概念新构思的创新基础研究，以保证可持续发展的后劲和相应的人才成长。

在王淦昌、王大珩、于敏等科学家的积极倡导下，1993 年一项新的重要主题项目纳入了国家 863 计划。

当时朱光亚院士对这一项当时处于基础研究阶段的新的重要项目十分关心和支持。为了使这项工作纳入国家 863 计划，前后听了许多次汇报，做了很多指示，从下到上，做了许多沟通工作，花费很多心血。

在这个新的主题成立大会上，他传达了江泽民主席的有关指示。在鼓励大家发扬"863 精神"，群策群力，克服困难，推动这项事业发展的同时，也流露出对经费不落实，有些工作环节推不动，表示忧虑和焦急。他要求有关部门通盘研究一下，向上汇报，尽快打通有关环节，落实有关问题。为了不影响新主题研究工作的顺利开展，他与国防科工委的其他首长们商量决定，在国家的经费还没有落实之前，采取先垫支的办法。

远见卓识的朱光亚院士看好了新主题项目的发展前景，认为目前还是基础研究阶段，要做好较长时间的安排，要做好国际合作。当主题专家组正式成立以后，他一直关心工作的进展情况，对许多问题了如指掌，并做出具体指导。一年后，他在听取主题专家组工作汇报后，又做出具体指示："可安排一个小型汇报会，请科学院有关领导，包括机关同志参加，汇报一次，取得他们的理解与支持。""关于加工中心问题，要请光学专家参加论证。""关于两个重点实验室的问题，研究内容要相辅相成，要更加明确一点。""于敏同志说两个重点实验室很重要，很需要。但要求工作方向上要明确，做的研究工作要有明确目的。"

1996 年，有核国家签订了全面禁试条约。为了保持自己的核霸主地位，美国在全面禁试之前不惜花费了巨大财力，另辟蹊径。其他有核国家也紧随其后加大了有关研究的力度。

面对国际上这种情势，朱光亚在全面禁止核试验条约签订前夕，仔细研究了国外有关工作情况，密切关注该主题研究发展。

1996 年 3 月的一次会议上，他在概括地介绍了美国有关情况后说："我国目前这方面的研究具有一定的水平，在国际上也有一定的地位，但和美国比，仍有相当的差距。我国的经济实力也不能与美国同日而语。"

与此同时，朱光亚支持我们发展相关技术的总的指导思想和应遵循的原则："目标明确、规模经济、技术先进、物理精密，走符合中国国情的创新道路。""根据我国的实际需求，明确目标：能满足这些需求的最经济的规模；积极吸收外国的先进成果，采用最先进的单元技术；由近及远，逐步明确其真正的需求和研究的内涵，在此基础上，制订、提出'九五'预研的具体计划。"

后来，主题工作走向正轨，他于百忙之中，参加有关工作会议。会上他总是保持冷静的头脑，一边仔细地翻阅会议资料，一边听大会报告，偶而在关键问题上提问一下。

1999 年底的主题专家组会上，他高兴地作了简短讲话："主题研究的东西很重要。要好好安排一下，争取这次会议能出个比较满意的东西来。2000 年很重要，要讨论得具体一些，集中一下，拿出个具体的东西来。"

我国从事这项主题研究的广大科技人员和管理人员，没有辜负他的期望，在 2000 年终于交出一份圆满的答卷。这年，朱光亚院士亲临实验现场视察。当在电脑终端屏幕上显示出与理论预估基本一致的结果时，那严肃的面容上流露出会心的微笑。

2001 年 3 月，著名专家组成的验收组对这一主题工作进行评估验收。验收组对该主题的工作给予了高度评价：八年来该主题"完成了百余项重要项目研究，取得了一系列阶段性的重大成果，其中一批成果达到国际先进水平；形成一支多学科、有很强综合研究实力、有奉献精神的研究队伍。""不断深化发展战略研究，确定正确的发展方向与目标，理论研究取得突破性的进展，大型程序包括设计进入国际先进行列"。

为了在完成任务的同时，加强基础性研究，朱光亚院士十分重视 863 计划重点实验室的建设。1991 年他在一次批示上写道："科工委在国防科技重点实验室建设问题上的一些考虑，凡适用于 863 计划项目的，也应提请 863 专家委员会（组）考虑，搞好各申请实验室内涵外延的论证工作。"

863 航天技术领域和先进防御技术领域的三个主题的成就，汇聚了领域和主题专家组全体成员和一线科学工作者的精诚与智慧，也倾注了朱光亚先生大量的心血。美丽壮观的高技术之花开在华夏雄伟的大地上，也开在 80 高龄朱光亚先生的心里。

民族振兴为己任　唯真求实做学问①

——朱光亚的学术思想和人格风范

从核武器、863 计划到工程院，我们在朱光亚先生的直接领导下工作了近半个世纪，他的学术思想、战略高度和品德精神，代表了一批杰出的科学家，成就了新中国国防科技发展的历史伟业，也给后人留下了宝贵的精神财富。这里只简述几点：

1. 高度的历史使命感，为国家富强、民族振兴的奉献精神，是他的首要特点。他一生所做的事情是开创性的、决策层次很高的，也是不能宣传、报道的。他也深知，是成千上万的无名英雄在背后支撑着这个大事业。有这样一个插曲：一次氢弹空投试验两度投弹不成，他让大家撤至安全线之外，自己和空军指挥员留在现场冷静指挥飞机带弹着陆，是很惊险的一幕，他却淡定沉着。讲到自己时，他总是淡淡一笑，说"这是很多人的事业，我只是这里普通的一员，做了点该做的工作。"在为他的 80 华诞和 85 华诞编写的文集"后记"中，我们不得不写下了这样的话："他本人的学术论文，除早年在 *Physical Review* 发表的几篇外，后来几十年里所写的文章和报告多涉及核心机密"，"不少事情至今仍不能公开"，"内容上的不够完整是本书不得不留下的遗憾。"他代表着毫无保留为国奉献，以民族振兴为己任的一代人。他的工作性质和肩负责任之重，也养成了他寡言、慎思的习惯，话不多，一旦说话就很有分量。

2. 高度重视基础研究。他的任务多是大型的国防工程技术，应用性很强，但基于对国际科技情况的了解，他深知我国科学技术的弱项首先在于基础研究，而高水平的创新的工程技术需要基础研究的支撑，在核武器研究中，他曾大力支持核数据的理论和实验工作，重视基础性实验手段和装置的建设，强调理论与实验结合和数值模拟的重要性。他说，"这不仅是可以少花一些钱，同时也是为了使系统分析等基础工作搞得更扎实，尽可能避免以后走弯路。"在 863 计划开始阶段，他支持以部分资金放到自然科学基金委用于新概念、新构思的创新研究，以保证可持续发展的后劲和人才成长。同时，又具体推动了国防科技重点实验室和 863 重点实验室的建设。在 863 计划激光专家组开始工作之初，他提出"不急于上工程"的指导性意见，实践证明，由于把基础物理问题和关键技术做扎实了，反而使工程化得以提前实现。

3. 不断深化发展战略研究。他领导的事，都是些开创性的、高难度、长周期的大科

---

① 本文根据在中国科协"朱光亚学术思想座谈会"上的发言整理而成，2014 年 12 月。

学攻关项目。对此，作为一位战略科学家，他首先要求做好"发展战略研究"，由它统领，做好顶层设计，明确方向、目标、重点、技术路线和策略群，并深入进行"再思考"。为此，①重视国内外科技信息的评估分析，知己知彼，他和我们专家组一起，对国外权威性的科技资料进行研讨，他说，"不要只停留在情报调研的水平"，"要有判断地进行跟踪研究分析"，"有所为、有所不为。"②重视总体概念研究。提出了概念研究的四个层次：顶层战略层次；物理层次；系统技术层次；体系层次。这样，使领域工作的全局立足于战略高度，并在一个清晰思路的引领下开展。

4. 倡导自然科学与哲学、社会科学的结合。许多大方向的取舍，大项目的决策，常常不是一个纯粹的自然科学问题，而是和国际战略态势与国家长远需求相关联。比如：

● 在国家高技术计划新概念武器研究的决策中，他引导大家对国际主要高技术计划的演变，进行了动态的剖析，知其然，也知其所以然；

● 当80年代中世界核大国之间开展军备控制谈判时，他提出需要政治家、外交家和科学家共同参与，并提出了"军备控制物理学"的清晰概念，事实证明了这样做的极端重要性；

● 当大家费尽脑汁切磋一项新军事技术的战略目标时，他没有代替专家组去拍板一个具体意见，而是给大家讲了古希腊童话中的"英雄"阿喀琉斯之踵的故事，"强敌也有弱点"，在这个充满哲理的故事启发下，一个具有中国特色的战略目标豁然开朗。

5. 严谨学风，做人楷模。

他和一批老科学家在研究院倡导"三老、四严"："做老实人、说老实话、办老实事；严密、严谨、严肃、严格"。

倡导学术民主。最典型的是突破氢弹时期的"鸣放会"，让大家不分年龄和职务高低，敞开言路，起到"集智攻关"的作用。

他为人低调不事张扬，提携后人，培育青年。他1950年自美回国后，直到1991年才第一次率团赴美就核军备控制进行学术交流，他是团长，却有意让中青年专家做主要发言，只在关键时刻简要说几句。还有一次我和研究生为《物理》杂志写了一篇阐述军备控制物理学的文章，因为文章的基本思想是光亚提出来的，所以我们把他放在第一作者，并将初稿送他审阅。他对文章作了认真具体的修改后，却把自己的名字勾到了最后一名。这件署名的小事也体现了他的为人和学风。

我们863激光技术专家组的会议纪要，都要送他阅示，有一期纪要的开头写了"参加会议的有××院士……"他用铅笔在"院士"两字上画了一个圈，用公正的小楷在旁边的空白处标注："'院士'不是职务，也不是职称，只是一种荣誉称号，不能作为一种称谓使用。"在这句简单的话语中，包含了他对院士制度的深刻理解和寄望。

山高水长，历久弥新。光亚先生的思想、贡献、品德、作风既是一部丰满厚重的奋斗史，又是一曲生动感人的乐章。他所代表的一代人开创的业绩和留下的精神与文化财富，对新世纪我国科技队伍的建设、人才的成长和创新驱动战略的实施都具有极重要的现实意义。

于敏的治学风格和哲学智慧①

❖ 与于敏在激光专家组会上

从参加工作之初，就有幸在我国一批杰出的科学家领导下工作，五十年来，他们的言传身教，使我受益匪浅。在他们当中，于敏先生是一位在我国具体的历史环境下脱颖而出的物理学家，他对我国核武器事业和激光高技术事业的突出贡献已有一些记述，虽然由于保密的原因，有些话讲不透彻，但人们已可意识到，那是一种应该以浓重的笔墨载入史册的贡献。

于先生曾长期领导和指导我们从事武器物理的研究，我感受最多的是关于核试验诊断理论、核武器中子学理论和激光高技术的研究。这些领域的研究都不可能走"引进、消化"的路子，是形势和需求逼着我们开拓、创新，走自己的路。这里，真正需要的是学术上的深入钻研和实践，需要像于敏这样的开拓者和带路人，这类"破解难题"的工作，也正是发挥于敏之所长的用武之地。

---

① 本文原发表于《物理》2006 年 9 月 12 日、于敏八十华诞之际，编入本书时略有修改。

功底深厚，行成于思

于敏学术功底深厚、概念清晰，他曾在核理论领域做出过出色的基础性研究。工作中常用的流体力学方程组、中子输运、辐射输运……等数理方程他都能娴熟推导、运用自如。许多重要的物理参数他都心中有数，解析粗估的能力很强，善于作数量级的估计，听他讲课是一种享受。而面对工作中层出不穷的新问题，他最大的特点是勤于思考、善于思考。虽然生活中的于敏在欣赏京剧、谈古论今的时候，也会眉眼舒展、谈笑风生，但工作中的于敏却常常浓眉紧锁，总有所思，因而能提出更为深入的问题和见解，他并不是一个人闭门思考，也不总是一下思考就到位的，而是十分注重掌握第一手的试验数据、深入课题组分析数值模拟的结果，与大家一起讨论分析，使对问题的思考和认识更正确和完善。对国家任务高度的责任心，也使他多年处于紧张而慎密的思考之中，其中既有很多具体的物理和技术问题，也有一些属于重大的技术决策和战略问题。持续的思虑使他患上失眠症，不得不靠安眠药维持一定的睡眠，因为明天、后天……还要思考。业精于勤，行成于思，这是他给我印象很深的一点。

潜心治学，精深严谨

和于敏同龄以至和他年龄相近的这一代人，大半个世纪以来，在中国这块土地上，经历了连绵的战乱。解放后，也多有崎岖，特别是经受了"文化大革命"这样的浩劫和干扰，但于敏却能潜心治学、锲而不舍。从人文素养来说，他是以孔明的"淡泊以明志，宁静以致远"为座右铭的，他推崇岳飞、文天祥那样立志报国的人，对于新中国他更是倍加热爱，并一心为他的强大而奉献。他有明确的志，保持着一颗宁静的心，因而能排除干扰，由宁静达到精深。而他的治学作风又极为严谨，这不仅是科学家的一个基本素质，也源于他对事业的高度负责精神。二十世纪六十年代以来，他承担的全是体现国家意志的科研任务，不能有丝毫的疏漏和马虎。他多次说到，要防止"落入悬崖（指风险区）"，防止"功亏一篑"。1992年，我们曾起草了一份事关重大的"决策建议"初稿，送他阅改。他对其中几个不确切的提法，一一作了修改，并说明了修改的道理，我至今保存着他那次谈话的记录。对这种科学性很强、责任又很重的工作，严格和谨慎是绝对必要的。近年来，我国学术界越来越意识到抑制学术浮躁的重要性，我没有问过于敏，但我想，他也许根本不知道"学术浮躁"为何物。搞学术怎么可以浮躁呢？浮躁怎么可能做出真正的学术成果呢?!

深入一线，真知灼见

即使担任了所、院科技领导工作的于敏，也仍然保持了他做学问深入一线的一贯风格，他经常一个人来到室里、组里，甚至找某个具体工作的同志，讨论一个具体问题，推敲一个数据。1966年在上海华东计算所算题时，大家发现计算结果不合理，又不知毛病出在哪里，于先生到机房来跟大家一起分析打印纸带，一大排物理量随着时间在逐渐变化着，他根据对物理量变化规律的认识，在浩如烟海的数据中，发现一个物理量从某个时刻起的变化不正常，接着查计算程序，看看对这个物理量的计算在程序上有无问题，确认无误，再请计算所的同志查计算机上是怎样实现这些计算步骤的，可疑的范围越收越小，终于发现是计算机上的一个加法计算元件坏了，更换后，问题迎刃而解。大家都很佩服于先生看纸带、分析问题的过硬本领。1975 年，周光召、于敏、黄祖洽等理论部领导决定重建中子物理研究室，该室的任务之一是发展核试验诊断理论，这块硬骨头该怎么啃，于先生到组里来给大家作了分析：第一代武器的核试验测量分析"只能给出四个半数据"，这对第二代武器的研究远远不够。他分析了第二代武器复杂得多的物理过程，为深入系统地发展核试验诊断理论指明了方向。这个室的另一个研究方向是武器中子学计算的精确化研究，他提出，对中子时间常数 λ 的计算精度必须达到 ± 1，为此，他对 λ_∞ 这个物理量的简明表达式作了精辟的分析，指出了存在的问题和改进空间。这些真知灼见，对我们这个研究室的工作起到了重要的指导作用。

知己知彼，战略思维

说"秀才不出门，能知天下事"也许不确切。但于先生确实是一个深居简出的人，可他对国内外有关的情况却了如指掌。他出国加上在国内与国外学者交流的次数屈指可数，但在有限次的交谈中，常常是他提出一两个问题，就使国外同行刮目相看。他十分注意研究国际上的信息资料，除了具体工作上的参考价值外，也有助于对技术路线的分析判断。但他在研究各种信息时，十分注意去伪存真；哪些是严肃可信的，哪些是捕风捉影的，又有哪些是放烟幕弹、引人入歧途的。更重要的，他的知己知彼，是为了结合我国的国情和需求，为发展战略研究服务的。他眼观各方动向，胸怀事业大局，多次在关键时刻提出战略性的建议。他和邓稼先就核试验问题上书党中央就是一例。1992 年，他在同我们的一次谈话中，又一次分析了核禁试的前景，他说"63 年的条约，是因为它们（核大国）大气层试验做够了，但地下试验还必须做，以通过近区物理测试了解小型化的途径。74 年的条约，是因为大当量的做够了，可以限制 15 万吨了。现在，在核试问题上，它们的每步棋也各有底牌。"经过一番分析，他认为"全面禁核试或分步骤达到禁试都是可能的。"并强调："要保持 expertise，要保持技巧、水准、人才，这是十分重要的。因此，要强调实验室工作的加强。在经过有限的核试验之后，通过实验室工作，可以解决安全、可靠问题。"后来几年的实际情况，基本上就是他分析的那样。

提携后人，重视管理

于先生是一位有威望的学者，却十分重视学术民主，鼓励大家提出自己的想法，平等地同大家讨论。许多工作，他做了最难的开头工作，给出了理论框架和深入路径，让较年轻的同志去完成（如中子针孔照相的理论计算、自由电子激光的工作等）。他不吝赐教、提携后人。1968 年，工作中需要用到一种介于固态和液态之间的物态方程，他就把一本书中"稠密液体理论"一章介绍给我学习。在开始研究 X 射线激光的时候，他把当时国际上最好的一篇关于 X 射线激光的很厚的博士学位论文，介绍给我学习……每当我在工作上遇到难题找他请教时，他总能经过深思，指点迷津。使我不仅受惠于他独到的智慧，更感受到他谆谆教导、诲人不倦的良苦用心。

作为一名科学家，于先生也十分重视科研管理的作用，这里仅举一例。在 1998 年 5 月的一次院、所领导座谈会上，他建议要"经常研究全局性问题"，他从核武器讲到高技术，他说"高技术难度很大，是难度很高的新课题"，要"有紧迫感"，拿出"站得住脚的物理成果"。他建议"抓好抓细规划、计划，高瞻远瞩，条理分明"。"照顾好各个环节之间的关系"。并具体提出"关键是进一步发挥高级研究人员的力量"。"第一，贯彻技术岗位责任，现在国家搞职称，实质是为了加强岗位技术责任。每项技术问题都有专人负责。要求明确、职责分明、奖罚公正，使技术负责人既有动力，又有压力。第二，加强全所学术领导。我们是搞应用基础研究的，研究对象是复杂的，是集体性很强的工作，离了哪个方面都不行，诸多课题必须形成有机整体。这就要求全所有坚强的学术领导"。这些意见，至今具有现实的指导意义。

辩证思维，哲学智慧

于先生在工作中十分重视原始的实验数据，并注意推敲产生这些数据的具体实验条件，及测试方法的合理性、误差范围等，表现出一种唯物的实事求是的态度。同时，辩证地思考和处理工作中多种对立统一的关系。

● 理论与实验。于先生是理论物理学家，高度重视理论物理、计算物理和实验物理的密切联系。"理论要多提出物理思想，要和实验一起解决物理问题。"强调做理论的要常去实验室、试验场。他自己也是这样做的。记得 1966 年底，在氢弹原理试验前夕，他和邓稼先、周光召等理论部的领导，常同我们一道，坐在核试验场帆布帐篷里的木板地铺上，拿着计算尺计算预估测试的量程。对实验室的"冷实验"也十分重视，例如，强调要用 Benchmark（基准）实验检验数值模拟中用的物理参数。1984 年，他做过一个"关于闪光照相的数据处理问题"的长篇报告，分析了闪光照相实验装置的各项技术指标，并提出为了得到高质量信息，需要进行哪些理论计算和实验工作。这是一个典型的理论与实验相结合的报告。他出的理论计算的题目，就成了我带的第一个研究生的工作。经过多方面工作同志的努力，闪光照相已经是核武器物理研究的重要手段之一。

● 任务和基础。任务是事关国家利益的，所以他倾注了高度的责任心，非常操心和谨慎。同时，他深知任务是要学科支撑的，他说，高水平的成果是建立在基础研究之上的，没有深厚系统的基础研究，工作是走不远的。"基础又是创新概念的母体"，所以他高度重视基础研究。以基础数据为例，他和黄祖洽、胡济民等大力推动了我国核数据中心的卓有成效的工作。在做了大量的核反应截面的工作后，于先生根据后来开展的更精密研究项目的需要，在核数据委员会第三届全体会议上，进一步强调了"反映出射粒子能量和角分布的中子双微分截面数据的重要性"。推进我国自己的核数据库的建立。八十年代中期，随着 ICF 和 X 射线激光工作的开展，需要大量原子数据，特别是高剥离度原子的数据。他热情支持我们建立了多单位联合的"中国原子分子数据研究联合体 CRAAMD"，并开展了国际学术交流。

● 分解与综合。大科学工程的研究总是多学科交叉的、多环节、多因素的复杂对象，一下子吃透是困难的。于先生多次强调善于分解、又善于综合的重要性。"要做到技术分解、物理分解、难点明确，采取什么技术路线去解决？进度如何？由谁负责？"他把"物理分解"看作核武器物理基础研究的"基本环节"。还要分解每个过程的物理现象，研究其规律，进而研究其机制和起主导作用的物理因素，并通过数值模拟准确地再现这些过程。在一个个因素弄清、一个个环节解决的基础上，再分进合击，综合集成。一篇篇小文章，成就一篇大文章。这里，既需要单一学科的物理与技术创新，又需要综合集成创新。这是辩证的思维，也是科学的工作方法。

● 微观与宏观。在我担负了一部分科技领导工作之初，于先生曾嘱咐了我一句话："要善于从宏观驾驭微观。"我常常思考这句充满哲理的话。全局由多个局部构成，宏观由许多微观构成，而局部和微观中又寓有全局和宏观的血脉。我们从事科研工作，总是从一个微观的题目、一个局部开始，做到一定的深度，才有一定的基础去了解宏观和全局。微观与宏观、局部与全局密不可分。全局和宏观又不等于各个局部和微观的简单合成，而是有着各种复杂而有机的相互联系和相互作用。所以，我们要在具体工作的基础上，由微观进入宏观，而在负责宏观的岗位上，又要再学习，以便理解宏观全局。进一步驾驭微观，就要从宏观的需求、战略的高度、科技工作全局的实际和可能性出发，指导和把握各个局部（微观），以服务于实现全局和宏观的目标。这里，重要的是掌握好方向、目标、重点，为了全局，动态地关照每一个局部。同时，还不能浮在宏观的岗位上，而要尽可能深入地了解局部，特别是微观的难点，以便重点突破，推进全局。"从宏观驾驭微观"，不仅有科学技术上的含意，也包括思想上、精神上和管理科学方面的重要内涵。在后来的工作中，我经常记起这句对我有深刻启迪的话。

作为杰出的物理学家，于敏先生是做事的榜样，也是做人的楷模。他总是站在国家的高度想问题，有很强的责任心、奉献精神、唯真求实、不断创新。他享有很高的威望，却一贯平易近人、平等待人、朴实无华。他尊重领导，也尊重每一位普通的工作人员。他又是一位具有很高的人文素养、富有东方文化情趣的人。我由衷地尊敬他、感谢他，并祝福他健康长寿！

科学泰斗　人民功臣^①

——哀悼于敏先生

　　噩耗传来，于敏先生离开了我们！我国痛失了一位在中华大地上成长起来的杰出的物理学家、我国核武器事业的功臣，我们失去了一位聪慧而亲切的良师益友！五十多年的相处历历在目，他的辞世，令人悲痛！

　　早年的于先生，从北京大学毕业后，在原子核基础理论方面做出过一系列新颖的成果，引起了国内外同行的关注和高度评价。1961 年初，钱三强先生请他参加氢弹理论的预先研究，他义无反顾地投入其中。1965 年初，他的研究组由原子能研究所调入核武器研究院理论部，他和邓稼先、周光召、黄祖洽等带领大家集中精力突破氢弹原理。在充分发扬学术民主的基础上，1965 年下半年，于敏带领一批年轻人前往上海，利用华东计算所的计算机，对有希望的氢弹构型进行数值模拟计算，通过大量计算、思考、讨论、分析，于敏敏锐地发现了驱动热核材料聚变燃烧的途径，攻下了突破氢弹原理的第一关，也就是他向邓稼先报告的"牵住了牛鼻子"。经过千军万马的一系列努力，我国在 1966 年 12 月 28 日，成功进行了氢弹原理试验。我们小组当时负责这次试验的测试诊断项目、特别是速报项目的理论计算。氢弹具有明显不同于原子弹的物理特征，试验零时后几分钟，在试验现场，于敏、周光召等与负责测试和理论计算的同志一起，即明确判断了氢弹原理试验的成功，这是我国掌握氢弹的实际开端，按这个时刻计算，我国从原子弹试验成功到氢弹试验成功，只用了两年两个月的时间。1967 年 6 月 17 日，我国又成功进行了首颗全当量氢弹试验。氢弹的成功显然是集体的事业，但在氢弹的突破和发展的过程中，于敏做出了最突出的关键性的贡献。

　　这里，我讲一个亲历的小故事。1966 年，在上海华东计算所算题。当时的计算机是把每个时刻的计算结果打印在一张纸带上，于敏和几位搞物理的同事，盯着纸带上打印出来的物理量随时间的变化。突然，老于指着一个物理量说："不对了，这个物理量错了！"我们知道，具体的数值是很难用心算给出的，他是从这个物理量的变化趋势判断出错误的。于是，大家开始查找错误的根源，搞物理的、搞计算数学编程序的，分别查找无误，最后查找计算机，这些物理量是通过计算机里的一个个加法器算出来的，当时的晶体管计算机，加法器是装在许多柜子里的众多晶体管，跟踪找下去，结果发现执行这物理量计算

---

　　① 本文原载于《光明日报》2019 年 1 月 28 日 16 版。

的晶体管坏了！把它换掉再算，物理量的变化就对了。大家都很兴奋，由物理量的概念，能找出计算机一个硬件的错误，着实令人佩服！这真是基于物理的"人工智能"啊！

于敏是一位学术功底深厚且严谨务实的科学家，在"文革"当中受到无端批判时，他唯实不唯上，坚持实事求是的科学态度。在他被迫"靠边站"的一段时期，只要他能参加的业务讨论，他都尽可能地帮青年人出主意、想办法。我们曾经遇到过一类特殊条件下的物态方程问题，他就给了我一份"稠密液态理论"方面的文献，说："你看看，可能有帮助。"1975年，刚有一点"抓生产"的氛围时，光召和于敏命我重组中子物理学研究室并担任室主任。于敏对我们室的工作指导非常具体，经常到组里去找做具体工作的同志讨论具体的业务问题。针对第二代核武器的新要求，通过具体推导，给出了中子学计算精确化和发展核试验诊断理论的新要求，成为我们工作的重要依据。

国家863计划启动后，于先生任我们激光专家组的顾问，2001年成立了先进防御技术领域专家委员会，他任我们专家委员会的顾问。他认真参加每次讨论，发表有见地、有价值的意见。与此同时，他又和王淦昌、王大珩先生等，推动我国的激光核聚变事业，为此付出了巨大辛劳。于先生在从事任务性强的应用研究时，高度重视相关的基础性研究和学科建设，他大力推动和支持了我国核数据中心的大协作；等离子体X射线激光研究和激光核聚变研究深入开展后，提出了对原子-分子数据、特别是高剥离态原子数据的要求，为此，他大力支持了中国原子分子数据研究联合体（CRAAMD）的工作和国际交流。

于敏先生的科学实践，完美地阐释了科学精神：求真务实，不断创新是其特征，而家国情怀是其精神内核。于敏代表的一代科学家，深知近代中国饱受灾难和屈辱，一定要改变国家的面貌，振兴中华。可以说，以民族振兴为己任的奋斗精神，是这一代人的精神支柱。这种精神使他们不在意各种物质上的困难和各种折腾，矢志不移地去实现国家和人民的目标。中国工程物理研究院凝炼了十个字的事业文化"铸国防基石，做民族脊梁"，这个脊梁正是指的这种奋斗精神。这是于敏们留给后人的宝贵精神财富。

科学家于敏有很高的人文素养。他崇尚孔明的"淡泊以明志，宁静以致远"，能完整地背诵诸葛亮的《出师表》。虽然工作的重责使眉头紧锁成了他常有的表情，他也有着喜欢京剧等爱好和爱家情怀。工作中严谨的他，对同事却是平易近人，尤其关心青年一代。我们这个单位不习惯称呼头衔和职务，而是以"老、小"相称，五十多年来，我们一直称呼他"老于"。我感到，这不仅是一种称呼，也是一种温度，是这个集体的一种凝聚力吧。如今，他走了，但"老于"会永远留在我们心中。

杰出的学者 亲切的师长[①]

——为周光召先生八十华诞而作

❖ 与周光召在 IUPAP 会间（摄于意大利，1984 年）

我最早知道周光召这个名字，是在 1960 年前后，当时我在莫斯科学习，苏联物理学界最权威的俄文期刊是《实验与理论物理》。我在阅读这份杂志时，注意到周光召发表的多篇基本粒子理论方面的论文。当时他是苏联杜纳联合核子研究所的青年研究员，他的成果已得到高度评价，这位杰出的青年学者引起了物理学界的重视。

20 世纪 60 年代初，光召回国，即投入中国核武器的理论研究工作，是突破原子弹的主要带头人之一。我毕业回国后，被分配到九院理论部工作，理论部主任邓稼先、周光召、于敏、黄祖洽等，当时他们也就三四十岁，带着一批更年轻的人，正着手突破氢弹原理的工作。有幸在他们领导下工作，他们的学术功底、平易近人和严谨的学风使我们深受陶冶。他们提倡学术民主，如何突破氢弹，开"鸣放会"，让大家广开思路，建言献策。

---

① 本文原载于《物理》2009 年第 5 期。

我们一参加工作就受到"三老、四严"（做老实人、说老实话、办老实事，严肃、严密、严谨、严格）学风的教育。为探索氢弹原理，去上海出差算题，他们和大家一起坐火车去。1966 年底进行氢弹原理试验，零前（试验前），光召、于敏和我们一起住帐篷，坐在地铺上，用计算尺、手摇机反复推敲理论预估的数据。核武器可以说是应用性很强的研究工作，但中国自主地突破核武器的原理，解决其中一系列的物理和技术问题，却有赖于各基础学科的知识和方法的硬功夫，光召在数理方法方面的深厚功底和勤于思考，在原子弹和氢弹的突破过程中发挥了重要的作用。例如，在我国研制第一颗原子弹的过程中，苏联提供的一份资料上的个别数据的可信性，引起了大家激烈的争论。周光召以他特有的敏锐和智慧，做了一个"最大功"的计算，确认那份资料上的数据有误，从而结束了争论。后来的试验结果也证明了他计算的正确性。这是基础学科功底深厚的人在应用研究中发挥关键作用的好例子。同时，这也是一位科学家不唯书、不唯上、不唯洋人，而是唯真求实，坚持科学真理的勇气和品格的表现。他还带头编写讲义，为大家讲授"爆炸物理""二维流体力学"等，培养青年研究人员，让大家边干边学，干成学会。

光召和理论部的同事们一起度过了"文革"十年的困难时期。受着批判还得坚持"业余抓生产"1969 年，根据"一号命令"，军管下的理论部被一锅端地搬迁四川"三线"，光召和我们一起坐着货运的闷罐子车，走走停停的历经几十个小时来到曹家沟，在沟里，每顿饭是 4 分钱的熬白菜或煮萝卜，一会儿就饿了，大家周日只好到梓潼县的小餐馆去改善一次生活。由于完全没有工作条件，几个月后我们不得不陆续"出差"回北京九所原址工作。1974—1975 年，邓小平同志短期复出工作，强调恢复生产。当时光召已是理论部（已改称九所）的业务负责人，他采取的措施之一就是成立了"规划组"，由李怀智任组长，我任副组长，在部主任的领导下，负责制定"发展规划"。上级为九所干部办的"搬迁学习班"，最后也变成了恢复科研生产的学习班。光召、于敏等决定重建"中子物理室"，要我担任室主任，我在工作中一直感受到他们高水平的指导和强有力的支持。

核武器这支队伍对周恩来总理怀有很深的感情，1976 年 1 月 8 日周总理逝世，清明节前夕，九所各室的同志们扎了 14 个花圈，光召和大家一起到人民英雄纪念碑前去献了花。此事竟引起了"四人帮"的追查，所里贴出的悼念总理的诗词，也被打成"反革命诗词"受到批判，我也在被批判之列。不久，又发生了唐山大地震，大家都住进了抗震棚。精神和体力的重负，又正值炎热夏日，我得了一次很重的痢疾，不得不住进危楼养病。光召特意赶来看我，他坐在我的床边，话语不多，但他的各层心意，我都深深领会了。

后来，光召走上了中国科技界的领导岗位，为推动中国科技事业的发展做出了不懈的努力。1984 年，在李政道先生的斡旋下，他作为中国物理学会的负责人，与在我国台北的物理学会进行了越洋谈判，签署了协议，使我中国物理学会恢复了在国际纯粹与应用物理联合会（IUPAP）中的席位，而把台湾的称为"位于中国台北的物理学会"，这一模式后来为许多国际非政府组织所采用。同年 8 月，光召率中国物理学会代表团赴意大利底里亚斯特参加 IUPAP 大会，这样，新中国的物理学会正式成了 IUPAP 的成员。光召随后当选为 IUPAP 的副主席，代表团成员还有杨国桢、赵凯华和我等几个人。这次随光召出访，也是改革开放后我第一次出国，目睹光召从容不迫地处理各方面的问题，是很好的学习机会。他还在会间散步时对我说："做国防科研时，不放弃基础研究，这样才能适应国际学术交流的需要。"这句话给我留下宝贵记忆，实际上，他正是这样做的榜样（他和苏肇冰关于闭路格林函数方法的研究工作，正是他在九所工作期间进行的）。那次出访前，他还对我们几个人说："意大利会后，我就不管你们了，谁要去哪里访问自己联系。"我于是联系了意大利、瑞士和法国从事中子物理学研究的同行，进行了几天学术交流、访问，这也是光召给我的一个锻炼的机会。

光召在担任中国科协主席期间，曾有过多次讲话，每次讲话都含有基于深思的独到的思想。他强调要从国家战略高度，在国际竞争的大背景下，认识科学技术的地位和科技工作者的历史使命。他说："中国要实现可持续发展和自立于世界民族之林，就必须掌握和参与发现最新的科学技术知识，从中国的国情出发，对中国经济和社会面临的重大问题给出科学的回答，发展相应的理论和技术，帮助政府制定科学的对策，这是中国科技界的历史责任。"并强调科技工作者要从国家全局出发考虑和处理问题，他多次举出钱三强先生是一个榜样，他总是超脱部门和单位的利益，从国家全局利益出发，组织领导科学技术事业和选用、培养人才。他对"科协是科技工作者之家"作了独到而深刻的阐述，他说："每个家庭都有自己的遗传因子，有自己的 DNA，我们这个家的 DNA 是什么呢？那就是'唯真求实'四个字！"他强调科技工作者要重视思想品德素养，确立崇高的价值观。在世界物理年的讲话中，讲到爱因斯坦时，他说："我们纪念这位伟人，不仅要了解他在科学上做出的重要贡献，更要学习他在任何困难条件下都一心为科学而献身的精神，学习他为实现社会公正而无私无畏的奋斗精神。"对科技评价体系，他强调：要避免评价体系的急功近利，提倡十年磨一剑的精神，引导科学家从事更有长远影响的工作；他强调要重视科学技术的各个层次和各种类型的人才，对基础研究、应用研究（工程技术），科学普及等层次都应给予应有的重视。在大力培养、关心青年人才成长的同时，也要注意发挥中、老年知识分子的作用，使"人尽其才"。他希望领导者、管理者要首先做好管理，领导工作，为第一线的科技人员创造好的环境和条件。

光召虽然担任了高层领导工作，直到全国人大副委员长，但仍同第一线的科技工作者保持着密切的联系，也保持着科学家的习惯和风格。他多次回到工作过的单位作学术报告并与大家交谈。他给大家讲了国际上 DNA 双螺旋结构发现的故事，说明学科交叉对科学发现和技术创新的重要性。有一次他回九所的研究室去看望大家，有同志问到："参加工作后需要的知识与学校学的不一致怎么办？"他回答说："学用不完全一致甚至用非所学是常有的情况，只有在工作中继续学习，适应工作的需要。"他对各个研究院所和企业的新进展，十分敏感，经常亲自下去了解情况，仔细询问。特别鼓励青年科技工作者扎实工作、求实创新。同时，也尽他之所能沟通学、研和产业的结合，促进成果的转化应用。在科协评选"求是奖"时，他特别关照国防科技领域的"无名英雄"。在周光召基金会研究奖励工作的指导思想时，他特别强调"要雪中送炭，不锦上添花"。

在王淦昌、彭桓武、朱光亚、邓稼先和周光召等一批物理学家负责核武器研究、突破的年代里，他们培养了一支事业心强、团队精神强、学术民主、团结和谐的队伍。大家都不习惯称呼头衔、职务，而是以"老"，"小"相称。光召虽然威望很高，后来并身居高位，但和他一起工作过的同志，见面还是不习惯称他"周院长"、"周主席"或"周委员长"，仍习惯地称他为"老周"，这也和他待人平和、亲切直接有关。他的夫人郑爱琴原是化学专业的，为了支持光召的工作，她放弃了自己的专业，到光召所在的单位，发挥她英语好的优势，专门做科技情报的调研工作，不仅是光召的贤内助，也对我们全所的工作很有帮助。他们生活俭朴，很不讲究，直到上世纪 80 年代中，他们还和女儿住在一套只有 50 多平米的两居室房子里。

光召通晓多国语言，有着广泛的国际学术交往，他勤于学习，善于思考，工作高效，才能出众。他为国家和科学事业做出的卓越贡献载入史册，他的优秀品格永远值得我们学习。

首任首席科学家[①]

杜祥琬　赵玉钧　马寅国

❖ 左起：王淦昌，胡仁宇，杜祥琬，于敏，陈能宽，彭桓武（摄于王淦昌先生九十华诞）

1986 年 11 月，中共中央［1986］24 号文件正式批准了《高技术研究发展计划（863 计划）纲要》。1987 年 2 月，国家高技术 863 计划正式下达实施。1987 年 2 月，经国防科工委批准，成立了国家高技术 863－410 主题专家组。时年 64 岁的陈能宽院士被聘为 863－410 主题专家组首席科学家。根据 24 号文件精神，410 主题任务是"跟踪和研究短波长、波长可调、高效率和高质量的强激光技术，把中间成果应用于生产加工及其他技术等方面，带动脉冲功率技术、等离子体技术、新材料及激光光谱学等技术科学的发展。"

路漫漫其修远兮，吾将上下而求索

正如王大珩先生所说，在 863 计划的十五个主题中，410 主题讲起来是最费口舌的，

---

① 本文原载于《陈能宽院士八十华诞纪念文集》，原子能出版社，2003。

也是最难把握的。强激光技术是一种高难度、长周期、前沿性的高科技项目，在我们进行探索研究工作时，世界上还没有成熟的强激光系统存在，它的技术与工程可行性问题与存在定理还有待于证明。同时，它的发展还受到国际形势变化的影响。这个项目既是高难度、高风险的研究工作，同时也是极具挑战性和吸引力的项目。可以说是机遇与风险并存。在这样的形势下，410主题如何把握住正确的路线和方向，不走或少走弯路，少花冤枉钱，这是摆在主题专家组面前的重要课题。需要专家组独立考虑，做出正确判断和决策。陈能宽院士在专家组会议上引用古训说，"路漫漫其修远兮，吾将上下而求索。""老骥伏枥，志在千里。"他正是这样，不遗余力，一如既往，全身心地积极投入到又一轮新的紧张拼搏中。他吸取并发扬研制核武器的经验和传统，强调发展高科技要有创新思想，走有中国特色的发展道路。他和专家组的同志们一道，从零起步，组织科研队伍，凝聚了全国有优势单位的科技力量，协同攻关。

在陈能宽首席科学家的主持下，410主题非常重视发展战略与总体概念研究，着眼长远，探索我国强激光技术发展的道路。1987年主题先后召开了三次强激光技术报告研讨会，共邀请全国四十多位专家针对强激光技术的各个方面做了三十多篇学术报告，对国外发展强激光技术的历史经验进行了分析。在此基础上成立了总体软科学专题和发展战略研究课题组，主题专家组成员兼秘书长杜祥琬同志参加课题组研究并执笔撰写了"关于863-410主题发展的蓝图（初步认识）"。主题专家组充分发扬民主，认真推敲讨论，初步明确了410主体发展的总目标。牵引技术发展的阶段目标构想、循序渐进的指导思想，确定了动态跟踪、长期打算、有限目标、突出重点的发展方针和"七五"论证预研目标，拟定了主题"七五"计划任务书。

沿着最佳轨道前进

陈能宽同志特别强调要尊重科学，按客观规律办事。因此一定要坚持循序渐进的指导思想。鉴于"七五"初期我们的激光产业技术基础薄弱，国际上对发展哪一种高功率激光也各有主张。正如专家组一位专家所说，当时是"杨朱亡羊，……多歧路"。因此要强化软科学研究，慎重、科学地确定410主题的发展战略、技术路线与发展方针，在诸多可能的技术途径中选择一条正确的发展道路，制定好每一阶段的规划和计划，尽可能避免失误，不花冤枉钱。要重视强激光系统总体概念研究，这方面的研究应紧跟国际最前沿。对于花钱较多的硬的项目，要反复论证，慎之又慎。

陈能宽同志常常说，863的钱是烫手的，一定要把好关，慎重使用宝贵而有限的资金，提高经费使用效益，才能向国家交账。朱光亚主任多次提出了"强化软科学研究，淡化工程概念"的指导思想，陈能宽和专家组成员认真领会和贯彻这一思想。大家注意从中国国情出发，重视技术途径的论证和动摇选择，重在关键技术和物理机制的了解和掌握，着眼于认识和理解强激光系统中的科学技术问题，不急于上工程规模的发展，以免技术过早冻结。

陈能宽同志注意应用唯物辩证法的观点解决和处理问题，在主持专家组会议时，引经据典，谈吐幽默，既务实又务虚。他积极引导大家多思考，多论证，慎重决策，争取使主题的发展沿着最佳轨道前进。"在大方向上认识明确、坚定不移；在具体的技术决策上又要慎重、稳妥。"尽可能少走或不走弯路。

对于主题发展战略总目标与阶段目标的确定，经主题专家组多次论证研究，已形成了一个初步认识。即对目标体系应有一个设想，要有一个适当而明确的阶段目标，作为牵引技术发展的任务背景，以便安排各关键技术的攻关和物理问题的研究。不然没办法抓。既不能没有目标，又不能说的太死，一成不变。而是随着形式的发展和技术的进步不断完善和修正。有了这样一个软科学研究的系统构想，可以使主题有凝聚力；但又不能"太当真"地作为工程上照做的设想。他称之为"虚态牵引"，指出这是探索性强的高技术科学的哲理。

在动态跟踪过程中，强调要注意动态性与稳定性相结合，既要根据形势变化及时动态调整跟踪方向，适时取舍；要有限目标，突出重点，有所为，有所不为；对最有前途的，要下决心抓下去，着重于发展科学技术基础；要做长期打算，保持相对稳定性以能聚队伍持续发展，在陈能宽同志领导下，专家组正确地处理了物理问题与技术问题的关系、软和硬的关系、虚和实的关系、点和面的关系、跟踪和创新的关系等。这些对高科技发展有普遍意义的哲学思考，一直对 410 主题的工作起着指导作用。

鼓励红队—蓝队争鸣

陈能宽同志重视发扬民主，解放思想，开展争鸣，各抒己见，集思广益。他倡议总体要组成红队—蓝队，科学对弈，科学论证，百家争鸣，鼓励发表不同的意见、设想和方案。不仅充分发挥专家组成员的作用，而且重视听取组外专家组成员的作用，当时国内很多专家也很关注 410 主题的发展，1990 年，航天部科技委李波同志写信给国防科工委领导，对 410 主题的发展目标提出意见。对发展哪些激光器提出不同意见。此信转到专家组后，专家组和总体组进行了认真的研究，吸取了信中正确的意见。

遵照国防科工委科技委领导的指示，于 1990 年 4 月 10 日—11 日在北京召开了"410 主题发展战略目标征求专家意见会"。著名科学家王淦昌、王大珩院士和李波教授等 30 余位专家、学者到会，在陈能宽院士主持下，专家组成员兼秘书长杜祥琬同志向专家们介绍了国家强激光进展动态评估和 410 主题发展战略目标，与会专家经过激烈讨论，一致认为 410 主题贯彻中央 24 号文件，制定的发展战略适合我国国情，是正确的，同时也提出了一些中肯意见。强调要遵循高科技的发展方针，要考虑发展新型尖端技术的特点。主题专家组群策群力，深思熟虑，已经在探索中迈出了扎实一步。"七五"阶段对 410 主题发展战略目标的探讨已得到若干新的初步认识，对强激光技术领域诸多问题的跟踪研究也取得了初步但有重要意义的进展。

陈能宽在领导专家组工作中积极贯彻"公正、献身、求实、创新、协作"的 863 精神，加强"全国一盘棋"、当好"国家队"、为同一个目标奋斗的意识，专家组 8 名成员，两位顾问，分别来自中国科学院、高等院校、国防工业部门，十人中有六名学部委员。陈能宽注意发挥每位专家不同的专业特长和经验，相互切磋，相互学习。在课题设置中，他领导专家组严格按 863 计划管理办法，坚持公开、公正、公平的方针，重大课题在专题组上报以后，须经主题专家组评审通过才能立项。既引进竞争机制，又要发扬全国协作精神，把任务落实到真正有优势的单位和专家个人。

甘当人梯，培养青年科技人才

陈能宽志在重视培养青年科技人才。奖掖后辈，甘当人梯。他出席每次全国激光技术青年学术会议，利用各种机会，谆谆教诲，畅谈改革开放为科学人员发展创造的环境和机遇，谈论科技人才成功之路。

1997年6月16日在青岛举行的第四届全国激光科学技术青年学术交流会上，陈能宽同志结合自己的切身经历，讲了如何做学问、如何做人、如何做一个科学家的道理。他说，科学没有国界，但科学家是有祖国的。他回忆日本侵略中国倍受凌辱的历史，指出"爱国主义"是每个科技工作者都应该牢记心头的。祖国的强盛，民族的兴旺是每个炎黄子孙的责任。时势造英雄，抓住机遇非常重要。由于"文化大革命"的影响，造成我国目前面临知识断层的现象，要求青年人提前进入角色，这对青年人来说是一个难得的机遇，青年人应该抓住这个机遇，扎根祖国，为国效劳，让自己成才。要加强自身素质的培养，具有勤勤恳恳的敬业精神，多学知识，多做学问，淡泊金钱名利，热爱事业，才能取得成功。

陈能宽语重心长地对青年说，怎样做人，是一个重要的问题。不仅要时时保持一颗爱国心，一份敬业情，还要处理好个人与群体的关系，要与同事搞好团结协作，共同创造良好的工作环境。做学问要加强思考，学而不思则罔，思而不学则殆。要促进同事间、学科间碰撞，激发科学新思维火花，促进创新。科学是没有止境的，"大海有涯波不止，劝君冲浪学少年"。愿青年人"德智体群，全面发展"，早日成长。他语重心长的讲话令人至今记忆犹新，对年轻人启发很大。

在陈能宽同志领导下，"七五"期间，410主题的概念与预研工作起步稳健，取得了可喜的初步成果，为"八五"阶段的工作奠定了坚实的基础。1990年8月，410主题专家组向国防科工委领导、科技委领导汇报了"863－410主题论证预研工作综合报告"，内容包括410主题三年来的研究工作总结及主题发展战略目标和发展蓝图。

1991年1月30日，国务院高技术计划协调小组批准了"863－410主体论证预研工作综合报告"中提出的强激光技术发展蓝图设想。1991年4月，国家科委、国防科工委召开全国863计划工作会议。对"七五"863计划工作进行了总结，审议863计划"八五"目标。410主题首席科学家陈能宽同志在会上做了"进展、体会、展望"的工作汇报。全面总结了主题的"七五"工作成果经验和体会，并充满豪情地指出，在世界高技术竞赛中，不进则退，我们心中充满紧迫感。我们一定要把这项事业办好，使中国的综合国力进一步加强，使我国能以昂扬的姿态屹立于世界民族之林。

再接着召开的863－410主题专家组第十三次工作会议上，科工委对主题专家组进行了换届，组成了以杜祥琬同志为首席科学家的第二届主题专家组。陈能宽同志虽然退出了一线岗位，但是他还是继续关怀着410主题专家组的工作，他应邀参加了主题专家组的几乎每次工作会议，对主题的一些重大问题提出了自己的意见。他参观了各次PTIE实验，帮助年轻的同志出主意想办法，使 410 主题的工作持续发展，短短十五年时间内取得了突破性进展和里程碑意义的成果，使我国强激光技术在世界上占有一席之地。

在迎来陈能宽院士八十华诞的日子里，我们回顾与陈能宽院士共事的岁月，对他在开创强激光科学事业体现出的广博厚实的学识，历经多个学科领域历练而形成的既有长远、宏观的关照，又重视每一工程技术细节的深邃目光，深感敬佩和景仰。在我们的眼里，陈能宽院士永远是我们的好师长、好领导、好同志。

王大珩先生与 863 激光事业^①

王大珩先生是令人敬仰的我国光学界泰斗，是中国现代光学及光学工程的开拓者和奠基人之一，是"两弹一星"功勋奖章获得者。他学识渊博，治学严谨，锲而不舍；他言传身教，为人师表，诲人不倦；他胸怀坦荡，顾全大局，献身新中国科技事业。回顾他倡导和推动"863 高技术"、关心和指导 863 激光事业发展的事迹，令人感动不已。

一、倡导 863 计划功高德重

20 世纪 80 年代，美国总统里根抛出 SDI（星球大战）计划，紧接着欧洲提出"尤里卡"计划。面对国际上的高技术竞争与挑战，王大珩先生感到忧心忡忡，心急如焚，认为我国也应当采取适当的对策。他和王淦昌、陈芳允、杨嘉墀三位著名科学家于 1986 年 3 月 3 日联名上书党中央，提出了"关于跟踪研究外国战略性高技术发展"的重要建议。

1986 年 3 月 5 日，邓小平同志指示："这个建议十分重要，……此事宜速作决断，不可拖延。"党中央进一步考虑到今后高技术在整个国民经济发展中的重要意义，结合我国国情及当时的国际形势，确定了"有限目标，军民结合，以民为主"的指导思想。此后国务院组织了全国 200 多位著名专家学者进行了充分的专题研究，制订出我国高技术研究发展计划建议。

1986 年 11 月 18 日，中共中央和国务院［1986］24 号文件正式批准了《高技术研究发展计划纲要》（简称 863 计划），我国宏大的国家高技术 863 计划开始组织实施。

863 计划的形成是科学家眼光和政治家的高瞻远瞩相结合的产物。25 年的实践充分表明了 863 计划在军民战略高技术发展中重大而深远的意义。

二十多年来，863 计划各领域和主题都取得了优异的成果，这些成果充分说明 863 计划的执行对我国高新技术发展的巨大促进作用。现在，863 计划已经成为国家持续发展的计划，它正以强劲的势头大跨度前进。看到今天 863 计划的进展，学界同仁无不钦佩王大珩先生倡导 863 计划时的远见卓识！

王大珩先生作为该计划的倡导者，亲自参与组织指导了专家论证工作，对中国发展高技术的具体项目的设立、研究内容与发展方向等进行了严密的论证。他特别重视航天领域和激光技术领域的论证，对这两个领域的组织构建和框架的形成，以及任务目标的确定起到了重要的指导作用。

---

① 本文最初发表于《王大珩》一书，科学出版社，2005，后载于《科学中国人》2012 年第 21 期。

二、关心并具体指导 863

激光技术主题工作激光主题成立之初，如何紧密结合国家战略需求，确定主题的发展目标？如何确定一个既符合国家需求又能够实现的目标？这是新成立的主题专家组面临的顶层。

王大珩先生十分关心激光技术主题的工作。在关键时刻，年过古稀的他多次出席了激光技术主题的工作会议，并作了重要讲话，强有力地支持了激光技术主题的确立，为激光技术主题的工作指明了方向。

1990 年 3 月，在激光技术主题工作会议上，王大珩先生指出，"激光技术主题要有个总的目标，不能跟在人家后面跑。我们要以此形成凝聚力，吸引中年人特别是青年人参加，形成一支有战斗力的队伍。要提倡创新的思想，在实践中不断深化、完善。"

1990 年 7 月底，王大珩先生在主题工作会议上讲话指出：

"激光主题工作在'863 计划'中是讲起来最费口舌的。一方面是由于我们所研究对象的'存在定理'还未证明；另一方面也与国际形势的变化息息相关。一般人们总有急功近利的情绪，而激光主题是高难度，长周期的项目，我们要有信心，要把眼光放远一点。"

他在激光技术主题召开的征求组外专家领导意见的会议上大声疾呼，仗义执言，争取各方面对激光技术主题工作的支持。

"七五"末，对激光主题下一步发展思路，王大珩先生指出："不光要跟踪人家现在正在搞的，对技术的储备也应研究，选一个发展战略目标很重要，其目的是为了理清科学技术问题。跟踪不能亦步亦趋，要有自己的判断辨别能力。'八五'期间，要充分利用现有装置开展关键技术和物理问题研究，几项核心关键技术研究不能只搞软的，不搞硬的，动手太晚了要吃亏。"

在王大珩先生等科学家的大力支持下，激光技术主题得到了迅速的发展，科研队伍迅速成长壮大，突破了许多重要的关键技术，成功地完成了四轮先期技术集成试验，研制成了初级试验样机，开始进行系统演示验证试验。

三、自始至终重视光束质量

作为一个造诣高深的光学专家，王大珩先生十分重视言传身教，把自己的亲身体会和经验传达给后辈。在历次主题会议上，他谆谆教诲，要求大家高度重视激光的光束质量问题。1991 年 3 月，他指出光束质量是远距离传能效应的核心问题。光束质量不只要求亮度好，而且要求相干性好。

1993 年 3 月，王大珩先生就光束质量与能量、功率的关系问题指出："过去有过教训，只追求能量不讲质量，一点用途都没有。必须在追求能量的同时，提高光束质量；宁可输出能量小一点，也要解决光束质量问题。对改善光束质量的课题，技术路线一定要认真论证，逐项落实，以取得预期效果。"

直到现在，随着激光功率的提升、能量的增加，工程化研制工作的不断推进，我们对光束质量控制的理解越来越深刻，光束质量仍然是需要不断改进的核心问题之一。

1999 年 5 月，在一次重大试验的现场，他说："没有光束质量，本身的亮度不够，作用效果就有限。现在更要注意光束质量问题。当质量、口径、功率等指标提高了，材料、光学系统都需要进一步提高，如现在激光器里用的材料耐热已达到工作极限了。究竟怎样提高呢？大家要好好动脑筋。但别忘了一个条件，那就是光束质量只准提高，不准降低。"

这些话不仅是对大家的鼓励，也具有重要的指导意义。在王大珩先生的谆谆教诲下，主题在发展高功率激光器时，特别强调重视光束质量的提高。主题专家组还召开了光束质量研讨会，为提高光束质量献计献策，使得光束质量不断得到提高。

四、亲临现场悉心指导

技术集成实验技术集成实验系列是激光主题结合我国国情提出的创新技术发展思路，是激光技术由单元技术攻关向系统集成、工程化研制迈进的重要战略步骤。

王大珩先生非常关心激光技术集成实验，多次亲临现场，以他多年从事光学工程的丰富经验，参加指导了激光技术主题多次重大试验，鼓舞了大家。他主持了四次主题重大试验项目的成果鉴定会，对各次试验坚持科学态度，实事求是，客观评价，字斟句酌，做出了恰如其分的鉴定意见。

1995 年 10 月，年届八十的王大珩先生亲临合肥，观看、指导了主题组织的一次重大试验。并在试验总结大会上作了重要讲话，他说："参加这个总结大会，心情很不平静。首先我并代表王淦昌同志对试验的巨大成功表示热烈的祝贺。试验的成功是两个胜利，一是物质胜利。物质胜利是指试验非常过硬。过硬的成果来之不易，表明整个试验过程坚持科学性，扎扎实实，步步为营。在技术上，取得了很多突破。采取了有效措施，解决了光束不稳定性问题，提高了光束质量；不仅激光器本身，在其他方面也有很大的突破。这次试验使激光主题整体工作上了一个具有历史意义的台阶。二是精神上的胜利。体现了你们自力更生，艰苦奋斗，无私奉献，团结协作，这也是许多成功试验的重要指导思想和方针。"

王大珩还对研究团队提出了殷切的期望："通过这次试验，锻炼了队伍，培养了人才。年轻人以参加这样大的综合试验而引以为豪，老年人感到特别高兴。这支队伍是高技术攻关的主力。'863 计划'的宗旨之一也是为培养跨世纪人才。祝这支高技术队伍更好地前进，为增强国力做出更大的贡献。"

1999 年 5 月，王大珩先生已 85 岁高龄，又来到试验现场，参观指导试验。

到 1999 年，工作取得了重大进展，回想激光主题发展历程时，王大珩先生说："这个项目遇到很多周折。曾有人提出怀疑，这个项目该不该继续搞下去，经过全国范围的论证，肯定了这个项目在激光领域的前沿地位，坚定了信念。经过不断努力，取得了现在的成果，这是很大的创新。今天能达到这样的水平，确实不容易。"

历史表明：全国大协作的科技团队没有辜负老一辈科学家的期望。

五、重视基础创新和先进工艺研究

作为中国光学工程领域的开拓者，王大珩先生十分重视基础创新和先进元器件制造技术研究。当他看到我们的激光玻璃质量不稳定、KDP 晶体生产和加工不能满足需要、红外 CCD 相机和大尺寸光学玻璃等还依靠进口时，感到十分焦急，及时写报告向上级领导反映，希望重视和解决。

1998 年 4 月，王大珩先生指出："激光技术主题的工作对增强我国综合国力和实力具有重要意义，已经取得很大成绩，今后要持续发展。应该看到，在光学学科方面，我国与国际先进水平差距还是较大的。所以我们应该抓紧这方面的工作，这对提高国力和实力是非常重要的。要抓好科学基础性研究工作，加强科研基础设施建设。"

2000 年 3 月，王大珩先生指出："技术关键是元器件，光靠进口不行，人家是会卡我们的，要自己解决。基础材料与元器件要有自主产权。"

2001 年 4 月，王大珩先生指出："有些技术是买不来的，所以一定要创新，靠自己的智慧开发，通过自主创新才能掌握这些关键技术。特别是高技术上，人家在卡我们的脖子。我们要通过自己的智慧来突破和攻关。有些设备只有当我们自己有了，人家才肯卖给你。高新技术要有所为有所不为，不能与产业化等同。在国防科技方面，许多不能产业化，但必须得搞，这也是真正的自主创新。特殊的元器件，要作为重点项目进行攻关。"

六、重视高技术研究向工程化发展

在激光系统的重大基础性、系统性问题得到验证后，如何做好工程化、实用化的工作是主题面临的另一个重大决策。如何搞工程化、特别是如何处理好基础研究、技术攻关和工程研制的关系等问题的决策，对 863 激光技术发展路线和战略步骤的确定具有重大的影响，大家的想法是有分歧的。

经深入研讨，激光主题提出了"863 框架下的工程管理模式"的思想，随后形成了"样机战略思想"在我国高技术装备发展中发挥了重要的作用。

王大珩先生十分重视"863 高技术"向工程化、实用化方向发展，多次强调这是研究性工作，要把科学—技术—工程结合好，不断走上新台阶，又做成实际有用的东西。

2001 年 1 月 11 日，在国家 863 计划领域与主题验收会上，王大珩先生说："激光技术主题在整个 863 计划中，有非常特殊的意义。该主题有设想、有前途，在具体操作中，要注意实际效果。工程化问题上要有一个长远目标，步步为营，以适应战略上的需要。"

2001 年 8 月，王大珩先生说："今天看到这些成果，大家都非常高兴，我们已经要进入到工程试验的阶段。在开始的时候，投点资很容易，等到进入工程化的时候，也就是开始由开发性、探索性到中间试验时，这时所花的钱会有数量级的差别。现在的投资听起来数字很大，但考虑到 GDP 的增长，投资强度实际并没有提高，反而下滑了。现在我们的队伍壮大了，工作效率也比以前高了，但是从整个投资比例上来说还远远不够。我们要总结过去经验，进行适当调整，促使我们以后更好地进行工作。"

在工程化样机研制成功的基础上，"十五"期间的大型试验取得圆满成功，王大珩先生非常开心地向大家祝贺。

回顾王大珩先生发起"863 计划"的功绩，特别是他对激光主题的一贯支持和精心指导，使我们更加深刻地感受到他学术思想的战略高度，对我们把握正确的发展方向，坚持探索中国特色的激光技术发展道路，不断攻克科学技术难关至关重要。同时也鼓舞着我们不断继续前进，迈向新的高度！

瞻仰国家高度　缅怀光学泰斗①

——"纪念王大珩先生诞辰 100 周年"座谈会发言

大家早上好，首先非常感谢今天纪念会的组织者，使我们有这样一个机会在此缅怀我国光学泰斗——王大珩先生，也使我们有机会见到了很多光学界的老朋友，特别让我高兴的是会场有很多青年朋友们，我想这也是一个让大家了解王老、记住王老、学习王老的好机会。我刚才听到了几位专家非常深情而又生动的对王老的回忆，他们讲得已很全面，我只是想根据自己非常有限的了解，给大家讲一点我所了解得王老的故事。

首先，他是新中国光学事业的开创者和奠基人。我们国家第一个光机所——长春光机所，还有光机学院，都是王老亲自把它们建立起来的。长春光机所建所以后，一个标志性的成就——中国第一台激光器的创制。1960 年美国人发明了世界上第一台激光器，而长春光机所在 1961 年就研制出了我国的第一台激光器，王老说"我们的激光器不是照着美国人做的，是我们中国人自己创制的，是我们自己创新的。"可以说长春光机所，后来以它为基地（新中国成立的第一个光学精密机械研究基地），就好比"母鸡"，生了很多"小鸡"，比如说因为核试验的需要，瞬态光学的测试，就有了西安光机所；大气环境光学，有了安徽光机所；上海光机所，上海近物所，成都光电所。王老就是"老母鸡"的培养者，他是长春光机所第一任的所长。后来"小鸡们"都长大了，对中国的光学事业都作出了非常重要的贡献。光机所的经历并不平凡，也很曲折，特别是文革期间，它是典型的重灾区，但在这种情况下，以王大珩为代表的中国科技工作者表现出了中国知识分子的精神，这是非常重要的。

其次，他是我们国家三项重大光学工程的带头人、旗手。第一项重大工程是激光核聚变工程。说到激光核聚变，就要说另一位王老——王淦昌先生，他是一位实验核物理学家，他一直隐姓埋名做了很多年的核武器工作。激光发现之后，王淦昌先生觉得激光方向性非常好，很有可能拿它来聚焦打一个小小的靶球，靶球内放置热核聚变的材料，产生核聚变，他就提出了激光引发核聚变的思想，他是国际上首先提出这个思想的人，同一年，两位苏联学者也独立提出了类似的思想。他提出这个思想的时间是 1964 年，不久就发生了"文化大革命"，本来是中国人先提出的，我们是领先的，但是因为"文革"一下被耽误了好多年。1979 年王淦昌先生离开了工程物理研究院后又回来说"赶紧急起直追，搞

---

① 本文写于 2015 年。

中国的激光核聚变事业"，他就和王大珩先生结合起来，一个核物理学家和一个光学家，正好搞激光核聚变，核武器物理在工程物理研究院，光学在中国科学院，他们两人又分别是两个单位的旗帜，这样两支队伍就被有机组织起来，有他们作为旗帜的带领，大家都信心满满，劲也很足。他们有句名言"合则成，分则败"，就是讲两家单位一定要合作才能把这件事情搞好，当时还没有"协同创新"这个名词，实际上这件事就是"协同创新"一个最好的典型，因为各自有各自的长处，一定要大力协同，才能把国家的事情办好。在这个过程过，大家都知道，不同的单位、部门难免会有一些矛盾，正是两位王老的旗帜，才使我国的激光核聚变事业在文革后急起直追，有了很大的进展。在此过程中，他们在技术上的指导和人的凝聚力方面做的工作，更是别人不可替代的。说到这里，我想讲个小故事：王淦昌先生是 1907 年出生，王大珩先生是 1915 年出生，他们两个人差了 8 岁，我们就叫王淦昌先生"大王老"，叫王大珩先生"小王老"，大珩先生八九十岁的时候大家还这样称呼他，他也很乐意大家这样称呼他。第二项重大光学工程高能激光系统工程研制。在"863"计划实施后，大珩先生曾说"'863'的正宗是搞激光"。王老一直关注高能激光系统的发展，多次出席了专家组的工作会议，跟大家一起研讨目标和路径，在关键时刻作了重要讲话，为工作指明了方向。后来到了 1995 年，年届 80 的王老亲临靶场，观看了打靶实验，试验后他把大家召集起来，非常兴奋地鼓励大家说："你们能做到这个程度很不容易，这是各个参试单位、科技人员大力协同、齐心协力的结果。"同时，他也给大家讲了一个概念，就是要高度重视激光的光束质量问题，高能激光固然要能量高、功率高，更重要的是光束质量。光束质量的好坏的影响是平方关系，功率、能量是线性关系。他说"光束质量是生命线"，这句话一直到现在都指导着我们的工作。第三项是我国天文和航天光学工程。其中光学仪器、设备，包括大型望远镜的研制也都是在王老的倡导和指导下进行的。上面是我了解的三个重大光学工程，王老都功不可没。而且他又有这样一个概念，我们已经有了光学会，后来他自己提出要把光学工程列为一个一级学科（没有他的推动是列不出来的），他说"光学工程除了光学以外，还要交叉很多学科，而且要作出很硬的工程目标，所以光学工程应该独立成立一个一级学科。"后来国家就立了光学工程一级学科，去年又成立了光学工程学会，在这方面王老的贡献是非常令人映象深刻的。

再次，王老到自己进入耄耋之年之后，他站得更高，为国家的大局和国家的发展作出了战略性的贡献，使他上升为一位战略性科学家，我了解很有限，就讲下面几件事：①20世纪 80 年代，美国总统里根抛出 SDI（星球大战）计划，欧洲、日本也都提出了本国的高技术计划。面对国际上的高技术竞争与挑战，71 岁高龄的大珩先生忧心忡忡、心急如焚，他联合王淦昌、陈芳允、杨嘉墀三位著名科学家于 1986 年 3 月上书党中央提出了"关于跟踪世界战略性高技术发展"的重要建议。11 月中共中央和国务院正式批准了"高技术研究发展计划纲要"（简称 863 计划）。后来，邓小平同志把计划作了更好地扩展，确定了"有限目标，军民结合，以民为主"的指导思想，并且还说"发展高技术、推动产业化"，这样就对推动中国的高科技事业起了非常重要的作用，这是他们四位科学家的大功劳。②1994 年，年近八十的他和另外五位老科学家一起上书中央，发起了"创建中国工程院"的建议。因为当时只有中国科学院（1955 年建院），随着新中国科学技术的发展，特别是改革开放以后，工程技术的重要性越来越显现出来，他觉得科学院应该侧重在基础科学的研究，我们国家需要更加重视工程技术，应该有个"工程院"。他们六位是中国工程院的元老，也是工程院成立的奠基人。这也是一件很大的事情，是大科学家、战略科学家才能做得事情。③王老在多个场合建议和推动发展中国的光学仪器、仪表，他对这件事情非常重视。大家可能都有这种感觉：很多医院、企业和实验室里，很多先进的、好的设备都是国外引进的，恰恰这点是我们国家的一个弱项。有一位著名科学家说过："科学是从观测开始的，有了观测才有了科学。"只有有了仪器才能观测，有了仪器才能有科学，重要性就是这样。所以他大力倡导开展国产科学仪器的研制，我们国家一定要把这个工作赶上去。我今天特别提这一点，也是希望在座的有志青年们能够为我国的光学仪器研制作出贡献，什么时候能在国际上的医院、企业和实验室里面看到更多的"made in China"，这样的一天将是中国为人类作出的贡献。④在王老很大年龄的时候，他又上书中央，提出了"自然科学（包括基础科学、工程技术）和社会科学要结合、融合"的建议，我觉得是非常有高度和远见的创见。现在人类社会的很多重大问题，都不是一个纯粹的自然科学或者社会科学问题。我曾做过军备控制，它当然是政治问题、外交问题，但其中，比如核军备控制需要"核查"，离不了科学技术，自然就离不了自然科学；现在众所周知的气候变化，它是个科学问题，它来自于物理学家们的贡献，但气候变化又牵扯到能源，牵扯到气候变化的谈判，必须全球减排，这样又形成了政治问题、外交问题，需要自然科学家和社会科学家的结合，大家关心的环境也是这样。王老建议加强中国自然科学和社会科学的融合和协作是非常重要的。我就简单点这几点，他对我国科学技术的贡献是非常巨大的。

最后，也是特别重要的一点，就是王老的精神。我想概括成一句话就是："为我国'两弹一星'事业奋斗的这一代人，他们以民族振兴为己任的奋斗精神！"我们的民族一定要振兴，中华民族一定要自立于世界民族之强，需要有这样一批人以民族振兴为己任。我常常给青年朋友们讲一些我亲历的老科学家的故事，讲他们的精神，讲到"高尚的品格"，后来有一次一个研究生听完我讲后，给我提了一个问题："杜老师，您讲得很好，崇高的品格也是应该的，但是我们是普通的学生，离'崇高'是不是太远了点？我们怎么能崇高的起来呢？"我说："你的问题提的非常有启发，那我们换四个字——'品行端正'，这四个字离大家不远吧？大家都能做到吧？"大家回答说不远、可以，"那就从品行端正做起，在今后的实践当中，增加自己的学识、积累自己的贡献，不断培养自己，逐步追求卓越、走向崇高。"当然我也知道，现今社会和当时王老他们所处那个社会不一样，现在有了很大的进步，也有很多的问题，包括价值观的多元化，很多不同的选择，如今再讲王老他们这一代老科学家的故事还有没有现实意义呢？我想大家会感觉到还是有非常重要的现实意义，为什么呢？我也找到这样一个答案：无论这个世界多么复杂，任何国家、任何时代，都会有不同的人选择不同的价值观。一个有希望的国家、民族必然有一批又一批的青年选择崇高的价值观，选择为国家、民族而奋斗的价值观，如果一个国家、民族没有人选择这样的价值观，这个国家、民族显然是没有希望的。我也看到我们年轻一代有不少人在追求学问，在认真做事，在追求中华的振兴，这也是我们今天坐在这里缅怀大珩先生的目的。正像爱因斯坦说过的："很多人都以为是才智成就了科学家，他们错了，是品格！"从大珩先生身上也可以看出，正是这样一种品格，支撑了他一辈子到老。我几次去看望大珩先生，到底是一位光学家，一直到老了也离不开光学仪器，什么仪器呢？——高倍数的放大镜，他最后眼睛看不清了，用它坚持看书、学习（用手比划用放大镜看书样），跟它一直不分开。大珩先生一生都在学习，一直到老，都在思考，都在提建议，我想他的这种精神是我们今天怀念王老，特别值得我们提及、学习的，也是我对在座青年朋友们所希望的！

老一辈科学家和 863 激光技术[①]

一、高能激光概念简介

高能激光系统是国际激光技术的重要发展方向之一，也是一类大科学工程，并正在走向实际应用。高能量来自高平均功率乘以持续时间：

$$E = P \times T$$

故高能激光意味着，必须达到高的平均功率和必要的持续时间。

高能激光系统，顾名思义是追求激光的能量型（而不仅是信息型）应用，其核心特征量是远处目标上的能量集中度（即激光能量密度或与之等价的亮度）。有多种因素会影响这一特征量。对这些因素不仅需要逐一分析、优化，还必须综合分析、优化，才能达到总体上可实现的较优的特征量。

核心特征量的综合表述：目标上要达到亮度

$$B = \frac{\eta D^2 E}{\pi \beta^2 \lambda^2 L^2} \geqslant I_{\text{th}}$$

式中 I_{th} 是需要达到的目标上亮度的阈值，η 是传输效率，D 是主镜的直径，L 是距离。式中的 β 应理解为在时间 T 内目标上激光等效的 β。

上式综合了各要素。可见，高能激光系统固然要有足够的能量 E，但对其实际效能更为敏感是波长 λ 和光束质量 β。公式表明，亮度 $B \propto D^2$，但实际并非简单的平方关系，因为 D 的选择在某些场景下会影响 β。因此，需定量分析，以使系统优化。

高能激光技术是国家 863 计划激光领域的研究方向之一。

二、"863"计划倡议者的战略眼光

20 世纪 80 年代，美国总统里根抛出 SDI（星球大战）计划，紧接着欧洲提出"尤里卡"计划。面对国际上的高技术竞争与挑战，我国王大珩、王淦昌、杨嘉墀、陈芳允四位著名科学家于 1986 年 3 月 3 日联名上书党中央提出了"关于跟踪世界战略性高技术发展"的重要建议。邓小平同志以他特有的敏锐和战略眼光，于 3 月 5 日即迅速作出批示，肯定了这个建议，并要求"此事宜速作决断，不可拖延。"据此，国务院和有关领导部门组织众多专家，进行高技术研究发展计划的论证和拟定，经半年多的努力，形成了一个"军民

[①] 本文根据作者在纪念王大珩先生逝世一周年会上的发言整理而成。

结合，以民为主"，比较全面又重点突出的"国家 863 计划"。

王大珩、王淦昌先生作为该计划的倡导者，亲自参与组织指导了专家论证工作。他们特别重视激光技术领域和航天领域的论证，对这两个领域的组织构建和框架的形成，以及任务目标的确定起到了重要的指导作用。

大珩先生在激光主题工作会议上讲话指出：

"激光主题工作在'863 计划'中是讲起来最费口舌的。一方面是由于我们研究对象的'存在定理'还未证明；另一方面也与国际形势的变化息息相关。一般人们总有急功近利的情绪，而激光主题是高难度，长周期的项目，我们要有信心，要把眼光放远一点。"他在激光技术主题召开的征求组外专家领导意见的会议上大声疾呼，争取各方面对激光技术主题工作的支持。

王淦昌先生不仅大力推动我国高功率固体激光和准分子激光的发展，还对新型的化学激光、X 射线激光和自由电子激光的发展提出过宝贵的意见。其中氟化氪准分子激光研究，是在王老亲自带领下在原子能研究院搞起来的。在他和王大珩，于敏等的努力推动下，1993 年年初，惯性约束核聚变在"863"计划激光技术领域立项，作为一个主题，开展激光驱动的核聚变物理与技术的研究。

朱光亚作为国防科工委科技委主任，亲自参与组织指导了专家对中国发展高技术的具体项目的设立、研究内容与发展方向等进行了严密的研讨论证。计划实施后，他担任了国务院高技术计划协调指导小组成员，他一直负责国防科工委领导的航天技术领域和激光技术领域的组织实施领导工作。

时年 64 岁的陈能宽被聘任为 863－激光主题专家组首届首席科学家。主题任务是"跟踪和研究短波长、波长可调、高效率和高质量的强激光技术，把中间成果应用于生产加工及其他技术等方面，带动脉冲功率技术、等离子体技术、新材料及激光光谱学等技术科学的发展"。在陈能宽的主持下，主题着眼长远，探索我国新型激光技术发展的道路。

三、不断深化发展战略研究

航天技术和激光技术两领域所涉及的都是国际高技术前沿项目，是开创性的、高难度、长周期的大科学攻关项目。这样的重大项目如何发展，才能不花冤枉钱，不走弯路，取得高效益？朱光亚首先要求各领域主题要做好发展战略研究，通过发展战略研究制订出本领域主题的发展蓝图，明确研究方向、任务目标、指导思想、研究重点和具体技术路线发展策略等，走有中国特色的高技术发展之路。他还指出，发展战略研究要根据国内外形势变化，高技术新进展、新动态、新情况持续进行，不断深化。这对实际工作起重要指导作用。

他指出"目前的着眼点在于分析跟踪的对象，认识和理解其中的科学技术问题，不能盲目跟着外国人跑，要有判断地进行跟踪研究。我们的着眼点是发展科学技术基础，限于我国的财力，不可能短期较量，要做长期打算，有所为，有所不为。"

为做好发展战略研究，朱光亚十分重视对国外高科技发展信息的评估分析。他对听到国外的各种信息都要求对信息来源的可靠性，正确性和权威性进行认真评估，对一些道听途说或夸大事实的信息通过研究分析予以排除，做到去粗取精，去伪存真，由此及彼，由表及里，掌握事情的全貌和真相。

四、重视总体概念研究

在863计划起步阶段，朱光亚几乎参加领域和主题专家组的所有工作会议亲临指导。由于当时我国在高技术领域还处于一片空白，不知道如何迈好第一步。这时他特别强调要做好软科学总体概念研究，并具体提出了概念研究的几个层次：①顶层战略层次的概念研究，即研究国家军事战略方针所决定的对领域、主题的需求牵引及其地位和作用；②物理层次概念研究，即研究系统技术的物理机制，物理概念；③系统技术层次概念研究，即研究系统的总体概念与技术分析等；④体系层次的概念研究。这一切，首先要具体化到关键技术与关键物理问题的技术分解和落实实施。

朱光亚提出，在概念研究阶段要淡化工程。不要总想上大工程做演示试验，要从中国国情出发，对目标体系可以有个总体设想，没有一个总体设想没办法抓。有个总体设想可以理出哪些是关键技术问题。但有设想又不能当真工程去做，"重在认识和理解物理机制与关键技术"。在这一思想的指导下，使主题在存在定理未证明的情况下，正确确定牵引技术发展的阶段目标（虚态牵引）。并针对这个目标，深入开展总体概念软科学研究，同时认真地研究各项关键技术，以及相关的重要物理机制，初步回答科学技术可行性问题。

五、循序渐进、自主创新

二十多年863计划的健康发展，离不开一条生命线，那就是坚持科学发展、自主创新。这包括：一是坚持把发展战略研究和总体概念研究放在首位。由于863的定位，它既有创新性、重大性，也就有高难度和风险性，因此要确定适合国家需求和国情，又符合科学发展规律的发展方向、战略目标与重点；二是坚持科学、客观的技术决策。运用863的机制，科学地论证和选择技术路线，避免单位和个人的局限性。在项目的选择上，立足科学分析做到高起点，以实现跨越发展，在项目的实施上，则坚持循序渐进、按科学规律办事，科学地确定发展步骤和阶段；三是坚持科学精神、科学态度和优良学风。在工作的每一步、每个环节，都科学地发现问题、发现始所未料的问题、并分析问题，理论与实验相结合，知其然，知其所以然，解决问题就是创新。要使自主创新体现在工作的全过程。保持严谨、踏实的学风，远离浮躁和急功近利。这条科学发展的生命线来自老一辈科学家留下的优良传统，来自于科研团队"国家利益高于一切"的共同精神支柱和价值观。

技术路线的选择是成败的关键，对多种技术路线要进行科学的论证、选择，并随科学技术的发展与应用需求的变化进行调整。

系统集成不只是各个部件和分系统的叠加，它既包含各分系统的接口、匹配、总体控制，而且包含着集成中的再提高、再创新，总体思想要贯穿在从设计到最终工程验证的全过程。

陈能宽吸取并发扬两弹一星的经验和传统，强调发展高科技要有创新思路，走有中国特色的发展道路。他特别强调要尊重科学，按客观规律办事，坚持循序渐进的指导思想。

指出要强化软科学研究，慎重、科学地确定发展战略、技术路线与发展方针，在诸多可能的技术途径中选择一条正确的发展道路，制定好每一阶段的规划和计划，尽可能避免失误，不花冤枉钱，提高经费使用效益。

他引导大家从中国的国情出发，重视技术途径的论证和动态选择，重在关键技术和物理机制的了解和掌握，着眼于认识和理解强激光系统中的科学技术问题，不急于上工程规模的发展，以免技术过早的冻结。

他注意运用唯物辩证法的观点解决和处理问题，在主持专家组的会议时，引经据典，谈吐幽默，既务实又务虚。积极引导大家多思考，多论证，慎重决策，争取使主题的发展沿着最佳轨道前进。领导专家组正确的处理了物理问题与技术问题关系、软和硬的关系、虚和实的关系、点和面的关系、跟踪与创新的关系等。

六、光束质量是高能激光系统的生命线

两位王老自始至终重视光束质量，历次主题会议上，他们谆谆教诲，要求大家高度重视激光的光束质量问题。1991 年 3 月，大珩先生指出光束质量是远距离传能效应的核心问题。光束质量不只要求亮度好，而且要求相干性好。在他谆谆教诲下，主题在发展高功率激光器时，特别强调重视光束质量的提高。主题专家组还召开了光束质量研讨会，为提高光束质量献计献策，使得光束质量不断得到提高。直到现在，随着激光功率的提升、能量的增加，工程化研制工作的不断推进，我们对光束质量控制的理解越来越深刻，光束质量仍然是需要不断改进的核心问题之一。

王淦昌经常参加我们激光技术专家组的研讨会，耄耋之年的他仍思维敏捷，总能提出许多具体的问题和看法。在一次成果鉴定会上，他中肯的说："光束质量不好没有用，没有用。"后来，包括氟化氢准分子激光在内的各类强激光，不仅进一步提高了输出能量和功率，而且显著改善了光束质量，听到这样的进展，他总是高兴得合手鼓掌。我国新型强激光的发展上了几个台阶，王老十分关注，临终前不久，他在病床上得知最近的一次大型试验又取得圆满成功的消息，激动地从被子里伸出右手，翘起大姆指说："干得好，祝贺大家！"

七、重视基础研究，理论与实验要紧密结合

大珩先生和光亚先生都十分重视基础创新和先进元器件制造，他们强调要抓好科学基础性研究，加强科研基础设施建设，指出高新技术不能与产业化等同。在国防科技方面，许多不能产业化，但必须得搞，这也是真正的自主创新。特殊的元器件，要作为重点项目进行攻关。

进展到一定阶段，他们提出要重视"863 高技术"向工程化、实用化方向发展，多次强调这是研究性工程，要把科学—技术—工程结合好，不断走上新台阶，又做成实际有用的东西。

他们非常关心激光技术 PTIE（PTIE 系列试验是专家组结合我国国情提出的创新技术发展思路，是激光技术由单元技术攻关向系统集成、工程化研制迈进的重要战略步骤），

多次亲临现场，以他们多年从事光学工程的丰富经验，参加指导了激光技术主题多次重大试验，鼓舞了大家。大珩先生主持了四次重大试验项目的成果鉴定会，对各次试验坚持科学态度，实事求是，客观评价，字斟句酌，做出了恰如其分的鉴定意见。

先期技术综合实验（PTIE），是一个物理和技术目的明确的实验系列，此系列的安排是从易到难、由简入繁，集成度由少到多、由基础性到系统性，其目的在于及时而循序渐进的验证物理和技术的可行性，检验全过程各物理因素的影响和系统各环节的接口和匹配，验证和演示全系统的能力。直至初级实验样机和试验样机的研制与演示试验。在弄清有关物理问题和突破各项单元技术的基础上，要通过一系列先期技术综合实验，进行全系统的试验和演示。对这样一个高难度、多环节、多因素的研究对象，综合性的实验研究尤其重要。

1995 年 11 月在国防科工委召开的预研工作会议的报告中，朱光亚指出："我认为先期概念技术演示包含的一个实质性内涵就是新技术的综合集成。演示验证的目的是考核技术综合集成的工程化应用效能。先期概念技术演示过程要求进行部件级或分系统级的技术综合集成，以深入考核技术综合集成的可行性和风险以及相关技术之间相互作用的有效性、可靠性和兼容性，为进一步进行全系统级的技术综合集成提供成熟而实用的预研成果，这样可减少技术工程化应用的风险，提高产品的研制效率（降低研制成本，缩短研制周期。演示阶段所花费用通常只占全寿命费用的 2%～3%，而据此所作的技术选择或决策却决定着以后 80% 以上费用的花法与效益）。可见，先期概念技术演示阶段实际上就是技术综合集成的第一次努力，也是技术转移到解决应用需求的第一步。"

接着，针对 PTIE 试验，他指出："最近，我国 863 计划专家组组织领导了一次初级技术综合实验（PTIE），就是高技术预研工作的先期概念技术演示的又一实例。这次实验包括系统的主要技术环节，这是对全系统的一次成功的技术综合集成演示。这次先期概念技术演示，使系统技术的可行性研究迈出了历史性的一步。"

高技术要鼓励创新研究。为此，要支持学科基础和应用基础研究，增强发展的后劲。高技术发展需要深厚的科学技术基础支撑，二者关系是密不可分、血肉相联的。因此，863 计划开始阶段，就以部分资金放到自然科学基金委支持新概念新构思的创新基础研究，以保证可持续发展的后劲和相应的人才成长。为了在完成任务的同时，加强基础性研究，朱光亚十分重视 863 计划重点实验室的建设。

八、着眼国际竞争，坚持全国大协作

两位王老站在国家高度，大力推进全国一盘棋的大协作。

王淦昌先生早在 1964 年，创造性地提出了"用激光引发核聚变"的新思想。若那时即抓紧干，我国当走在世界前列，不幸的是"文革"使我国大大落后了。"文革"刚过，王先生即率领中国工程物理研究院的一支队伍到中科院上海光机所讨论两单位合作开展激光惯性约束聚变事宜。1980 年，提出了联合建造脉冲功率为 1012 瓦的固体激光装置。王老在工作中强调全局观念跨单位合作。当激光专家组提出把准分子激光转向惯性约束聚变应用时，他表示完全支持。在去世的前几天，已十分虚弱的他，还对联合实验室的同志用力地说："一定能成功！"他是在不遗余力地鼓励后人，推进中国的激光核聚变事业。

王先生倡导全国一盘棋的大协作。他常说："中国科技工作者要团结一致，参与国际竞争。"站在国家高度、超脱小单位利益，才能有这样的胸怀。对于今天的中国科技界，这一点具有重大的现实意义，也是863计划的特色和灵魂。

陈能宽重视发扬民主，解放思想，开展争鸣，各抒己见，集思广益。倡议组成红队—蓝队，科学对弈，科学论证，百家争鸣，鼓励发表不同的意见、假设和方案，加强"全国一盘棋"、当好"国家队"、为同一个目标奋斗的意识。领导专家组严格按863计划管理办法，坚持公开、公正、公平的方针，既引进竞争机制，又发扬全国协作精神，把任务落实到真正有优势的单位和个人。

九、关怀后辈，为人师表，诲人不倦

作为一个造诣高深的光学专家，大珩先生十分重视言传身教，把自己的亲身体会和经验传达给后辈。在某重大试验取得成功后，他说"通过这次试验，锻炼了队伍，培养了人才。年轻人以参加这样大的综合试验而引以为自豪，老年人感到特别高兴。这支队伍是高技术攻关的主力。当时'863计划'的宗旨之一也是为培养跨世纪人才。祝这支高技术队伍更好地前进，为增强国力做出更大的贡献。"他希望年轻人能坚定信念，自力更生，艰苦奋斗，无私奉献，团结协作。

王淦昌先生关怀后辈、提携后人。一些早年跟他一道工作过的小伙子，后来也已满头银发，王老经常念叨这些同志，见了面，就深有感情地说："你们也都不小了，要注意身体呵！"在他年过九十的时候，曾说过："六十岁的人是可以从头开始干的！"这句话是他"老骥伏枥，志在千里，烈士暮年，壮心不已"的写照，是他的心里话。他是一个活到老、学到老，求新到老的人。事实上，在他年过花甲之后，又做成了几件大事：地下核试验，推动激光核聚变，研制准分子激光器，开创国家863计划等。这句话也是他对后辈的鼓励。他常说："中国科技工作者要团结一致，参与国际竞争。"站在国家高度、超脱小单位利益，才能有这样的胸怀。关心事业未来、祖国未来的他，满怀着对后人的深情和期待，他是后来人的良师益友，忘年之交。

朱光亚十分重视我国科技人才队伍建设，倾心扶植青年科技人才，发扬学术民主。用言传身教培养大家严谨求实的工作作风，磨炼过硬的意志品质。他常说，我国的科学技术要在世界高技术领域占有一席之地，必须培养一大批具有创新性的高技术人才。在多种场合呼吁要加快人才培养的步伐，建立适应人才脱颖而出的工作机制，创造人才迅速成长的良好环境。他还身体力行，为青年科技人才的成长创作条件。他高风亮节，谦谦虚谨慎，淡泊名利，不愧是我国科学界的一面旗帜，不愧是广大科技工作者尊敬的师长和学习的榜样。

陈能宽奖掖后辈，甘当人梯。他利用各种机会，畅谈改革开放为科学人员发展创造的环境和机遇，谈论科技人才成功之路。他说，科学是没有国界的，但科学家是有祖国的，回忆历史，他指出祖国的强盛，民族的兴旺是每个炎黄子孙的责任，时势造英雄，抓住机遇非常重要。他语重心长地希望青年人能够加强自身素质的培养，具有勤勤恳恳的敬业精神，加强思考，促进创新，多学知识，多做学问，淡泊金钱名利。还要处理好个人和群体的关系，要和同事搞好团结协作，共同创作良好的工作环境。科学是没有止境的，他殷切希望青年人"德智体群，全面发展"，早日成长。

二十多年过去了。时间证明，863 激光团队是一支成就卓著，人才辈出的队伍。

十、趋势与前景

作为 21 世纪最重要的的科技成就之一，激光技术由于其优异特性，在工业生产、科技研究、医疗、军事等方面得到了广泛应用，激光技术渗透到社会的各个行业，而且发展潜力巨大，激光技术成为当代科技发展最快的领域之一。

高能激光技术的应用和发展带动了多方面科学技术的进展，如光学加工、材料、光电子技术、光学测量、自适应光学、衍射光学、大气光学、强场物理、瞬态光学等。同时，激光的频谱范围不断拓宽，从硬 X 射线到太赫兹的整个波段，随着各种激光器及相关技术的成熟和产品化，激光完成了并正在发展着大量过去无能为力的工作。

随着激光科学技术和工程不断发展到新的水平：各种激光技术追求更好的光束质量的同时，高功率激光将达到更高的脉冲功率；高能激光将达到更高的能量；不同类型的高能激光将先后走向实用，其系统的性能将不断改进提高；将出现更短的激光脉冲、更高的激光场强……；还会出现新的激光器，出现一系列新型的激光仪器和技术手段。

随着科技的发展，激光技术必将得到更加广泛的应用于我们世界的各个方面，使人类科技不断进步，加快人类文明的进程。

◈ 中国物理学会理事会（1992 年）。前排右起：赵凯华，黄祖洽，陈佳洱，谢家麟，王大珩，何泽慧，冯端，王淦昌，朱光亚，彭恒武，黄昆，李寿楠，杜祥琬，沈克琦等

贺黄祖洽先生八十华诞[①]

值此黄祖洽院士八十华诞之际，我们向黄先生及夫人张蕴珍女士致以热烈的祝贺！

黄先生是我国著名的核物理和理论物理学家。他在原子能所工作期间为氢弹原理的探索进行了重要的基础性研究；在我国核武器研究院工作期间，黄先生曾亲自指导我们从事中子物理学和核试验诊断理论研究及核武器的理论设计。他坚实的学术功底、严谨的学风、刻苦钻研的精神，给我们留下深刻的印象并成为大家的榜样，他为我国核武器的发展和核试验的成功作出了重要的贡献；他还是我国核数据研究工作的开创者之一，倡导成立了中国核数据中心，团结国内各有优势的单位进行大协作，取得了一系列成果，成为核武器设计、核试验分析和核工程设计的应用基础平台；他对培养青年科技工作者和研究生十分认真、诲人不倦，他撰写的"核反应堆动力学基础"、"输运理论"等专著和许多高水平的论文，成为常备的参考文献和教材，他对中子输运方程清晰而流畅的讲解，至今被大家称道赞扬；他在学术上对新事物十分敏感，不断研究和思考新问题，走在学科发展的前言；作为一名知识渊博、德高望众的物理学家，他还为中国物理学会的建设、物理学出版物水平的提高和我国物理学事业的发展作出了卓越的贡献。

先生之风，山高水长。在黄先生80大寿之际，我们衷心祝福他学术青春常在、健康长寿、家庭幸福！

---

① 本文写于 2004 年。

侯老的人格魅力①

——为侯祥麟诞辰百周年而作

早就知道侯祥麟这个名字，只是到工程院任职以后，我才有机会近距离接触侯老。虽然了解有限，却留下了深刻印象，使我受益匪浅。

侯老领军进行了"中国可持续发展油气资源战略研究"咨询课题，这件事有着一个不寻常的开头和一个动人的结尾。

2003年5月25日，温家宝总理去家中看望侯老，并请他出山，领衔研究中国石油天然气的可持续发展问题。侯老深知，这是一个事关国家能源安全的重大战略问题，已满九十一岁高龄的他，毫不迟疑地接受了总理的委托，组织了一个国家级的专家团队，开展了紧张有序的研究工作。历经四百天的辛劳，2004年6月25日上午，在中南海第一会议室，课题组向国务院常委会作了正式汇报，侯老让年青的赵文智院长代表课题组作了口头汇报，他本人作了画龙点睛的补充，匡迪院长也作了发言。国务院领导还同大家一起合影留念。我们哪里知道，那天，重病中的侯老夫人李秀珍不让身边的人把病情告诉侯老，以免影响他汇报，而就在当天，她病情急转直下，进入了自己生命的倒计时。从中南海出来，侯老立即赶往医院，此时夫人已处于弥留之际。相濡以沫的夫人离开后不久，哀痛中的侯老提出，刚完成的课题只研究了2020年前的石油供需和替代问题，需要进一步研究2020—2050年的油气供需和替代问题。一位九十多岁的老人，想的是半个世纪后的国家大事，这是一种多么动人的情怀和高远的思想境界啊！也正是受到他这个后续课题的启发，中国工程院进一步着眼中国能源全局的可持续发展，开展了"中国能源中长期（2030—2050）发展战略"的咨询研究。作为侯老领军课题的参与者，我深感"国家至上、民族至尊"是侯老价值观的核心，是他人生不竭的动力，也是留给我们的宝贵的精神财富。

2005年7月1日，中国工程院、中国科学院、中石油、中石化作出了《关于向侯祥麟同志学习的决定》，并得到了中纪委、中组部和中宣部的鼎力支持。为此，几单位联合成立了工作领导小组和办公室，我被推荐为领导小组组长，这使我有机会更多了解和学习侯老。为做好宣传侯老先进事迹的工作，我们提出了"科学求实、丰满厚重、普及可读、立体生动"十六字的要求。在组织的一系列活动中，特别有影响的是令人热泪盈眶的电影

---

① 本文写于2012年3月。

《侯祥麟》和侯老的事迹报告会。在人大小礼堂举办的这次报告会，由师昌绪等组成报告团，"科学家讲科学家"，温总理以普通听众的身份听了整场报告，会前会见了侯老和报告团成员。大家围在周围，听到侯老多次表示"我是个很平凡的人"。总理说"做一时容易，做几十年难，做一辈子更难，所以大家都很感动。"这既是对侯老一生一个浓缩的概括，也是对"平凡"二字极好的诠释。非凡正是寓于平凡之中，一位把自己看得很平凡的科学家，更令人肃然起敬。

还有一个令我难忘的细节。在侯老领军的课题启动时，徐匡迪、王淀佐和分工联系能源学部的我都被聘为顾问。课题启动的第一次会议我因出差缺席了，在第二次课题开会时，侯老和我的座位之间还隔着几位同志，刚宣布开会，他就从座位上站起来，拿了一个本子，慢慢走过来，快到我座位时才说，是要给我补发聘书，意外而感动的我，诚惶诚恐地站起来，赶忙迎过去说："应该我去您那儿接才对啊！"我深知，作为侯老的晚辈，我是参加进来学习的，侯老却如此郑重其事地给我发聘书。透过这个打动人心的细节，我更理解了侯老的为人，侯老的人格魅力！正是由这样的人格魅力产生的凝聚力，使几代科技工作者紧密团结在一起，成就了国家的伟业。

爱因斯坦说过："大多数人都以为，是才智成就了科学家。他们错了，是品格。"侯祥麟先生使我对这句话有了更为鲜活的感受。

※ 工程院领导。前排左起：张光斗，王大珩；后排左起：罗沛霖，旭日干，杜祥琬，侯祥麟，徐匡迪，师昌绪，沈国舫

不寻常的开头和动人的结尾[①]

侯老领军进行了"中国可持续发展油气资源战略研究"咨询课题，这件事有着一个不寻常的开头和一个动人的结尾。

2003 年 5 月 25 日，温总理去家中看望侯老，并请他出山，领衔研究中国石油天然气的可持续发展问题。侯老深知，这是一个事关国家能源安全的重大战略问题，已九十一岁高龄的他，毫不迟疑地接受了总理的重托，组织了一个国家级的专家团队，开展了紧张而有序的研究工作。历经四百天的辛劳，2004 年 6 月 25 日上午，在中南海第一会议室，课题组向国务院常务会议作了正式汇报。国务院领导对课题成果给予了高度评价，会议结束时已是中午。可是，我们哪里知道，为了不影响汇报，重病中的侯老夫人不让身边的人把病情告诉他。就在当天，她病情急转直下，进入了生命的倒计时。从中南海出来后，侯老立刻赶往医院，此时夫人已处于弥留之际。

相濡以沫的夫人离开后不久，哀痛中的侯老又提出，刚完成的课题只研究了 2020 年前的石油供需和替代问题，需要进一步研究 2020—2050 年的油气供需和替代问题。一位九十多岁的老人，想的是半个世纪后的国家大事，这是一种多么动人的情怀和高远的思想境界啊！也正是受到他这个后续课题的启发，中国工程院进一步着眼中国能源全局的可持续发展，开展了"中国能源中长期（2030—2050）发展战略"的咨询研究。

作为侯老领军课题的参与者，我深感"国家至上、民族至尊"是侯老价值观的核心，是他人生不竭的动力，也是他留给我们的宝贵精神财富。

---

① 本文原载于《光明日报》2012 年 4 月 5 日 7 版。

叶企孙先生是科技工作者学习的榜样[①]

在这秋风送爽的日子里，我很高兴来到清华大学参加"叶企孙先生诞辰 110 周年纪念大会"。叶企孙先生是我国近代物理学奠基人之一。他在物理学领域做出了突出工作，他和导师 W. Duane 及 H. H. Palmer 合作测定普朗克常数值 $h = 6.55 \pm 0.009 \times 10^{-27}$ 尔格秒，被物理学界沿用 16 年之久。他研究的高压强流体静压对铁、镍、钴磁导率的影响达到当时国际先进水平。

叶企孙先生还是我国杰出的教育家，他创办了清华大学物理系，重视因材施教，重视教育质量，不遗余力提携人才，为我国科学界培养了包括多名院士在内的一大批优秀人才。他严谨求实、追求卓越的精神影响了一代科学家。多位两弹一星元勋都是叶企孙先生的学生，1926 年北京发生"三一八"惨案那天，当时作为清华学生的王淦昌参加游行后回到学校，叶教授激动地对他讲了一段"只有科学才能拯救我们的民族"的话。老年的王淦昌回忆说，这段话影响了他一辈子，使他走上科学救国的道路。叶企孙先生的多位学生是中国工程院院士，为工程院的建设和我国工程科技事业的发展、创新做出了重要贡献。叶企孙先生的精神在他们身上得到了继承和体现。

叶企孙先生生前还热心于学术研究机构的设立，他是中国物理学会的创始人之一。在叶企孙先生等老一辈科学家的领导之下，我国的科学研究机构从无到有，走过了一条艰苦而辉煌的道路。

叶先生是一位品德高尚的科学家，他刻苦认真、严于律己、尊老爱幼、提携后人、严谨治学，提倡学术民主、独立思考，他为人谦逊、德养深厚，他的人格至今是我国科技界的楷模。叶先生晚年惨遭迫害，这样的事情再也不应发生。

叶企孙先生还拥有一颗赤诚的爱国之心，他在抗日战争和解放战争中都为人民做出了不可磨灭的贡献，我们国家为拥有这样一位高尚的科学家而骄傲和自豪！为此，中国物理学会专门设立了"叶企孙奖"，多年来用于奖励我国物理学界的杰出后人，能作为"叶企孙奖"评委会的一名评委我感到荣幸并深受教育。

我们希望，通过各种媒体，使我国广大科技工作者更多地了解叶企孙先生的成就、贡献和品格，并向他学习。今天我们在这里纪念叶先生诞辰 110 周年，谨祝叶企孙先生的科学精神和爱国情怀永驻！愿我国的科技事业永远蓬勃向上，充满生机！

[①] 本文是在纪念叶企孙先生 110 周年会上的发言，2008 年。

为赵仁恺院士贺寿^①

仁恺院士八十寿，
智慧、辛劳多成就，
核潜、核能功勋著，
德高望重品格优，
老当益壮心不老，
祝您健康更长寿。

---

① 写于 2003 年。

《周毓麟传》序①

老科学家资料采集工程《周毓麟传》撰写组命我为该书作序，是我的荣幸。中国科学院院士周毓麟先生是成就卓著的数学家和计算数学家，也是对我国核武器事业作出重大贡献的科学家，是我尊敬的师长，几十年来，我们一直称呼他"老周"。

周先生在求学时代就显示出很高的数学才华，大学毕业后有幸师从陈省身教授，在同伦论与流形拓扑不变量研究方面取得成就。1954 年，他被选派去苏联学习，这时他毅然放弃了已有成就的拓扑学研究，选择了被认为更有应用价值的偏微分方程研究作为主攻方向。几年间，他对非线性抛物型和椭圆形方程的问题做了很多有意义的研究。特别是他与苏联数学家 O. A. 奥林尼克等人合作的关于渗流方程的工作是具有开创性的研究成果。1960 年，周先生奉调参加我国核武器理论研究工作，他毫不犹豫服从祖国需要，在随后几十年的岁月里，默默无闻地为我国的国防事业辛勤奉献。改革开放以后，周先生以大规模科学计算为背景，创立了离散泛函分析方法，系统地建立了应用离散泛函分析方法研究非线性发展方程差分方法的理论，得到了系统而深刻的研究结果，使差分方法的理论研究形成一个新的体系，在偏微分方程数值解领域独树一帜。

我国的核武器事业走出了一条有中国特色的发展道路。其特点之一是，我国以比美、苏少得多的核试验次数，使核武器的设计达到了世界先进水平。能做到这一点，原因有很多，其中重要的因素之一是，理论和数值模拟发挥了十分重要的作用。一批杰出的物理学家和数学家为此作出了贡献。周毓麟先生参加我国核武器的理论研究工作后，担任九院（现中国工程物理研究院）理论部的副主任。大规模科学计算是核武器理论研究必不可少的重要手段，周先生主持了我国核武器的数值模拟及流体力学方面的研究工作，为我国核武器的研制作出了重大贡献。他带领大家研究设计所需的计算程序，边学边干，要求大家"认认真真地学，学必学懂；扎扎实实地干，干必干好。"他写的讲义涉及拟线性双曲方程及数值方法的分析、辐射流体力学差分格式的设计与论证、爆轰计算方法以及输运问题计算方法等。在完成任务的同时，培养出一批青年骨干。在大规模科学计算的基础上，他对电子计算机的研制提出了一系列新的要求并作出理论上的分析，对我国电子计算机的发展产生了深远的影响。他并担任了全国计算数学学会理事长，为学会的建设和发展作出了贡献。

1965 年初我开始参加理论部的工作，有幸在一批学术功底坚实的科学家领导下工作。

---

① 本文写于 2017 年。

周毓麟先生是负责数学方面的理论部副主任，我们有机会学习他写的讲义，听他做的报告，他给人的印象是学术功底深厚、概念清晰、作风严谨。这里只举一个小例子：我们在进行中子学计算精确化研究时，需要弄清中子输运方程各种差分解的精度，为此，我对中子输运方程在特定情况下的精确解作了调研，写了一份调研报告，送周先生审阅，他阅后找我去，不仅对内容提出了建议，而且对文章的书写规范提了意见，例如：什么地方该另起一段，段的开头要退两格等，给我留下难忘印象，使我对"严谨"两字，有了新的感受。我后来也见到周先生写文章的手稿，行文整洁，删改的地方均用笔圈起来，里面再画上斜杠，清清楚楚，一目了然。这正是于细微处见精神，使我受益匪浅。

《周毓麟传》记录了在我国跨世纪的大背景下，周先生为学术、为国家不倦奋斗的人生，他把对科学发展的追求和对祖国的热爱完满地结合起来，使我们感受一个丰满厚重的科学家的形象，一个品德高尚的大写的人生。周先生是我们学习的榜样。

在《周毓麟传》问世之际，我仅以此序表达对先生的敬意，衷心祝愿他健康、长寿、家庭幸福！

家

庭

篇

我 的 家 庭^①

——父母篇

❄ 左起：父杜孟模，哥杜祥琳，姐杜祥瑛，

杜祥琬，母段子彬（1940 年）

1938 年 4 月，在日寇侵华、百姓"逃难"的时代背景下，我诞生在河南南阳镇平县石佛寺。父亲当时在开封高中教书，学校为了躲避战乱、继续教学，暂时从开封内迁至南阳，并在南阳的镇平内乡等地辗转了几年。就这样，我的幼年与南阳这块宝地结下了缘分。因南阳产玉，称"琬玉"，由此得名。

我的父母都是知识分子。是踏着五四的足迹为新中国的诞生和成长奋斗了毕生的那一代。

父亲杜孟模（1904—1974），在杞县和开封上中学期间，受到"五四运动"和《新青年》杂志的影响，和几位进步同学一道组织了"社会科学研究会"，学习马克思主义。在这群青年中，有一位叫马沛毅，1924 年夏，他在南京聆听了恽代英的演讲，明确了共产

---

① 本文发表于《共和国院士回忆录》，东方出版中心，2012。

主义的政治方向。同年经马沛毅介绍，杜孟模加入了中国社会主义青年团。1925 年秋他考入北京大学数学系，1926 年加入中国共产党，1927 年上半年任北大党支部第九届书记，后又任中共北京东城区委书记。1928 年夏至 1929 年春再次担任北京大学党支部书记。在"三一八"惨案那天，他和同学们一起去天安门参加游行，反对帝国主义和段祺瑞政府卖国，他腿上的一处伤疤就是那时留下的。在校期间他努力攻读数学并参加译校法国古尔萨著《解析几何讲义》一书。1931 年毕业后，即回开封，在开封高中任教，并同几位进步教师一起在学校组织了党的外围团体"社会科学读书社"。动员了一批青年学生去延安，参加革命。他的活动引起了反动派的注意和痛恨。1943 年元旦，他和一批师生一起在内乡夏馆的开高临时驻地被逮捕入狱。那个凌晨带给我们全家的白色恐怖的气氛我至今记忆犹新。母亲带着四个孩子（我的哥哥、姐姐和弟弟），一时没有了主心骨。后经多方营救，父亲获释。抗战胜利后，1945 年全家回到开封，父亲在数学教学的同时，继续从事党和民盟的地下革命活动。我家在开封双龙巷的寓所，成了保护革命活动的据点。1948 年开封解放时，我已上小学四年级，解放开封那一仗打得很艰苦，记得父亲在家里来回踱步，急切地关心战事的进展。刚一解放，家里就得到了一批来自解放区的书，像春风吹进了家门。我如饥似渴地阅读着，印象最深的是那本厚厚的《刘胡兰》，读得我废寝忘食、热泪盈眶，妈妈几次喊我去吃饭，就像没听见一样。"生得伟大，死得光荣"八个大字和她从容就义的高大形象，深深地印入了我的脑海，我仿佛从这时起，开始懂得了"崇高"二字。

解放后，他担任了首任开封高中校长，并先后在河南的几所高校任数学教授。曾任河南省数学学会理事长。我上中学时，记得有一天夜里被父亲的说话声吵醒，原来他是在说梦话，他做梦在讲课，在讲"函数的最大值和最小值与一阶导数、二阶导数的关系"。父亲教学、批改作业、试卷之认真，给我留下深刻印象。他给过我的几本初等数学的参考书，对我的学习和学习态度都很有帮助。

作为知识界的代表，他先后担任了开封市副市长、河南省政协副主席、副省长等。也算得上是"高干"了，但直到"文革"把他关进"牛棚"前，年过花甲的他仍骑自行车上班，生活上他和母亲都以简朴为荣，他对孩子们说过，生活就是一个字"简!"，这句话影响了我几十年。从领导到普通工作人员，他都一律平易相待，我几次跟他出入郑州大学生活区的大门，他总要和传达室的工友寒暄问好。这一切都细物润无声地影响着我的价值观：人有分工不同，都是平等的百姓，要尊重每一个普通劳动者，无论当了什么"长"，都不要摆什么"架子"。

我的母亲段子彬（1909—1969）自幼挣脱后母的虐待，外出求学。1931 年毕业于北京师范大学文史系，父母婚后，养育了五个孩子（我的哥哥、姐姐和两个弟弟），母亲为子女的成长付出了许多辛劳。母亲不仅端庄大方，而且喜欢音乐，歌也唱得很好。抗战逃难途中，在临时留宿的农舍里，母亲给我们讲"吕梁英雄传"的故事，栩栩如生的孟二楞、武二娃的形象一直记忆犹新，母亲教给孩子们的第一首歌，至今萦回在我的心中：

呵！吕梁，
伸出你的铁拳，
把敌人消灭在祖国的土地上！

岳飞的《满江红》也是那时学会的。就这样，祖国和民族的安危植根于幼年的心灵，并一直伴随着我们成长。

解放后，她先后在开封高中和郑州大学讲历史课，我在开封高中上学时，曾是她的儿子兼学生，她在家一丝不苟地备课，用工整的小楷在方格纸上写教案，我看在眼里。她在课堂上引人入胜、条理清晰地讲课，给我以享受。她对学生和蔼可亲，深受同学敬爱，我则独有一种把母亲和老师融为一体的感受。1962年，正值国家经济极端困难时期，在郑州大学教书的她和许多教师一起被送到农村去"劳动锻炼"，在那个饥荒的年头，每天每人只有四两红薯秧的"口粮"，53岁的她不顾浮肿，奋力与年轻人一起劳动，不甘落后，她是一贯的勤劳、能吃苦。那时我在莫斯科上学，她在给我的信中说："国家有难，大家承担。"使我既感动又担心。

母亲是一位家务、公务双肩挑、又深明大义的中国妇女。刚解放，正上初中的哥哥报名参加军干校，要随军南下，母亲虽不舍得，却积极支持他随军打过长江、解放大西南。几个更小的孩子都正在上学，早晨常常起不来，母亲总是早早醒来，按时喊我们起床上学。后来，家迁郑州大学，一个教授、副省长之家却连一个大衣柜都没有，父母的外衣都用衣架挂在墙壁的钉子上，上面盖一块防尘的布。

父母的共同爱好是文学，这使我有条件在中、小学阶段读完了中国古典文学几大名著，毕竟是男孩子，觉得最有趣的还是《水浒》里那一百单八将的故事。家里书架上，郑振锋的全套《中国文学史》《冰心女士短篇小说集》《儒林外史》等，也都翻过。后来又欣赏了巴金、丁玲、赵树理、闻一多、艾青、臧克家、魏巍等人风格各异的名作。峻青的短篇小说使我颇受感动，还在班会上朗诵过。五十年代进入中国的苏联文学名著，如高尔基的小说、马雅科夫斯基的诗歌给我印象很深。而《卓娅和舒拉的故事》《钢铁是怎样炼成的》，像前面提到的《刘胡兰》一样，对我的人生观、价值观的形成产生了重大的影响。也是在家里读到的《共产党宣言》以及《大众哲学》等书都使我受益匪浅。

"文化大革命"对国家和家庭都是一场历史性的灾难。一生追求进步、教书育人的父母双双蒙难。父亲被关押、批斗、毒打、抄家。残酷的迫害使他于1974年含冤辞世。此前，善良而辛劳的母亲被莫名打成"现行反革命"，在西平县农村"干校"遭无情批斗，1969年初活活被整死，其惨状不堪用笔墨描述。死讯被封锁，只是好心的农民为她留了一个坟头作记。我怀着悲愤的心情，专程去西平，从农田里取回母亲的遗骨，同家人一起将她和父亲合葬于郑州。这是在母亲去世后五年多、几经周折才得以了却的一点心愿。"四人帮"被打倒后，郑州大学第一个平反昭雪的就是我的母亲，凡知道段子彬的人，无不说她死得冤、死得惨。昭雪追悼大会隆重而朴素，壮烈的哀乐响彻了整个郑大的校园！父亲属于高干，直到小平复出拨乱反正，时任中组部部长的胡耀邦同志亲笔批示为他彻底平反，河南省委于1979年8月召开了隆重的平反昭雪追悼大会，对杜孟模的一生做出了公正的评价，并将他安葬在河南省烈士陵园。2004年，父亲诞生百年之际，《河南日报》发表了记者撰写的整版报告文学《追寻那个高大的身影》，通过他的许多学生和亲人的回忆记述了他大写的人生。

"以史为鉴，可以知兴替"，重提往事，不是为了触摸历史的伤疤，而是为了我们的后人永远记取历史的经验教训，使我们多难的国家和每一个家庭永不蒙受这样的灾难。能如此，历史将是一笔宝贵的财富！

我的家庭[1]

——妻儿篇

◈ 与妻子毛剑琴、儿子毛大庆（2002 年）

　　有些事，真叫人相信"缘分"，科学的表达叫"机遇"。我和毛剑琴从相遇、相爱到结婚的十年间，总有"缘分"相助。

　　缘分之一：她小我两岁，我们却同于 1957 年入北大数力系。原来，我 1956 年高中毕业，入选留苏预备生，因中苏关系有变，1957 年未出国，选入北大，等于蹲了一年，而她上小学就比一般人早了一年。一早一晚就凑到了一起，又同在力学专业，虽不在一个班，却也认识了，这是后来一切的前提。在女同学中，她是出众者；我则从一年级起就是学生会的头，食堂、卫生、运动会都在我的关心之列。我只在北大读了两年，期间，两人并未谈过一句个人的事，但相互都留下了好印象，埋下了种子。

　　缘分之二：1959 年，钱三强先生从国内选了一批学生去苏联学习原子能，我就这样

_____

　　[1] 本文发表于《共和国院士回忆录》，东方出版中心，2012。

离开了北大。1963 年暑期，所有留苏学生都奉命回国进行集体学习，我们的驻地就在西苑宾馆，一天看电影，我们邀请四年未曾联系过的北大同学来看，来了十几位，她也在其中。谈起来，才知道她家就住在百万庄建工部大院，近在咫尺，很方便去做客。就这样，有了几次单独交往聊天的机会，并从此建立了交朋友的关系。我返回莫斯科后，不仅常通信，还相互寄一些有用的书。

缘分之三：我毕业回国后，1965 年初被分配到九院理论部工作，就在花园路，距她读研的北航又是近在咫尺，方便经常来往，增进了解。元大都土城墙的"蓟门烟树"，成了周末散步的好去处。其实参加工作后紧张忙碌，而且不久，我就有机会去河南灵宝农村参加了半年"四清"运动，回所后不久又去青海 221 厂（现在叫做"原子城"的地方）参加了几个月的核试验分析工作。近邻的条件，才使我们拥有一些接触的机会。终于，我们决定在 1967 年的中秋节登记结婚。

追溯得更远些，她原来生在上海，父亲是建筑师，新中国成立不久，为支援首都建设，父亲响应号召携全家北上，定居北京。我也因上学从开封来到北京。不然，怎么会有上述的那些机缘呢。

那时结婚很简单。家里的人送了几套印有"在大风大浪里锻炼"的枕巾、枕头，就在北航的一间集体宿舍里安了第一个家。

好景不长，没多久，河南"造反派"打倒我父亲的大字报就贴到了北京街头，是她先在海淀镇的街头看到的。那天我正感冒发烧在家躺着，她怕吓着我，又不能不说，就细声细语告诉我，尽管她的语调是那样平静和缓，我仍然有晴天霹雳之感，立刻不顾一切去海淀看个究竟，只见父亲的照片上和名子上，都被打上了大黑×，被戴上了"叛徒、走资派"的大帽子，我意识到父母要遭大灾了。祸不单行，为首都建设作出了重要贡献的老岳父，也被打成"阶级异己分子"，一人被发配到衡阳去劳动。此后十年，我们俩人在风雨中同行，同甘的时候不多，共苦的考验很长。孩子刚满半岁，她就被派到河南上蔡"五七干校"去劳动，一去就是两年多。1976 年初，周恩来总理的去世使我们深为悲痛，没想到我们悼念周总理的诗又被打成反动诗词，被责令检查。不难想象，在如此精神重压下，打倒"四人帮"的消息多么令人欢呼雀跃，那可真是洒满幸福泪的第二次解放啊！

她是一个很要强、很能干的女性。1964 年她报考林士谔先生的研究生，结果她打败了七个竞争的男生，成为唯一的被录取者。从 1968 年到 1978 年她在我所在的九所，从事科研工作，其间也去罗布泊核试验场参加了重要的核试验。1978 年国家恢复研究生制度，她决定考回北航去把研究生读完。为此，在一个月的时间里，她把捷米多维奇的高等数学习题集里的三千多道数学题从头做了一遍，以优异成绩考回北航研究生班，不久，又顺利通过了国家统一英语考试，被接受到伦敦帝国理工大学做访问学者，历时两年。当时，她满可以在那里继续做到拿博士学位，但为照顾儿子上学，她于 1980 年回国，在当时国内还相当困难的条件下，她先读硕士又攻博士，终于在 45 岁的那一年，成为我国自动控制领域的第一名女博士，也是北航培养的第一名女博士。学位论文答辩那天，我去现场，坐在听众席的最后一排。听着她自如的答辩，深感她的可爱、可敬，令人佩服。

此后的二十多年，她在自动控制领域从事科研工作，并教书育人，培养了一批研究生，包括在海、陆、空军和航天、航空领域工作的骨干。她教育学生既重业务，更重品德。其间，作为访问教授，她在洛杉矶的讲台上，给美国学生讲授过"离散数学"，在新奥尔良的 IEEE 大会上，接受过优秀分会主席的奖状。在北航被评为二级教授。去年，已满 67 岁的她，作为第一完成人成功答辩了国防科工委的科技进步奖，她们的成果当场被航天部门的负责人评价为"很有用"。她的执着和成功令人感动。

她特别勤劳，里外一把手。不辞辛苦地挑起家务重担，会做多种可口的饭菜，这可是全家人首先是我的幸福。我们都爱音乐，有时也一起唱歌，看音乐会。她爱鲜花，也会养花，做什么事都不肯马虎，她对自己做人的要求甚高，真是很不容易。在她 56 岁生日的时候，我为她写过一首五言诗，一共 56 句。开头两句是："今生有剑琴，世上唯一人。"最后是感谢她对我的巨大支持："共渡灾难时，困苦见真心。支持我事业，安慰不顺心。内外重负荷，凡事皆认真。但愿人长久，共勉知我心。"

现在要来说说我们的宝贝儿子了。

有惊无险的新生儿：1969 年春节前，北京有一场雪。那天近半夜时分，她破水了，我赶忙叫车，雪地里送她到三院，却一夜未生下。那年正是"文革"肆虐的年头，一批大夫"靠边站"、挨批或劳改，值班的大夫、护士早上也都得放下工作，丢下孕妇不管，去"早祝"。至早上九点多，眼看人没劲儿了，大夫才动手硬是把孩子挤了出来，好在母子平安，只是小婴儿头上挤出了一个大血瘤，有核桃大，已是万幸了。我决定让他姓妈妈的姓，又逢新中国成立二十周年的年头，所以给他起了个通俗易写、易记的名子"毛大庆"，小名"庆庆"，也含有全家大喜的意思。的确，在当时全家受到精神重压的时候，庆庆的出世给全家带来无比的欢乐。出院后，母子被接到姥姥家住，那时，家里原住的一套三间房子，被"造反派"占去一间，全家 7 口人挤在两间房子里，新生儿的房间里挤了 4 口人，又没暖气。到了第十一天，庆庆就生病发烧，先到儿童医院就被确诊为新生儿肺炎，又住不上院，令人担心焦急。转到北大医院，在急诊室等了一段时间，总算住上院了。真要感谢北大医院的大夫们，让小生命在医院里满了月，治好了病，连头顶上的血瘤也吸收了。为了消炎，用了不少卡那霉素，那时好心的大夫考虑到国产的卡那霉素有使儿童致聋的风险，就为这位病房里最小的病号用了稀有的进口的卡那霉素。所以愈后未留下什么后遗症，又一次万幸了。每当说起这件事，全家都对北大第一医院和当时的那位优秀儿科大夫充满了感激之情。

庆庆生性开朗。几乎没有哭闹的时候，一睡醒，就睁开两只有神的眼睛，对人笑。坐上小推车，放在室外路边晒太阳，无论谁走过，他都对人笑，十分讨人喜欢。

那时候不光买不到鸡和鸡蛋之类好吃的，就连大白菜也定量。家里挤，又生了个蜂窝煤炉做饭，空气不好，他从小身体不算好，上小学第一个学期请了一百多天病假，第二学期请了五十天病假，后来去南京上大学，能当上系体育部长也真不容易。他幼时经历了"文革"后期、抗震救灾，上幼儿园拆人家凉席，上小学受"小三儿"之类孩子的欺负……在孩童的心理却只留下了一些有趣的记忆（见他自己最近在博客上写的一些小文章）。

我们比较早就明白了跟孩子相处的指导思想，把孩子当朋友。从他稍懂事起，就对他提出行为规则的要求，并讲清道理。所以他从不无理取闹。尽可能为他创造比较好的生活和学习条件，从小学、中学我们就分工辅导他的学习，并与老师保持经常的沟通。带他爬长城、看小人书、听音乐、唱歌、养蚕、下棋等，培养他的人文兴趣。他从小学画水墨画开始喜欢上了美术，第一个美术老师对他很有帮助，长大些，就开始练钢笔画。上小学时，有一次一位外宾到家里作客，看到墙上他的一幅水墨画说，价值二百美元。他对美术十分迷恋，孩童时常把自己画的画挂得满堂……以至于高中毕业高考时，他报的六个志愿，竟是清一色的建筑系。我的建筑师岳父有六个女儿，一直希望有一个学建筑的，结果未能如愿，却在这个大外孙身上隔代遗传了。

在他人生轨迹的每一个重要转折点上，我们都给他鼎力相助或指导。为他如愿考取南工（现东南大学）建筑系，下了一番功夫；参加工作后，又想方设法让他离开了一个不景气的单位，获得自我奋斗发展的空间；出国工作进修，导向他去新加坡，得以施展才能；被公司派回上海做项目，导向他在同济大学在职攻读博士学位；再次被派往北京负责公司重要工作时，建议他再做一个博士后，进一步提高了自己的素质和知识积累。让我们欣慰的是，他自己十分努力上进，一有机遇就能抓住，并取得成功，属于那种"给点阳光就灿烂"的人，事业不断有所发展。在他结婚数年后，又为我们的家添了聪明可爱的第三代，使我们享受天伦之乐。在他年满十二周岁之际，我曾为他写过一首较长的自由体诗，表达心中的希望，在他年满二十周岁时，又送过他一首五言诗。他都抄写在自己的日记本上，经常带在身边，这使我高兴和满足。现在他在工作之余，也从事一些公益性的工作，并写一些颇有意味的文章与诗歌，既是我们家庭的乐趣，也在他的博客上与网友们分享他们那一代人难得的经历与记忆。

忠诚于党的教育事业[①]

——深情缅怀杜孟模先生

❖ 父亲：杜孟模（1964 年）

杜孟模先生离开我们已有三十个年头了，可他的音容笑貌却依然清晰可见地鲜活在我们心中。他对我们晚辈人的影响是深远绵长的。在他百年冥诞之际，愿以此文表达我们对他的纪念和深情缅怀。

在革命战争年代锻炼成长

杜先生少年时代正值"五四运动"前后，不满 15 岁的他，在河南杞县进步知识分子孟墅垣开设的私塾读书，开始接受到新文化运动革命思想的启蒙教育，从此踏上革命道路。1925 年加入中国共产主义青年团，1926 年初在北大数学系学习期间转为共产党员。解放前，先后担任北京大学党支部书记，北平东城区委书记。中共开封市教职员支部成员，河南省民盟地下支部委员等职，参与组织了一系列学生爱国活动和抗日救亡宣传工作等。

---

① 本文原载于《光明日报》2004 年 6 月 24 日，本文为集体作者，杜祥瑛、杜祥琬是其中的作者。

应该说，杜先生一生是一名"双肩挑"的干部。无论行政方面的工作和社会活动如何繁忙，他从没有脱离过教学业务。从三十年代在开封高中讲授数学课，到后来在河南大学、豫皖苏区建国学院、新乡师院和郑州大学等高校讲授高等数学。

教学相长真情互动

杜先生尊重人才、尊重知识、尊重学生，他从不讲"师道尊严"，不摆架子，而是平易近人，与学生交朋友。他大气、平等、有亲和力，使他与学生建立了亲密和谐的关系。他尊重同学的创造力和独立思考精神，经常鼓励学生探索解题的新思路新方法。在一次考试中，一位同学在解一道数学难题时采用了一种与课本不同的便捷解法，杜先生破例给他打了 103 分。这件事在同学中引起了不小的反响和震动。正由于他的这些做法，在课题上下营造出了"教学相长、真情互动"的良好氛围。

离休老干部李中说："杜老师注重理论联系实际，他能把枯燥的数学讲得趣味化、生活化，使学生易于接受"。原中科院外事局长郝汀 1936 年开封高中毕业，他回忆道："杜老师当年能用英语授课、讲数学，讲得很好。他和蔼可亲，循循善诱，治学态度严谨。他教出的学生成绩好的不少，培养出许多优秀人才。"

许多他当年的学生都异口同声地说："杜老师是一位成绩卓著的优秀教师，他的教育思想很明确，用现在的话说，就是注重'素质教育'，引导学生培养高尚的人品和道德，走身心健康全面发展的道路。他讲授数学，但同时又是'社会科学读书社'的导师，指导同学阅读《共产党宣言》、《列宁论左派幼稚病》等书刊。他教导学生'兴趣各人可有所侧重，但专业不可偏废，数理化、社科人文的基础都要打好，涉猎知识要广泛。'"抗日战争年代艰苦条件下，杜先生在开封高中任教期间，他帮助同学们先后成立了"自然科学读书社""文艺读书社""英文读书社""艺社""剧社"等。1942 年这些进步社团会员发展到 200 多人。河南省作家协会名誉主席张一弓是 1949 年级开封高中的学生，他曾著文《杜校长送我远行》，称杜先生在开封高中任校长期间看出他是苗子，就鼓励他学文，写诗作画。

坚守他所至爱的教育岗位

杜先生对教学工作极端认真负责。原新乡师院的同事曾回忆说："杜教授常常备课到深夜。每当我们夜间检查学生宿舍时，总看到他宿舍的灯光仍亮着，就问他：'你教课几十年，许多课都可以倒背如流了，为什么还要这样认真备课？'他回答说：'课要常讲常新，上课绝不能打无准备的仗，上好每一堂课，这是教师的天职。'"杜先生虽然已是德高望重的教师，他依旧学而不厌，诲人不倦。60 年代初，他虽年事已高，行政工作繁忙，可还要当时在莫斯科留学的二儿子为他购买最新出版的英、俄文数学书籍，研究《泛函分析》和《测度论》等，他活到老学到老，从不懈怠。

杜先生一生经历了国家民族的沧桑变化。即使在抗战八年携全家随学校颠沛流离的战争年代，在反动派白色恐怖环境中，在敌战区特务监视下，他都从未停止过奋斗的脚步，始终坚持他所信仰的革命事业，同时坚守他所至爱的教育岗位。杜先生生前常谦虚地戏称自己不过是一名"教书匠"。作为一名教师，在 40 余年的辛勤耕耘中，他倾注了全部的爱心和执着，融入了他神圣的使命感和敬业精神。如今他培养出的众多优秀人才在省内外各条战线肩负重任，发挥着"顶梁柱"的作用。在他的感召和培育下走上革命道路和成就卓著的晚辈们，他们之中的许多人虽然也都年过花甲，甚至年逾古稀，至今仍满怀深情地缅怀他的业绩，称颂他的品德并决心铭记先生的教诲，把先生的遗志代代承传下去。

背景链接

　　杜孟模（字宏远），是一位德高望重的老教育工作者。中共党员。1904 年生于河南杞县。1931 年毕业于北京大学数学系。曾在北京、济南、开封任教并从事民主革命和抗日救亡活动。解放后历任开封高中校长、河南大学教授、开封市副市长以及河南省数学学会理事长。1955 年调任新乡师范学院（现称河南师范大学）副院长兼教务长。1958 年调任郑州大学教授。1959 年当选为民盟河南省主任委员、民盟中央委员和省政协副主席。1964 年当选为河南省副省长，为第二、三届全国人大代表和第三届全国政协委员。"文革"中受"四人帮"迫害，1974 年含冤辞世，后在中央领导同志关心下平反昭雪。今年是杜孟模先生的百岁冥诞。回忆这位老人的人生经历和教育思想，对我们当代人有其独特的现实意义和启迪作用。

永远怀念亲爱的妈妈

❖ 母亲：段子彬（1957 年）

有人说："人总是要死的，生、老、病、死是人间常事。中国有红白喜事之说，是不无道理的。死，像生一样，是自然规律的表现，是辩证法的胜利。是啊，如果孔老夫子至今不死，恐怕也是一副吓死人的模样了。"

但，我要说，这种关于死的议论，是对于正常死亡、寿终正寝而言的。

妈妈的死不是这样的！她死得那样冤，死得那样惨！二十年前的事了，至今我每每想起还是那样心潮起伏，不能平静！

妈妈在我心中留下的爱竟是那样深！那个不堪回首的年代留下的伤痕和疼痛，竟是这样难以磨灭！这是连我自己过去也不曾意识到的！这种感情不时地在我心中涌动，我仿佛刚刚懂得：真正的感情常不是用语言能形容的。

其实，我并不记得"妈妈的吻"，那时候，我还没有记性呢！我倒是记得，在逃难的年代，在小小的农舍里，我们团坐在一起，她给我们唱歌："吕梁，伟大的吕梁……"。那时我不懂这是一首振奋民族精神的歌，在那个年代，那个环境里，她唱得缓慢、深沉，我现在还记得那个旋律。她唱歌音调很准，我后来喜欢唱歌，可能是从她那儿来的。

我也不记得她当面说过爱抚的话，我倒是记得她在家备课的时候，把我叫到身边，征求我的意见。流利的钢笔字写成的教案和讲稿，堆放在她的案头，她认真同我讨论。作为孩子和学生的我，在妈妈面前，第一次有了成人的自我感觉。我做过妈妈的学生，记得她在台上给我们讲课的情景。我感觉得出来，同学们都喜欢这个老师。

我记得最深的，是她那善良、大方的微笑。只有心地纯正而宽阔的人，才有那样安详的眼神和笑容。她死后，多次来到我梦中的，正是这慈祥、漂亮的笑容，"呵！妈没有死！"它使我意外兴奋地惊醒，在黑暗中睁大眼睛，去寻找……！泪珠夺眶滚下，只有枕头知晓。

妈妈自幼失去了母爱，她挣脱后母之家，外出求学。从早年的北京师范大学毕业后，她做的就是教书和家务两件事。爸爸从事地下工作时，她放哨担风险；孩子一个个出生，她承担了繁重的家务；我们稍微长大了，她便走上讲台，生活在青年学生的环抱之中。妈妈是无暇的。她的一生就是"简朴"和"工作"四个字，自己没有什么享受可言。一个教授之家，竟没有一个挂衣服的衣橱（书柜倒是不少），墙上钉上钉子，她的一件深蓝色的外套用衣架挂在上面，为了防尘土，搭上一块布，如此而已。这就是妈妈的生活方式给我留下的一个典型的镜头。

五十多岁了，赶上国家经济困难时期，她还下农村劳动，和同学们比赛拉架子车，往地里送粪，一天只有四两红薯秧充饥！（天哪，红薯秧也有论两的时候！）她写信告诉我这些，鞭策还在莫斯科学习的我，为了国家，奋发向上。妈妈，儿子可以告慰于您，我至今没有忘记，我是这样做的！

当史无前例的恶浪兴起的时候，爸爸被关进"牛棚"，妈妈也惨遭铁条鞭笞之苦。家里的文化，以及并非属于文化范畴的钱、粮（包括食堂的馒头票），均被洗劫一空。她承受了这一切。这是我后来才知道的。当时，为了不影响我们，她在信中对这些事情都只字未提。当魔掌终于向她伸来的时候，我们竟然毫无所知。我真后悔，我没有能够去保护妈妈。（一个为保卫祖国工作的人，竟未能保护自己的母亲！）

"查无此人"的信件一封封被退回。一个庄严的灵魂被消灭了，却对我们封锁消息，长达半年之久。我万万没有料到，妈妈的生命之火竟会那样突然猝灭！不到六十岁。据说那是一个风雪交加的黑夜……她以死抗议邪恶！以死捍卫纯洁！她的死是在呼唤民族的觉醒，呼唤一个文明、崇高的世界。她的死，在我心中是比泰山还要重的！

在豫中平原的一块庄稼地里，有一个小土堆，不是坟墓。那是好心的农民为她保留的印记。当大地稍有春意的时候，我们终于找到了她。草菅人命用的破木箱早已腐烂，而她的骨骸却依然洁白坚硬。我们接了回来，把她重新安葬。

哀乐，响彻了校园。

良知，在为她哭泣！

当年，在您那不寻常的坟头上，我曾献上一朵素净的小花。今天，再以这篇短文，献上一首我心中的歌！这是一首用泪水谱写的歌！

永远怀念您，亲爱的妈妈！

一九八九年元月二十八日，北京
妈妈辞世二十年之际
写于烛光之下

心 中 的 歌

——遥思剑琴有感而发

❖ 杜祥琬与毛剑琴（1967 年）

今生有剑琴，世上唯一人。

自幼讨人爱，立志做学问。

陶冶未名畔，修炼赴伦敦。

戈壁留足迹，机房经地震。

一月解千题，自控多立论。

巾帼姣姣者，众男逊三分。

五九冠博士[1]，海外教洋人。

美洲领奖牌，澳洲宣论文。

桃李布天下，专著留后人。

事事高标准，处处见精神。

从无满足时，七八犹奋进[2]。

有缘会青春，土城话天真。

共渡灾难时，困苦见真心。

欣喜得爱子，心头贵千金。

为儿多操劳，铁鞋破国门。

教授亦妻女，学者又母亲。

晨起思孩儿，夜眠念双亲。
支持我事业，家务担在身。
分享我成功，安慰不顺心。

同忧天下事，难忘天安门。
难得闲暇时，野餐樱桃村；
景山能圆梦，中原同寻根；
西湖长堤行，共游南亚门。
漏室居八载，新居添温馨。
使你多孤寂，双双心不忍。
偶有激烈时，只因爱得真。
此生多奉献，银发染双鬓。
人生明真谛，夕阳好时分。
但愿人长久，共勉知己心。

今生有剑琴，难得此一人。
什么最可贵？心地纯又纯！

［1］五九＝四十五岁。［2］七八＝五十六岁。

琬

九六年八月独居新作·北京

❖ 2011 年春节于南海

我心中的希望

——写给庆庆的歌

❖ 三岁的毛大庆

我的车轮
滚动在熟悉的马路上，
陪伴我的
是人通量的高峰
拥挤的车辆。
我要去看庆庆，
看他这两天
过得怎么样。

过一会儿，
又要看到他那生动的面庞，
可不知
他会告诉我什么？
做错了题？
撒了谎？

还是受了老师的表扬？
庆庆的一切，
挂在我的心上。
他还没有进入自觉的王国，
没有扎上理想的翅膀。
还不敢说，
他会怎样成长。

当他已进入甜美的梦乡，
我常常独自回想：
庆庆生在那
"史无前例"的年代
大庆之年
竟是那样令人悲伤！
别说鸡蛋啦，
大白菜也只有四斤定量。
更不要提
世上的人祸，
心头的创伤……
不懂事的孩子
也难免付出代价：
常常生病，
至今还不算健壮。
好在他不懂这些，
在亲人的抚爱下，
倒养得性情开朗，
有点老大哥的风度，
天真的笑容，
常挂在他的脸上。

今天的庆庆
就要告别小学的生活。
前面的路多么宽广！
灾难已成过去，
生活充满阳光！
这一代少年是
两千年的主将，

下个世纪的栋梁。
真正的四化
靠他们来实现，
落后的祖国
靠他们变富强。
呵，庆庆！
你可懂得这时代的期望？

你爱游泳，
未来的生活
也像游泳一样。
不用胆怯，
不必慌张，
只要有正确的方法，
再加上前进的力量！
在水里游泳
是多么舒畅；
可你知道吗？
还有一个
更有趣的游泳场，
它无比的奇妙，
无限的宽广，
它的名字叫
知识的海洋。

呵！
你问我：他有多么大？
我说：在太阳那边还有
成千上万个太阳！
夜晚的天空中，
我们看到的是迟到的星星，
是它们亿万年前发出的光！
光一秒种走的路，
比孙悟空的跟头远的多，
可它还是跑了万亿年，
才来到我们的星球上！

呵！

你问我：它有多么奇妙？

告诉你：

在显微镜下看到的细胞，

竟把亿万个原子包藏！

一个小小的原子，

又复杂得像太阳系一样，

这个小东西的中心，

还有比它小几万倍的心脏！

要把那里的东西"挖"出来，

聚成花生米那样大的一块，

竟有几艘万吨巨轮的重量！

且不说，

它还蕴藏着比氢弹更大的能量！

呵！

你问我：它有多么有趣？

你知道吗？

那看不见的光，

能使人在漆黑的夜战里，

把敌人的一切看得了如指掌！

知识就是力量，

它能把人送上月球，

将来还要把天外的客人拜访！

它能培育出玉米那么大的麦穗儿；

它会使你打电话时，

不仅听到声音，

还能看到对方。

它能创造的奇迹呀，

会超过你今天的幻想！

聪明的人类，

还创造了丰富的精神食粮。

从伊索寓言

到孙子兵法，

从巴黎的卢浮宫

到我国的敦煌，

文学、艺术的杰作
闪耀着智慧的光芒！
现代的文学大师和艺术巧匠，
正创造更高的精神文明，
使人类进入新的境界：
更快乐，
更健康！
更幸福，
更高尚！

你正在进入
知识的海洋，
要准备
去迎接风浪。
老师
像游泳的教练；
大人的辅导
有点像救生圈帮你的忙。
当你能扔开救生圈
依靠自己的技巧和力量，
才能取得水中的自由，
游向远方！
但在这之前，
你必须练好写字，做文章，
就像在脸盆里练好换气一样；
你必须算好加、减、乘、除，
就像在岸边把青蛙的动作模仿。
因为每一步
都离不开基本功。
好比你那棵桑树，
没有根就不会活一样。
还要把"认真"、"刻苦"
常记心上。
严格的初等训练，
好习惯的培养；
加上健康的体魄，
就是成功的保障！

汽车喇叭的尖叫，
打断了我的遐想。
我的车轮
奔驰在熟悉的马路上，
它不靠马达的推动，
全靠着心中的力量。
望庆庆快快成长，
诚实、活泼
聪明、健壮。
做二十一世纪合格的公民，
为光明的未来
献出一份有用的力量！
这也许是我的后半生
最大的希望！
不，这不只是
父母的心愿。
多难的祖国，
伟大的时代，
都对你寄以
殷切的希望！
呵，庆庆，
我相信你会用行动
作出响亮的回答：
"我一定不辜负
这个希望！"

爸爸于一九八一年二月庆庆十二周岁之际

为庆庆二十周岁作歌

❖ 与儿子毛大庆（1969 年）

回想二十年，
思绪有万千。
"史无前例"时，
庆庆到人间。
世上正无情，
我得小乐天，
悲中有大喜，
合家添新颜。
"大庆"寓深意，
家史开新篇。

幼时体多病，
画书伴三餐。
踏破医院门，
父母受熬煎。

可喜好性情，
笑神讨人欢。
亦有调皮时，
罚站幼儿园，
拆人床上席，
大人去道歉。
家关"小黑屋"，
有道"看表现"，
大开水龙头，
哗哗为壮胆。
童年多趣事，
如今成笑谈。

九一又向群，
内外多不安，
姥姥真费心，
周末聚塔院。
百行庆庆歌，
句句肺腑言。
转入北航附，
接送校门前。
多少家长会，
忧喜常参半。
德智渐长进，
领巾变少年。
五百六十一，
总结十五年。
冲浪北戴河，
写生渤海边。

老师多偏爱，
三载高中班。
学业有起色，
爱好更多般。
全家齐切磋，
策略报志愿。
保证孩儿事，

高考有苦战。
沐浴夏家河，
听浪黄海滩。
为求称心业，
妈妈苦征战。
天不负我心，
大事遂如愿。

首次离家去，
求学下东南。
新版"三国志"，
迢迢常挂牵。
回身游石窟，
手托棒槌山。
漫话夫子庙，
细雨走校园。
父子知心友，
情意常绵绵。

昔日小东西，
今日已青年。
社会多培育，
已非私有产。
自尊加自爱，
任重且道远。
世纪交接时，
寄望男子汉。
历史要前进，
愿儿多奉献！

爸爸
1989 年元月

致 庆 庆

庆庆：

　　"儿行千里母担忧"乃父母之常情也。在你将和亚红出国之际，4月18日凌晨，转辗不眠而得此六、六大顺之歌，望常习且铭记之：

遇事不可躁，智取最稳健；

遇财不可贪，适度利平安；

遇花不可迷，坐怀而不乱；

遇病不可拖，健康是本钱；

遇恶不可莽，刚柔操胜券；

实力是基础，勤奋增才干。

　　另有"十字诀"，勉之：

　　自尊、自爱、自信、自强不息。

爸爸

妈妈

一九九四年四月十九日

他留下的不仅是建筑①

——读《新中国著名建筑师毛梓尧》

我刚认识毛梓尧的时候，他不到五十岁，是一个建筑师充满创造力的年头。他往返于京沈两地的设计院，忙着做事，话很少。六个女儿都已长大，各奔学业。他的夫人史婶僎，是家庭总管，做得一手好菜。周末全家团聚，其乐融融。那是上世纪六十年代初，刚渡过经济困难时期，国家也呈现一种复苏向上的气氛。

不久，我成了他的大女婿，对他有了更多的了解。他对我说起，他成为一名建筑师是从在上海当学徒起步的。不仅跟师傅学习手绘图，还要学习各种手艺，如刻图章、石刻等，并要做各种打杂的事。这段最底层的学徒经历，使他练就了勤于动手，熟能生巧的能力，打下了坚实的基本功。出师后，成了上海著名的华盖建筑设计事务所的一员，开始从事各种建筑设计。早年的一个代表作是上海的金山饭店（1940）。在华盖的十多年建筑设计实践是他的真正大学，所以，尽管他没有上到名牌大学的建筑学系，却于1946年在南京，直接参加了当时国民政府中央考试院的考试，取得了"高等技师合格证书"，可持有甲级建筑师执照。考场上他精美的手绘图作，吸引了考官在他的身后驻足良久。就是这样，他走出了自己独特的成才之路。

建筑师对房子是情有独钟的。1948年，时年34岁，已从事了十几年建筑设计的他，有了一点积蓄，就自己设计，在上海为小家建起了一座寓所。可以想象，这是他的心血之作，也是全家的留恋之所。更值得提及的是，在解放前夕那个白色恐怖的社会背景下，追求社会进步的他，将自己的家作为掩护我党地下工作者的掩蔽所。不久，新中国的成立，使他兴奋不已。1951年，他毫不犹豫响应号召，离沪赴京工作，支援首都建设。他并决定携全家北上，寓所的房子只留一小间作储藏室，其余均交给地方使用。一名建筑师下这样的决心，作这样的决策，为了国家和事业的发展，舍离自己建起来的小家，是极为难得的。正是建筑梦、国家梦，使青年毛梓尧超越了小家的得失，展现出可贵的大胸怀！

新中国成立后的十几年间，为北上工作的毛梓尧提供了展示才华的宽阔平台和发展空间。这期间的第一个代表作就是中苏两国专家共同设计的北京"苏联展览馆"（现称"北京展览馆"），作为中方的主设计师之一，他手绘了大量图纸。2008年，在俄罗斯举办"中国年"时，中俄两国科技界在莫斯科举办了"中俄科技合作论坛"，在中方的大会报告

---

① 本文原载于《新中国著名建筑师毛梓尧》，中国城市出版社，2014。

中，作为中俄工程科技合作的范例，在屏幕上显示了展览馆当年和现今的形象，给全场参会者留下"眼睛一亮"的深刻印象。经历了半个多世纪的沧桑，展览馆仍旧以它的大器、高雅和文化特色，吸引着南来北往的人们。它所附设的"莫斯科餐厅"里的大圆柱，也保留着原样，上面镂刻的精美的小动物和树叶，正是出自当年的设计师之手，至今供人玩味欣赏。这里不再提及这期间毛梓尧的其他作品，包括参与人民大会堂的设计和天安门广场改造的设计，以及东北设计院期间的一系列创作，本书中皆有客观的记述。这段历史告诉人们：中国是有人才的，但人才的成长、才华的施展，需要有能让人干事的社会环境。

逆境中不失建筑师的本色，是毛梓尧给同事们留下的又一深刻印象。那场史无前例的"浩劫"，给正在做事的他当头一棒，他被扣上"反动学术权威"、"阶级异己分子"和"苏修特务"的大帽子，他这位副总工程师被"靠边站"，去劳动改造，五十几岁的他干起刷油漆、打扫卫生的体力劳动，同时接受"大批判"。他在建委大院的三室寓所被造反派占去两间，全家人被挤到剩下的一间十几平米的房子里。人祸来势汹猛，全家人都被打懵了。一个周末，我回家，鼓着勇气加上自己的判断，说了一句："不用害怕，是人民内部矛盾！"这句话对全家老小竟然起了"定心丸"的作用。现在想起来，真是哭笑不得，天晓得，一个建筑师和人民有什么"矛盾"！接着，他被先后下放到河南修武和湖南衡阳去劳动改造。这些地方管事的部门得知，这位来改造的老者原来是一位大建筑师，就让他为地方做各种实用的建筑设计。他不仅完成了一系列大大小小的设计，而且，在工作上、生活上肯吃苦，工作认真，特别是他高超的手绘图本领，更给周围的年轻同事留下了深刻的印象，令人折服。在不起眼的小设计中，他也表现出高素质的追求。例如，在衡阳的岳屏公园中设计的小亭子，他不仅提出了节约当时紧缺的钢筋水泥的办法，而且那穹顶的声学设计聚音效果极佳。至今，在亭子里练歌的人们仍十分称赞和享受。于细微处见水平和精神，恐怕是大师们的一个共同的特点。

我想，建筑学不仅有文化的传承，也在随着时代的进步不断融入新的元素。在毛梓尧的建筑设计中，体现着中西融合、不断求新的建筑学追求。早年上海的金山饭店已具有中国现代宾馆的风格；五十年代初的苏联展览馆则把俄罗斯的风味和中国传统建筑中的兽头喷水和荷花等元素巧妙地融为一体；而八十年代，他作为主设计师完成的锦州辽沈战役纪念馆，更是把中国传统的对称、庄严、肃穆与苏联的全境画艺术结合，显得立体、生动，令人肃然起敬。从青年到老年，他一直保持着勤于学习的态度，既研究中国古代和现代建筑学，又赴欧、赴俄考察，以开放的意识，吸收有益的营养。在这一过程中，他自学的英文和俄文达到了可胜任翻译文稿和交往的水平，而在耄耋之年撰写了"中国建筑史"文稿的一部分，如果不是"文革"对他精神和健康的折磨，他的这部书稿是肯定会完成的。

毛梓尧是一位恪守本分的建筑师。他虽然担任过设计院的副院长、副总师，但始终把"自己动手画图"作为基本工作，对建筑设计有一种痴迷的兴趣。毛泽东去世，他想的不是这位政治人物的千秋功过，而是如果要建一个纪念堂的话，应该是一个怎样的设计方案，他并提出了自己独特的设计思想，虽然未能实施。他经历了多年政治运动的坎坷，但改革开放后一旦有工作条件，他就重操建筑设计的本业，并倾注自己的心力和热情，丁字尺和画图笔他一直用到八十多岁。项目无论大小，他都认真、负责、一丝不苟，这是基本的职业素质，也表现了他对建筑设计的执着。以自己的专业本领服务于社会是他人生的基本动力和追求。

作为新中国著名建筑师之一，他的作品屹立在他热爱的这片祖国大地上。在北京、上海、南京、杭州、辽宁、湖南、河南、四川等地他都留下了现代建筑的符号，其中许多已被列为保护性建筑。他是在 20 世纪中国建筑史上留下了纪念碑的人。《新中国著名建筑师毛梓尧》使人们更好地了解这位建筑师的贡献和人生价值，他是一位值得人们记住和回味的、平凡而大写的人。

掩卷静思，毛梓尧近一个世纪的人生故事留给人们的不仅是建筑。他给后人的一个重要启迪是：人才的成长道路可以不拘一格，重在真才实学。有真实本领的专家、科学家、工程师的共同特点是坚实的学术功底、娴熟的基本功。社会的进步需要这样的专门家。靠着关系学，靠着运作、包装，可以产生奖项和桂冠，却不可能产生高水平的作品和真正的人才。

毛梓尧留给后人的宝贵精神财富是：做人讲品格，从业讲操守。诚信、负责、认真、求实、勤奋学习、传承求新、不事张扬、埋头做事，在逆境中也坚守建筑师的本色。他最后留给子女的没有什么像样的遗产，一些家具（包括自己设计和制作的书柜）也用到破旧的程度而不肯换新。以自己的专业本领服务于社会才是他人生不懈的价值追求。建筑作品立于世，精神品格留人心。品格成就人才。我们的国家需要一代代品德优秀的人才，才能自强于世界民族之林。

毛梓尧留给社会的另一个启示是：在中华大地上，人才的苗子是会不断产生的。重要的是，需要创造和珍惜一个让人成长的环境，让人做学问的环境，让人干事业的环境。钱学森之问的答案其实是很清楚的。我们的国家再也不能允许一次次的人祸挫伤人才、打击人才、甚至扼杀人才，那样就是扼杀了国家的机遇和希望。世界各国的竞赛本质上是人才的竞赛。尊重知识、尊重创造、尊重本领、尊重人才，中华民族一定能够实现伟大复兴的梦想。

平凡的人，硕果累累的参天大树^①

——记毛梓尧的夫人史妽僊

❖ 与岳父母合影（1967 年）

史妽僊，一九一六年元月十六日生于浙江省余姚市。三十年代曾在余姚和慈溪任小学教师。一九三八年春同毛梓尧结婚。一九三九年移居上海市。一九五一年，为了新中国建筑事业的需要，离开上海的家舍，全家迁居北京。五十年代至六十年代初，她曾在建筑工程部设计院担任绘图员和部图书馆管理员十多年。以后主要从事家务和居委会工作。

史妽僊的一生是平凡而伟大的一生。她是一位极平凡的中国妇女，一生没有什么头衔、职称和地位，像一棵默默无闻的小草，然而，她是一位伟大的奉献者，作为妻子、母亲和外祖母，她为三代人毫无保留地奉献了自己的全部心力和体力。她无条件地支持自己的丈夫，为新中国的建筑事业作出了杰出的贡献，使他成为受人尊重的中国著名建筑师；在几十年的困难岁月里，她把六个女儿抚养成人，使她们受到正规的高等教育，成为国家科研和教育战线的人才，同时，又把爱延伸到六个女婿身上，处处关怀他们；她又不停息

---

① 本文写于 1997 年，未曾发表。

地把一个又一个孙儿，从襁褓中养大，使他们成为健康有为的青年。在三代人的成就和成长中，无不凝结着她的心血。每当战乱和政治运动带来灾难的时候，她是这个大家庭的顶梁柱，是大家生活上和精神上凝聚的核心，在那些严酷的年代，使大家得到家庭的温暖和保护。她没有留下什么著作，三代人的成长和成就，正是她的不朽之作。应该说，她更像是一株硕果累累的参天大树！

她一生艰苦朴素，乐于助人，热情好客，勤劳不懈，享受的最少，付出的最多。她一生不断学习，积极上进，即使在晚年双目失明之后，仍坚持通过双耳了解新事物，跟上时代的步伐，在最后的弥留之际，还叮嘱孙儿努力学习，做好工作，并把她省吃俭用节约的一千元捐献给希望工程。她的家教是物质和精神并重的：一生中她用自己的双手制作了不计其数的家常美味；同时又树立了节俭、正直、进取向上的家风。在病重期间，她仍坚强自立，为他人着想，支持家人工作，默默忍受着病痛。在长达大半个世纪的人生历程中，她消化了无数的苦难，却给别人以幸福和成功。她是一位充满了吃苦精神和牺牲精神的中国母亲，是儿孙辈学习的楷模。

在付出了一生辛劳之后，姍僮女士离开了我们，活着的人将永远铭记她的贡献和品德，像她希望的那样，把我们的国家和我们的家建设得更好！

丽晶苑落成有感

——贺庆庆三十周岁

三十而立好儿郎，
丽晶主设勇担当。
三年苦战成大业，
广厦高耸上海港。

亭亭玉立人仰望，
自有公论玉兰奖。
父母爷爷多欣慰，
愿儿前程更无量。

1999 年 3 月
写成于北医三院住院处

怡霖摇篮曲

❖ 与孙女杜怡霖在黄河边（2004 年）。杜怡霖生于北京，
在户口本上的籍贯随父亲和爷爷，是河南开封。2004
年杜祥琬全家回故乡时，爷爷特意带孙女去看了母亲
河。她手里正捧着黄河滩上的沙土

俺家有个胖娃娃，
吃饭甜又香，
睡觉美如画。
白皮肤、招风耳，
黝黝黑头发。
手舞又足蹈，
玩具一大把。
宝贝小生命，
作用实在大。
爸爸、妈妈、爷爷、奶奶，
谁能不爱她！

2002 年 10 月 3 日
北京至上海飞机上

赠 剑 琴

六十八岁的你
和谐着
童年的纯真
青春的热情
中年的认真
老年的成熟
可贵而动人
愿
健康长伴
共帆远航

2008 年 5 月 18 日

附录：追寻那个高大的身影①

电梯门开了，走出一位清瘦、典雅的女士，一手轻轻揩着汗，一手拎着蓝色的手提袋。我贸然地喊了一声："杜老师。"她立即露出了笑容："河南日报的同志吧？今天的公共汽车好像特别少，走了一个多小时，让你们久等了！"

杜祥瑛是原机械工业部机械科学研究院副总工程师、研究员级高工。1992 年被国务院评为有突出贡献的专家，享受政府特殊津贴，今年 68 岁。她是杜孟模先生的女儿。

记者从不久前曾来豫考察的中国工程院副院长、院士杜祥琬处得知，他的姐姐杜祥瑛多年以前就开始研究父亲杜孟模先生丰富而又传奇的经历。7 月 27 日，我一到北京，就开始了采访。

杜祥瑛的蓝色手提袋里，装着一叠杜孟模先生的资料，其中一份简历这样介绍：

杜孟模，字宏远，中共党员。1904 年生于河南杞县。1931 年毕业于北京大学数学系。曾在北京、济南、开封任教并从事民主革命和抗日救亡活动。解放后历任开封高中校长、河南大学教授、开封市副市长、河南省数学学会理事长。1956 年任新乡师范学院（现河

---

① 本文原载于《河南日报》2004 年 8 月 9 日第 5 版。作者陶韬。

南师范大学）副院长兼教务长，1958 年调任郑州大学教授。1959 年当选为民盟河南省主任委员、民盟中央委员和省政协副主席，1964 年当选为河南省副省长；为第二、三届全国人大代表和第三届全国政协委员。"文化大革命"中受"四人帮"迫害，1974 年含冤辞世。

翻看仅存的几张老照片，面容清癯、布鞋长衫的杜孟模先生常常是端端正正地站着，如同一棵独立的大树。他那瘦削的肩膀上，似乎扛着沉重的责任，即使拉着最疼爱的儿女，也难得露出一丝微笑。

杜祥瑛说，其实生活中父亲有很多快乐的时候。不过他确实习惯替别人操心，忧患意识很强。尤其是后来知道他做了那么多年地下工作，压力是可想而知的。过去一直以为自己很了解父亲，十多年来我查找了很多资料，走访了很多熟悉父亲的人，了解越多，越觉得父亲可亲、可敬。对家庭中、学校中、历史中父亲的身影，感觉也越来越清晰、越来越丰满了。

1979 年，是个让无数中国人心潮澎湃的年头。时任中共中央组织部部长的胡耀邦，亲自过问杜孟模的平反和善后事宜。中共河南省委和郑州大学分别召开了隆重的平反昭雪追悼大会，为杜先生夫妇彻底平反。省委负责同志在接见杜孟模的五个子女时说："你们的父亲是共产党员，这件事只有省委少数几位负责同志知道。他始终遵守党的纪律，当了几十年的无名英雄。现在省委根据中组部通知精神，决定公开他的党员身份，并在他的骨灰盒上覆盖党旗。"

"我们当时都非常震惊。"杜祥瑛、杜祥琬谈到此处，不约而同地说。杜孟模做了几十年地下工作，为党默默奋斗了一生，直到去世，都没有向守在身边的孩子们透露过一句。"父亲的党性真强，纪律性真强。"

杜孟模先生和嵇文甫先生的平反昭雪追悼大会是一起开的。"1979 年 8 月 20 日，《河南日报》头版发了半个版，国务院、政协全国委员会、中共中央组织部等中央和国家机关、中共河南省委、省革委会、省军区、省政协都送了花圈。"姐弟俩回忆起当年的情景，平静的语调里蕴含着压抑不住的激动。那是一向轻车简从的杜孟模一生中最隆重的出行：披着白花黑幛的长长一队灵车，穿过长长的街道，缓缓驶向郑州烈士陵园。

历史为杜先生的一生做出了公正的评价。目睹这一切，杜祥瑛产生了一个强烈的念头：母亲早已先父亲而去，家里经过多次搬迁、抄家，仅有的一点资料也是支离破碎。自己和兄弟们对父亲知道的太少了，以后有时间，一定要把父亲的一生当作一个课题来研究。

大约从十年前，杜祥瑛和弟弟杜祥玙开始有意识地收集父亲的资料。从北京到开封，从南阳到郑州，父亲足迹所至，有关党史、教育的回忆文章，他们都细心收集，颇有收获。在国内外的学术会议上，听到开封口音、与自己年龄相仿的人，他们常常要去问一句："是开封高中毕业的吗？是河大毕业的吗？听说过杜孟模吗？"果然屡试不爽，有的还正是当年父亲的学生。虽然都是年过花甲的老人，但他们对当年杜孟模的举手投足、教书育人的件件往事仍然铭记在心。父亲恒久的人格魅力，使他们常常深受感动。

杜孟模少年时代在杞县进步知识分子孟垫垣开设的私塾读书，"五四运动"前后，开始接受到新文化运动的思想启蒙。他以极大的兴趣阅读《天演论》等书籍，关心时局发展。

1923 年在开封二中学习期间，杜孟模和后来成为河南省委第一书记的同学吴芝圃等人，利用暑假回到杞县，发起成立了两个组织：一个是"风俗改良社"，试图从社会风俗方面，革除旧礼教、旧习惯，达到改革的目的；另一个是"读书会"，组织青年学习社会科学和马列主义进步书籍，如《共产党宣言》、《社会主义从空想到科学的发展》以及《向导》、《新青年》等刊物。

1924 年夏，杜孟模等将"读书会"改为"社会科学研究会"，进一步学习和研究中国革命问题。该组织总部设在开封二中，在同学中开展民主、爱国、反帝的群众运动。1925年杜孟模考入北京大学数学系，据《中国共产党北京大学组织史》记载，同年四五月间，杜孟模加入中国共产主义青年团，1926 年初转为共产党员。1927 年下半年他任北京大学党支部书记，是北大的第九任党支部书记。"四一二"事变后，1927 年 9 月至 12 月任北平东城区区委书记。1928 年夏至 1929 年春再次担任北大党支部书记。

在 1926 年"三一八"惨案发生当天，杜孟模和同学们一起去天安门参加国民示威大会和游行，反对帝国主义的联合进攻和段祺瑞政府的卖国罪行，被前来镇压的军警打伤，他腿上的一处伤疤就是那时留下的。

1935 年"一二·九"运动时，杜孟模在开封高中任教，他冒着生命危险组织开封高中教师声援北京大学学生会，声援"一二·九"运动。从此以后，北大学生会与开封高中就建立了联系。原北京矿业学院老教授顾德麟生前在回忆这段历史时说："……这件事是杜孟模先生组织的。当时敢这样做，是要冒杀头危险的。我很敬仰他的勇敢正义、不畏强暴的精神。是他有胆识、有能力把开封高中的部分教师引导到这条革命道路上来的……"

1937 年"七七事变"后，中共河南省委决定成立中共开封市教职员支部，杜孟模作为支部成员，在学生中进行了大量的抗日救亡宣传工作。原山东省科委党组书记、离休干部章柯回忆说："1937 年秋冬，胡乔木、李春芳派我到开封给杜先生送信，请他动员一批青年知识分子到延安学习。抗日战争爆发后，在杜孟模老师的宣传动员下，开封向延安输送了不少进步青年。"当时党的地下组织经费十分困难，他把自己积蓄的几十块银元都交给了组织，作为党的活动经费。

杜孟模的胞妹杜宁远和堂妹杜启远、杜凌远、杜翠远，是当年延安很有名的"杜氏四姐妹"。总参正军职离休干部、李天佑将军的夫人杜启远后来回忆说，1935 年底，大哥得到国民党要抓人的消息，马上通知我们迅速转移。他是长兄，他的进步思想对我们很有带动作用。我们姐妹后来去延安投身革命，都与他的影响分不开。

不久，杜孟模全家随开封高中西迁，先后到镇平县石佛寺、内乡县夏馆等地，四处辗转奔波。在那些年，他仍坚持在开封高中的进步师生中创建党的外围组织"社会科学读书社"，组织大家阅读进步书刊，并担任辅导老师，积极宣传革命真理和党的抗日主张。

他们的活动被国民党特务视为眼中钉，杜孟模于 1943 年初在夏馆镇被捕，经开封高中进步师生多方营救才获释。刚一出狱，杜孟模就组织同学们"依靠群众，团结自卫，最大限度地孤立青红帮头目"，同时要他们"做好准备，远走高飞，到解放区去！"在他的鼓励和引导下，许多进步学生先后奔赴延安，成为革命的骨干力量。人民大学哲学系教授马奇，水利专家、高级工程师薛松等同志，对于在开封高中时代的这段经历，至今还记忆犹新。

抗战胜利后，杜孟模全家回到开封，他先后在黄河水利专科学校、河南大学任教，在此期间继续与进步师生一起参加党领导的"反饥饿、反内战、反独裁"运动。他亲自指导河南大学工学院的学生创办《钢铁》杂志，并化名发表文章，介绍解放区的情况，在师生中产生了很大影响。

1947年3月，杜孟模根据党的要求，与王毅斋、李俊甫等共同组织成立了河南省民盟地下支部，并秘密向豫皖苏区党委提供情况。这段时间杜孟模一直与党组织保持单线联系。当时他家住开封双龙巷，就以这个"大学教授寓所"作为掩护，进行革命活动。杜祥瑛回忆说："有两个叔叔很神秘，他们每次来我家，父亲总把我们从卧室赶出去玩，他们在里面非常亲切地、低声细语进行密谈。后来才得知这两位就是当时党的地下工作者曾杰光和杜征远。"

1948年10月，开封解放了。杜祥瑛记得，那时父亲精神异常振奋，好像一下子年轻了十几岁。他先在豫皖苏区建国学院任教，1949年被任命为开封高中校长，积极动员同学参军参干，抗美援朝……

从20世纪50年代到"文化大革命"前，杜孟模的工作虽有几次调动，但一直没有离开教育事业和党的统战工作。他在团结争取教育广大爱国人士和知识分子，组织他们为社会主义革命与建设服务方面，做了大量卓有成效的工作。

应该说，杜孟模一生是一名"双肩挑"的干部。无论行政方面的工作和社会活动如何繁忙，他从没有脱离过教学业务，担任领导职务以后还坚持在新乡师院和郑州大学等高校讲授高等数学。

如今，聆听过杜孟模讲课的学生分布在全国各地，其中有不少已是知名度很高的老教授、老干部了，但当年的学生对杜老师满怀深情的赞誉，使杜祥瑛和兄弟们屡屡被感动。杜祥瑛说，我常常想，父亲给这些学生上课，对他们来说早已是时过境迁的陈年往事了，为什么时光总抹不去他们尘封了几十年的记忆呢？为什么岁月不仅没有洗去他们对"杜老师"的深刻印象，时至今日，却更能体味到那种"陈年老酒"似的醇厚浓香呢？

是有深厚的学术功底，有高超的教学艺术和严谨的治学态度吗？不错！但更重要的是他恒久的人格魅力，他有一种像磁石般吸引人的力量，使人刻骨铭心，难以忘怀。

原新乡师院的同事曾回忆说："杜教授常常备课到深夜。每当我们夜间检查学生宿舍时，总看到他宿舍的灯仍亮着。他常说：'课要常讲常新，上课绝不能打无准备的仗，上好每一堂课，这是教师的天职。'"

"文化大革命"前曾任北京市政协副秘书长的叶向忠回忆说，杜先生平时经常帮助、接济清贫的穷学生。"我毕业后投奔革命没有路费，杜先生慷慨解囊，把他多年的积蓄拿出来，供我作盘缠。杜先生每到关键时刻都对我们关怀、支持。他不仅书教得好，而且为人正直谦虚，人品高尚，自然使人产生一种仰慕之情，在同学中享有很高的威望。"

原水利科学研究院副院长李纬质说，杜老师从不摆架子，总是平易近人，与学生交朋友。他大气、平等、有亲和力，与学生建立了亲密和谐的关系，在师生员工中有很高的威信。他对学习成绩差的学生总能循循善诱，耐心指导，从未发过脾气。

离休老干部李中说："杜老师注重理论联系实际，他能把枯燥的数学讲得趣味化、生活化，使学生易于接受。"他还非常尊重同学的创造力和独立思考精神，经常鼓励学生探索解题的新思路新方法。在一次考试中，一位同学在解题时采用了一种与课本上不同的便捷解法，杜老师破例给他打了103分。这件事在同学中引起了不小的反响和震动。

原中科院外事局局长、曾任中国驻阿富汗大使的郝汀1936年毕业于开封高中，他回忆道："杜老师当年能用英语授课，数学讲得很好。他和蔼可亲，循循善诱，治学态度严谨，培养出许多优秀人才。"

著名眼科专家、河南医科大学教授张效房回忆当年上《三角学》课的情景："杜老师那标准而流利的英语发音，深入浅出的阐述，不仅使同学们紧张的心情顿时舒缓下来，而且有力地吸引了我们。同学们对他的课产生了浓厚的兴趣，并树立了学好数学的信心。"

清华大学教授、中国工程院院士李恒德说："杜老师给我留下很深的印象，他当时教我们《解析几何》，对我帮助很大，是一位值得尊敬的非常好的老师。我以后考上名牌大学又公费赴美留学，都与开封高中打下的数学基础分不开。"

许多当年的学生都谈道：杜孟模是一位成绩卓著的优秀教师，他的教育思想很明确，用现在的话说，就是注重"素质教育"，引导学生培养高尚的人品和道德，走身心健康全面发展的道路。他讲授数学，同时又是"社会科学读书社"的导师，指导同学阅读《共产党宣言》、《列宁论左派幼稚病》等书刊。他教导学生"兴趣各人可有所侧重，但专业不可偏废，数理化、社科人文的基础都要打牢，涉猎知识要广泛。"他反对学生读死书、死读书，要求学生养成勤于劳动和锻炼身体的好习惯。抗日战争年代艰苦条件下，杜先生在开封高中任教期间，他帮助同学们先后成立了"自然科学读书社""文艺读书社""英文读书社""艺社""剧社"等。到1942年，这些进步社团会员发展到200多人。

曾在《河南日报》工作24年的河南省作家协会名誉主席张一弓，是1949年入学的开封高中学生。他在《杜校长送我远行》一文中回忆道，杜先生在开封高中任校长期间看出他是搞创作的苗子，就鼓励他学文、写诗作画，亲自推荐他去报社工作。张一弓在这篇文章的结尾写道："我向杜校长深深鞠了一躬，离开了给我留下那么多美好记忆的开高。我常常想起，我离开母校时曾回过头去，看见杜校长还站在礼堂门前望着我。在我未完的人生旅途中，杜校长还会望着我的。我要走得好一些。"

7月27日晚上7点40分，我们听到轻轻的敲门声。打开房门，满脸微笑的中国工程院副院长杜祥琬，拎着黑色皮包，端端正正地站在门口。

"您认为，父亲对您有哪些重要影响？"当我提出这个问题的时候，杜祥琬稍作沉吟，用和缓而坚决的口气说出了三个字："爱，简，勤。"

"爱，就是爱国，爱家乡，爱事业，爱学生，爱家人。"

在战乱中生于南阳的杜祥琬，至今还记得儿时在内乡县夏馆镇生活的那些艰苦而难忘的岁月。当时日寇紧逼，地处深山的夏馆也不得安宁。夏天的晚上，父母常带着几个孩子，坐在残缺的石头寨子上，带着他们唱《满江红》、《伟大的吕梁》。"伟大的吕梁，伸出你的拳头，把敌人消灭在我们的土地上——"轻声地哼着，杜祥琬院士的双手情不自禁地握成了拳头。

在儿女们心目中，父亲是多才多艺的：酷爱京剧，能够吟唱一些名曲名段，爱好文学艺术，家中藏书有大量古今中外的名著。言谈之间古诗名句常常脱口而出，也常给孩子们讲一些有趣的故事或笑话。

杜孟模很重视对子女的教育，对子女的缺点和错误他会一针见血地指出，还帮助分析原因。但他慈祥、亲切，从未打骂过孩子。在子女上中学时，遇有情绪波动，他就叮嘱说："一个人不要得失心太重！"并向子女讲述诸葛亮《诫子书》中"非淡泊无以明志，非宁静无以致远"的道理，使子女受益匪浅，铭记终生。

"父亲是一个感情很细腻的人，虽然他不多说，但我们随时可以感受到他体贴入微的关怀"。杜祥瑛这样说。当年她14岁的哥哥参加中国人民解放军，父亲是支持的，但心里也确实放心不下。哥哥随南下的部队解放南京，寄回来一张在南京总统府上的照片，父亲看了又看，摸了又摸，满脸是笑容，眼里又噙满了泪水。

"简，就是简朴，平易。愿意做一个普通人，保持一颗平常心。"

说到父亲的平易近人，杜祥琬说，小时他常见到父亲和理发师、清洁工亲热地打招呼，听说谁家有困难，总是想方设法帮忙接济，平时根本看不出他是一位省部级干部。所以，我们兄妹都继承了这个作风，凡事多为别人考虑，任何时候都不能把自己当成一个特殊人，大家在人格上都是平等的，应该受到平等对待。

杜孟模一生廉洁，两袖清风，作风正派，生活俭朴。他一生有"三不"：不抽烟、不饮酒、不做寿。他配有专车，但很少用，经常骑自行车上下班。即便有时坐小汽车回家，也总在家属院门外下车后走回去。当问起他为什么不让车开进楼门口时，他说："看见群众躲我的车，为车让路，心里很难受。"60年代初，有一次省里派人给家里送来一套沙发，当即被他拒收。因为在那个年代，老百姓家中很少用沙发，他说："我们不要特殊，那不合适，会脱离群众。"

"勤，就是'朝闻道，夕死可矣'，'天行健，君子以自强不息'的精神。"

1961年，杜祥琬在莫斯科留学的时候，杜孟模不仅已是年高德劭的名师，而且已经担任了繁忙的行政工作。可他还不断要求儿子为他购买最新出版的英、俄文数学书籍，研究《泛函分析》和《测度论》等。

"父亲真是活到老学到老，从不懈怠"。杜祥琬感慨地说。甚至有时听到父亲晚上的梦话，说的都是一整套的数学公式。在莫斯科留学的5年中，父子书信往来不断，经常研讨学习问题。一次放假回家，父亲鼓励他自学英语，有空就用英语和他探讨问题，结果还真有一个单词把杜祥琬难住了，从那时起，这个单词就永远刻在了杜祥琬的心里。

在"文化大革命"中，时任河南省副省长的杜孟模惨遭迫害，身心受到极大打击。妻子段子彬是郑州大学教师，一生清白的共产党员，因受丈夫株连，她被冠以莫须有的罪名，残酷批斗后于1969年1月28日惨死在西平县农村。一生恩爱、患难与共、相濡以沫的伴侣辞世了，加之"四人帮"的迫害折磨，杜先生病情日益加重，终于1974年9月16日含冤去世。

杜孟模先生辞世已有30个年头了，他的5位子女也在各自的工作岗位上成绩斐然：

除老二杜祥瑛、老三杜祥琬以外，老大杜琳 14 岁参加革命，曾长期在西藏工作，现为国防大学离休干部。老四杜祥玙一直在郑州工作，退休前任《中学生学习报》副总编辑。老五杜祥琛曾任郑州市外资办主任，后调往深圳市工作。杜家的孙辈也都个个成才，大多远涉欧美求学深造，学成归来有的已成为国内知名的学术带头人。

杜祥瑛对父亲事迹的寻访，断断续续进行了十年。"父亲是一本书，他的丰富经历就是一本生动的人生画卷"。7 月 28 日，在望京桥南湖路的家中，杜祥瑛整理着密密麻麻贴满各种各样小纸条的资料本，告诉我们：每当她收集到一点资料，点点滴滴记录下来，传给天各一方的家人，大家都是如获至宝。这些年，兄弟姐妹们难得一聚，总要兴奋地互相交流自己的"宝贝"。时间愈久，父亲的音容笑貌就愈加清晰鲜活起来。

在采访即将结束的时候，杜祥瑛与在家休养的哥哥杜琳通过电话谈了很长时间。放下电话，杜祥瑛告诉我们，哥哥听说你们来采访，希望转告一点：父亲从教 40 余年，对教育有一种神圣的使命感，对学生倾注了全部的爱心。他生前曾说，自己没有作出什么惊天动地的事业，只不过尽己所能，向学生们传授科学知识，引导他们走一条救国救民也救自己的光明道路。所以，不用加其他什么头衔，就写他是一位园丁，一位教师，父亲肯定会满意的。

"十年树木，百年树人"。是啊！放眼望去，杜孟模先生亲手栽下的幼苗，如今已是绿满中原，绿染神州，蔚然成林了！

❖ 左起：杜祥玙，杜祥瑛，杜琳，杜祥琬，杜祥琛

咨询工作中的可贵精神①

五年前，由中国工程院立项并由工程院和科学院共同发起了一个专题性的咨询项目《中国材料发展现状及迈入新世纪对策》，经过五年潜心而艰苦的努力，现已完全结束。在师昌绪、李恒德两位院士主编和带头下，共有约 1000 位材料科学和工程方面的专家（包括 60 位院士在内）以个人身份参加了这项工作。作为这个咨询项目的成果，共出版了八册报告，它们的题目和出版社分别是：

1. 总报告：《中国材料发展现状及迈入新世纪对策》，山东科学技术出版社，2002
2. 《航空航天材料咨询报告》，国防工业出版社，1999
3. 《化工材料咨询报告》，中国石化出版社，1999
4. 《建筑材料咨询报告》，中国建材工业出版社，2000
5. 《钢铁材料咨询报告》，冶金工业出版社，2000
6. 《电子信息材料咨询报告》，电子工业出版社，2000
7. 《有色金属材料咨询报告》，陕西科学技术出版社，2000
8. 《材料科学与工程国际前沿》，山东科学技术出版社，2000

八册报告共约 380 万字。列出这些数字和报告的名称，可使我们略知其工作量之浩瀚。翻开报告浏览一下，很快就有了一种引人入胜、爱不释手的感觉，渴望着吸取其中丰富的知识营养。这套书内容系统、丰富、新颖，既广又深，图文并茂，严谨流畅，是材料科技领域的一套高水平、权威性的专著。它不仅着力于对知识的介绍和研究成果的阐述，而且作出了前瞻性的展望，并对我国材料科技与工程的发展战略提出了重要的对策建议。

特别值得赞赏的，是这一项目进行过程中专家、院士们可贵的精神风貌。为说明这一点，现将李恒德、师昌绪院士为总报告写的《编后记》中的一段抄录如下：

"五年多以来，这一咨询项目已陆续完成了八份报告，属于咨询本身的有七份报告，属于会议文集的有一份报告，都以同样格式和颜色出版以示统一。由于没有经济能力专门请一家出版社全部出版，因此，最后由七家出版社分别印刷发行。五年多完成这八本报告，就参加专家学者人数之多、工作量之大、经费消耗之巨以及组织工作之繁重都是十分可观的。在这期间，大量经费（交通、会议、印刷、出版、劳务等）都是各编委自筹的。编委们不仅没有个人报酬而且还要自筹费用。他们为这项咨询工作数年如一日，一直以完成这一任务为己任，付出了大量心血和劳动。他们的积极性和工作热情是这一项目得以完

---

① 本文原载于《决策咨询通讯》2003 年第 1 期。

成的最重要的保证，也是材料界专家学者团结合作及可贵精神的一次体现和发扬。从整体上看，这八本报告内容的丰富程度和所具有的广度、深度应该可以和国外类似工作并具千秋。它是在中国的条件下完成、具有中国特点的大规模咨询著作。我们今天能为这一项目的最终完成感到欣慰，但是回顾过去，我们不能不为所有参加这一项目而为之贡献和奋斗的同事们的精神所感动，并向他们诚挚地致敬和感谢。我们深知，材料科学与工程这一次大型咨询必有很多不足，但毕竟作出一个开端。相信今后的后续咨询工作必能在质量上大为提高，并对专题性的咨询特别给予关注和深化。"

我深为这一段文字所打动。可以想像作者们为这一巨著付出了多少辛劳和心血。不图个人报酬还要投入自筹费用，这正是中国工程院一系列咨询项目工作的现状。作者的动力从哪里来？它来自内心深处的一种强烈的责任感，一种追求国家强大和民族振兴的使命感，这个不竭的精神源泉使他们乐于奋斗和奉献。也正是这个共同的精神支柱，使这个来自全国各单位的上千人的大集体凝聚在一起，形成了一支和谐而有战斗力的科技团队。

中外科技发展史上许多重大的成就，正是来自于人们对真理的非功利的追求。当前，社会上有人过于从"名、利"的角度看待"教授、专家、院士"这类称号。其实，这些称号既是一种认可，更是责任和鞭策。一方面是对他们几十年来作出的贡献和达到的水平的认可；另一方面，他们本人对这些称号则更多地看作是一种责任，看作是一种要对国家和人民做更多事的鞭策。这项咨询工作的成功说明：院士的作用是重要的，但院士毕竟是少数人，院士的一个重要作用就是把自己周围众多的专家、学者团结在一起，为共同的国家目标协力工作。这个项目的负责人李恒德、师昌绪先生都是已进入耄耋之年的资深院士，他们不仅亲自动笔撰写书稿，还进行了浩繁的组织协调工作。他们不仅具有深厚的科技功底，更有着可贵的精神与高尚的品德。他们是中国科技界那种"不待扬鞭自奋蹄"的老战士和老将帅。在本文结束的时候，我只想对他们和他们所代表的科学家群体表示深深的谢意的崇高敬意。

院士谈院士^①

中国工程院要为国家经济和社会进步作出自己应有的贡献，关键是要建设一个素质高、学风优、品德正的院士队伍。为此，第一要做好院士增选工作，坚持标准，把好入口；第二要加强科学道德与学风建设，包括加强院士自律、完善制度、弘扬楷模、社会监督等。院士们充分认识到这个问题的重要性，他们在不同的场合，谈到自己对院士的认识，其中有些话很有启发性，表达了院士们的共同心声。我听到看到的很有限，现仅将记得的整理成以下几段话，献给大家。

●三百六十行，行行出状元。如果把院士比作状元的话，他也只是自己那一行的状元。院士可能有广泛的爱好，但毕竟不是万事通。要让院士发挥自己的专业特长，而不是去参加那些本学科领域以外的各类评审、鉴定和评奖活动。

●像每个人一样，院士们有自己的本职工作，他们要做具体的研究、教学或工程管理工作，追踪科技前沿，了解发展现状，读书学习，著书写作，还要照顾好自己的学术梯队。他们的精力有限，时间很宝贵。应该让他们把时间精力用在"刀刃"上，更好地发挥实质性的作用，而不宜分散在一些礼仪性的或与其专业领域没有多大关系的各种活动上。

●客观上，院士的确拥有大量的、精深的科学知识和科技实践经验，可以为国家和地方各项建设提供有科学依据的决策咨询意见，是我国自然科学界及工程科技界的最高层次的代表，他们的存在本身就起着重要的导向和示范作用。他们中的大多数仍旧活跃在各自领域的科技活动中，继续为促进学科发展和科技进步，为培养年轻一代的科技人才作贡献。两院院士群体受到社会各界的重视和爱戴，这是社会进步和国家兴旺的标志之一；但同时，他们也一样是些普通人。这些认识和理解还有待在社会各界产生共鸣。

●中外科技发展史上许多重大的成就，正是来自于人们对真理的非功利的追求。当前，社会上有人过于从"名、利"的角度看待"教授、专家、院士"这类称号。其实，这些称号既是一种认可，更是责任和鞭策。一方面是对他们几十年来作出的贡献和达到的水平的认可；另一方面，他们本人对这些称号则更多地看作是一种责任，看作是一种要对国家和人民做更多事情的鞭策。

●院士的作用是重要的，但院士毕竟是少数人。院士的一个重要作用就是把自己周围更多的专家学者团结在一起，为共同的国家目标协力工作。

●《院士风采》的发行，它的出发点，它的用意是非常好的，它是对中央提倡的"科

① 本文原载于《光明日报》2003 年 9 月 12 日。

教兴国"方针的极好体现，是对后继人们的鼓励。我不希望你们年轻人仅仅把院士当成奋斗目标。世界这么大，中国这么大，可以做的事情非常多。比如，军事，政治，科技等许多领域，都是很值得我们中华儿女为之奋斗的。就是从事科技事业，也不要把目标仅仅放在当院士上。

● 院士们是工程科技界的精华，通过努力奋斗，为中国工程科技事业的发展作出了杰出贡献。同时，院士们也生活在现实世界，生活在市场经济的社会环境中，既享受着很高的荣誉，又受到来自各方面的精神和物质利益的诱惑。因此，恳切希望院士们在做好工程科技研究的同时，一定要严格要求自己，洁身自好，用自己的行动维护院士群体的社会形象。

● 许多国家的院士不但得不到任何特殊的物质待遇，而且还要交纳会费。我们的社会应当对院士的宣传降温。院士只不过是一个荣誉的学术称号，如果把各种溢美之词，各种物质优待，都加到院士身上，真是不堪重负。更有人把院士当作花瓶，当作裁决是非的法官。我认为这些都不是实事求是的做法。而且，把院士称号过于物质化，就成为某些人追名逐利的对象。所以，不是院士制度本身不好，而是我们这种处理方法有问题。

● 希望社会上爱护"院士"，不要再"炒院士"了。把"院士"炒糊了，不是国家的幸事。"院士"也不要"迁就被炒"。在无聊的"炒作"声浪中，我们有权利说："不！"我们的"院士"称号上凝聚着无数同事们的辛勤劳动，凝聚着我们民族的希望。我们不可能永葆青春，但我们必须永保清白。

● 人无完人，院士也如此。有些媒体宣扬的话过了头，会招致一些人的非议，也引起院士们的烦恼。说过头了的炒作起的作用适得其反，这是应该设法避免的。社会上的各种现象也会在院士群体中有所反映，每个院士都应该严肃地思考问题并身体力行，用自己的思想和行动来维护院士群体的集体荣誉。在当前科技界和社会上一些地方呈现浮躁倾向的时候，院士们更应严于律己，力争为社会进步、国家强盛作出更大的贡献。要发挥好院士群体这一重要智力资源的作用，离不开院士们自己的努力，也离不开社会各界的理解、支持和监督。

热衷崇高的事业^①

——赞钟南山院士

❖ 与钟南山院士在一起（2004 年）

在全国人民防治非典型肺炎的攻坚战中，广大医务工作者奋战在第一线。不幸光荣殉职的邓练贤大夫，是其中的一位优秀代表。他们在关键时刻舍生忘我，全身心地投入救治工作，谱写出一曲曲可歌可泣的壮歌，令人感动和敬佩。在他们当中，中国工程院的钟南山院士，令我肃然起敬。

我不认识钟南山院士，更不懂冠状病毒的学问。但媒体对他工作的片段报道，已使我感慨万千。在疫情愈演愈烈的时候，身为广州市呼吸疾病研究所所长的钟院士主动要求：把最重的病人送到呼吸所来。他说："除了救死扶伤以外，实际上是给我们一个好机会，让我们能够在这方面做一个探讨，能够有一些创新，这跟救死扶伤是一致的，也是我们的一个动力。"在连续 38 个小时没有合眼之后，由于过度劳累，钟南山病倒了，但是作为广东省与非典斗争的关键人物，他隐瞒了自己的病情。年过花甲的钟院士是怎么想的呢？他

---

① 本文原载于《光明日报》2003 年 4 月 30 日。

说："假如一个人比较超脱，他正在很热衷或者是一心一意去追求一个东西的时候，往往其他很多东西是比较容易克服的，包括身体，我就在那样一个思想支配下，好像身体也比较快地复原了。""热衷"两个字是从钟院士内心深处吐露出来的。它道出了思想境界和精神支柱的重要。"热衷"是一种责任感，在人民最需要的时候，使他毫不犹豫地坚守在第一线；"热衷"是一种职业素养，当病人最需要的时候，当自己的职业岗位变成了战场的时候，使他十分执著地站在最前线；"热衷"是一种信念，是他制服病魔的信心和不懈追求的动力；"热衷"还是一种精神，使他一门心思、聚精会神、奋不顾身，是一股使人不惜奉献的精神力量和思想风采。这种对人民事业的热衷，是院士品德的精髓。

院士的另一个基本点，应是具有较高的学术水平和对工程科技的贡献。但在科学技术迅速发展的时代，"高水平"是一个与时俱进的发展的概念。钟院士说："我知道它（非典）有强烈的传染性，从学术的角度就更想知道它是怎么回事。"要"做一个探讨"，"有一些创新"。他没有停留在院士的荣誉称号上，而是坚持在临床实践的第一线，掌握和研究第一手资料，从而在认识上和技术上做出了新成果，达到了新水平。他还和闻玉梅院士共同向中央提出了"关于用灭活病毒疫苗保护新型冠状病毒接触者的紧急建议"。正是非功利的不懈追求，实践中的深入钻研，才得到了真知灼见。这不是任何的浮躁者所能为的。他为我们做出了一个锲而不舍、潜心研究的榜样，使人们看到了活生生的科学态度和科学精神。

钟南山院士正热衷一项崇高的事业。我们向他、向支持他的家人和同事们深深致敬，并请他们多多保重。

2003 年 4 月 27 日
北京

造就高科技领军人才[①]

国防高科技人才队伍是我国高层次人才队伍极为重要的组成部分。这支队伍的状况如何，关系国家的发展与安全。新中国成立以来，在党中央、国务院和中央军委的直接关怀下，国家对国防高科技人才队伍采取了一系列有力的措施，包括改善工作和生活条件、提高待遇、精神鼓励、表彰楷模等。这些措施对稳定和发展这支队伍，促进我国国防科技事业发展，起到了巨大作用。

一流的人才成就一流的事业。当年我们开展"两弹一星"的研制，国家集中了最优秀的科技带头人，从而实现了我国国防事业的跨越式发展。近年来，国防军工系统积极推进国防高科技人才队伍建设，取得了明显成绩。

但是，与面临的形势和任务相比，国防高科技人才队伍亟待加强，国防科技高层次人才短缺严重、后继乏人问题依然突出，特别是地处三线的国防科研单位吸引高层次人才比较困难。出现这些问题，虽然原因是多方面的，但却影响我国国防科技事业向更高层次发展。因此，必须采取有力措施加以解决。建议认真抓好几项工作。一是进行专题调研，就国防高科技人才的评价体系、环境待遇、管理体制和机制等问题，提出意见和措施。二是努力调整和改善国防高科技人才队伍结构，包括人才的年龄结构和类型结构，形成老、中、青相结合的合理结构；着重培养造就能承担核心科研任务的高层次领军人才，切实解决好学科带头人的新老交替，发挥各层次、各类型人才的积极性。三是研究国防科研单位如何吸引、培养和留住中青年人才，鼓励和吸引一流大学的毕业生和留学生从事国防科研事业，培养好的"苗子"。四是加强国防高科技人才队伍的精神文明和思想政治建设，包括团队精神、科学道德和学风建设等，大力弘扬"两弹一星"精神，引导广大科技人员以科学、务实和创新的精神高质量地完成党和国家交给的各项任务。

---

① 本文原载于《人民日报》2004 年 2 月 6 日第 8 版。

学术自由与科学家的责任①

创新是科学技术的特征。自由的思维和宽松自由的学术环境是科技创新和繁荣发展的必要条件。

一方面，科学家自身要有自由的思维，甚至幻想力，也就是常说的"解放思想"，这是从事创造性工作所必须的主观条件。如果脑子里充满各种条条框框、清规戒律，如果墨守成规，就不可能按照客观世界的本来面貌去追求真理。20 世纪初的物理学革命性进展是富有启发性的例子。

另一方面，要建立有利于创新的社会环境和外部氛围。在一个禁锢的、盲从的、迷信的、窒息的、缺乏外部物质和精神条件的社会里，科学家无法施展才干，科学研究不会获得基本的生命力。科学研究需要宽松的环境，以利"百花齐放，百家争鸣"；需要宽容的环境，宽容失败，鼓励纠错；需要健康的学术环境，以利平等的争论，从善如流和新思想的出现。

近代科学史上，波兰天文学家哥白尼、意大利哲学家布鲁诺、中国社会学家马寅初的遭遇就是十分生动的典型。他们的经历从反面说明了学术自由的重要性。

学术自由与社会责任相伴，学术自由与科学家社会责任的辩证关系有着深刻的内涵。

首先，科学家负有一个社会成员所共有的责任，即对养育我们的社会的报答。这是科学家最起码的社会责任。

其次，科学家的职业特性赋予了他较多的社会责任。科学家是由较有知识的人群组成，他们是对科学发展规律、自然发展规律、社会发展规律有较多了解的人群，因而有义务发展先进的生产力，弘扬先进的文化，对社会的可持续发展与和谐发展负起更多的责任。

从根本上说，这个责任来自科学的价值观和科学精神的哲理。科学的价值观在于追求真理、造福人类。科学研究工作是崇高的事业，与之相对应的科学精神包含了科学的理性精神和实证精神。科学的理性精神要求科学家遵守"对社会有益的原则"，"己所不欲，勿施于人"是理性精神的一个朴素表达。由此还产生了科学道德的有关行为准则，如尊重他人的成果，严禁抄袭、剽窃和不正当地利用科研资源等。科学的实证精神要求科学研究必须以唯真求实为原则，接受实践的质疑和检验。由此产生了科学道德的另外一些行为准则，如以诚信的态度对待科学实验的结果、数据、资料，严禁造假，如实纠错，不炒作成

---

① 本文是在中国科协召开的"学术自由与科学家的责任"国际论坛上的报告。

果等。科学研究活动具有竞争性，科学家应该懂得并遵守竞争的游戏规则。科技成果最终将转化为生产力，导致直接或间接的利益，但是，如果为追求这种利益而采取急功近利、追名逐利的手段，不仅会冲击科研工作的质量，也与科学家应有的科学品格和科学精神相悖。

责任就意味着一定的、必要的约束：要负责任地做事，只能做有益于社会、有益于人民的事。因此，对科学家的科研活动和伦理道德制定严格的规范甚至形成法律法规，都是必要的。而科学家自己则应以较高的标准自律。

再次，新世纪的科技工作者还应该从更高的战略高度认识自己肩负的具有时代特征的社会责任。

人类社会发展到今天，在取得巨大社会进步的同时，也积累了越来越多的问题，存在着能否可持续发展的诸多瓶颈。这些问题是由经济、政治、自然的因素，以及科学技术的不当使用等多种复杂因素造成的。人类究竟如何掌握未来的命运，在很大程度上取决于人们利用科学和技术的智慧。人类的未来不仅面临严峻的挑战，甚至还面临危机。"忧患意识"、"危机意识"由此提出，它鞭策着我们去走创新发展的道路。科技工作者群体虽不能"包打天下"，却也责无旁贷。通过基础研究的引领和工程技术的创新，努力解决社会发展的瓶颈问题，为国家和人类开创可持续发展的、和谐的、光明的未来，这是新世纪科技工作者庄严的历史使命和重大的社会责任。

最后，我认为，科学家还肩负有相关的国际责任（或全球责任）。

可持续发展问题是一个全人类共同面对的全球性问题。环境问题、能源问题、全球气候变化、生物安全、与恐怖主义和贫困作斗争等问题……需要各国人民协调努力解决，以实现构建和谐世界的目标。看得更长远些，人类的永续发展还涉及超出地球范围的问题，如外星生命的探索、太阳系外类地行星的探索等。这些探索都需要国际间的合作。显然，这些工作不是单纯的科学技术问题，它还需要各国领导人表现出超越国家的大智慧。但是，毕竟科学无国界，科学家之间更容易找到共同的语言。因此，发展国际合作，化解现存的各种矛盾、冲突和难题，为人类共同的、长远的利益付出不懈的努力，成为各国科学家崇高的国际责任。

谈科学道德科学精神[①]

可能大家从媒体上都注意到了，一段时间以来，我们国内的研究和教育领域出了不少学术不端的问题，一些知名大学也出了问题。大家议论很多，我们也很关注。我以为学术道德问题确实是需要我们认真面对的问题。

一个曾经得过诺贝尔奖金的人，最后因为不重视道德自律，得了奖以后，就变成了一个学阀，不承认别人的成果，压制别人的成果，最后成为一个非常反面的角色。现代物理学大师爱因斯坦说："大多数人都以为是才智成就了一个科学家，他们错了，是品格。"爱因斯坦这句话讲得很精辟，值得我们深思。

爱因斯坦不仅创立了狭义相对论和广义相对论，还为我们留下了非常宝贵的精神财富，这种财富是科技工作者的灵魂。

爱因斯坦 1905 年写有影响的代表性学术文章的时候还是一个专利局的小职员，他没有想去评副教授，评教授，也没想去申报院士。他没有这样的动机，他的研究只是出于对科学浓厚的兴趣，好奇心。今天，我们国家很多事情包括科学研究都是基于社会需要的，因为科学技术能带来利益，它就会诱惑人们去急功近利。所以，为个人谋利益也成为一种做科学研究新的动机，但我们搞科学技术的人，不能把自己利益的获取作为一个根本的动力。在我看来，科学技术的发展动力由两个轮子驱动，一个轮子来自科学家对自然秩序的兴趣、对规律认知的渴望和对奥秘揭示的欢欣愉悦，另一个轮子的驱动，是对社会发展和国家利益的追求，仅仅个人利益的追求动力不可能成就一流的科学家。一流科学家的品质，既有优秀的科学精神品质，更内含着道德精神的品质。

科研上的急功近利是出不了大成果的。中外科技史上，取得重大成就的动力大都来自非个人功利的追求。爱因斯坦、居里夫人都是这样。为新中国的科技事业作出历史性贡献的、我们熟悉的物理学领域里的王淦昌、郭永怀等，名单可以列很长，都是把国家民族的发展作为自己献身科学的追求。

王淦昌先生 1961 年在苏联杜布那联合核子研究所发现了反西格玛负超子，这是在基本粒子研究上的一个很大成就，使他在国际物理学界有了很高的知名度，国家把他召回来，要他参加中国原子弹的研制。他就从 1961 年开始隐姓埋名了 17 年。王淦昌这个名字，在中国科技界，在国际上就消失了，好多人问王淦昌哪里去了？谁也不能说，他是去搞原子弹了。

---

① 本文原载于《河南日报》2009 年 12 月 16 日第 9 版，作者为杜祥琬、梁周敏。

郭永怀先生解放初期从美国回来参加中国核武器研究，力学工作部分是由他负责的。1968年他从基地坐军用飞机回北京，飞机降落的时候失事起火，全飞机的人都烧死了。他和他的警卫员两个人紧紧地抱在一起，事故处理时把他们两个一分开，两人肚子之间夹了一个公文包，公文包里是一个保密资料，完好无缺没有烧坏。

这些人的品格高度由此可见一斑。我们说科技创新和繁荣需要有灵魂的支撑，这个支撑就是科技创新和繁荣的文化精神支柱。

科学的价值和使命就是：追求真理，造福人类。做基础研究，当然主要是认识世界，追求真理；做工程技术，做应用研究主要是造福人类，这8个字是科学精神的真谛。纯粹的科学探索体现着人的精神的高贵和伟大。科学探索的激情与科学理性及感觉经验融为和谐的一体，能迸发出奇妙的力量。这8个字同样蕴涵着科学的理性精神，科学的理性精神是什么呢？就是要以"有利于社会"为原则来约束自己的行为，就是"利而不害"。这8个字又蕴含着科学的实证精神，科学的实证精神秉持真理性的认识需经实践的检验，实践是检验真理的标准。由理性精神和实证精神就必然会派生出一系列的科学道德准则，它们引领和规范科学的实践。科学发展既要有道德精神和科学精神的支撑，又不能离开它们的约束和规范，这是被许多优秀的科学家所实践和明证了的精神品质。

所以，无论是打好学科研究的基础，还是完成科学研究的实践，都离不开科学道德的支撑和约束。在不正之风的影响和利益的诱惑下，有的科技工作者以钻营代替研究，以权术代替学术，有知识、缺文化，有物质、缺精神。科学道德的底线都不要了，难成人才，何谈大师！所以，应该进行以下若干重要的建设：

建设诚信教育的完整体系；建设利于诚信和创新的文化环境；建立对科学研究中不端行为的调查机构；建立科技活动利益关系规范和相应制度，改进科研项目和经费的管理制度；改进现行的各种评审制度和相应的问责制、信息公开制度；改革现行的考核评价、评估与奖励制度，革除弊端；建立科学的评价指标体系，改变重数量轻质量的倾向，等等。在此基础上建立和完善监督体制，完善与科研科技活动相关的法律和法规。

加强科学道德建设，是科技界的一项基本建设，它既是一个战略性的、长期的、系统的工程建设，又具有紧迫性。我们应当追求的是与"追求真理，造福人类"这样一个崇高的事业相应的一种内心的精神，一种人文的素养。德国哲学家康德说"世界上有两样东西，最能震撼人们的心灵：内心里崇高的道德；头顶上灿烂的星空"。我想这是一种境界，也是一种呼唤，这也使我们充满了信心和希望。这也是一种美好的体验——怀着谦虚、敬畏之情的探索与创造的体验。

科技的繁荣需要灵魂的支撑①

我国在经历了高速发展之后，认识到必须转变发展方式，就是由粗放的、以资源消耗、牺牲环境为代价，依靠投资拉动、廉价劳动力的发展方式，转变到以科技创新来驱动的新的发展方式。世界金融危机也让我们认识到国家发展必须建立在科技创新的基础上才能持续。中国建设创新型国家，对科技界提出了更高的要求。因此我想谈谈科技繁荣与科学道德问题。

科学技术的繁荣要靠物质条件，需要经费等等，但是科技的繁荣也需要灵魂的支撑。这个灵魂是科学精神，科学道德和良好的学风，这一点在今天的中国更加需要强调一下。科学道德是国际科技界、教育界普遍关注的问题。一般的道德品质修养是人生的基础课。具体到科学道德是科技工作者的基础课，是基础的、必备的知识和品格，也可以说是一个公共的必修课，会影响到人的终身的一个问题。

爱因斯坦曾经说过，大多数人都以为是才智成就了科学家，他们错了，是品格。爱因斯坦认为成就科学家的首先不是才智，而是品格，他对这一点有深刻的体会。科技工作者要成功，离不开好的人文修养。科学道德是对人生的理解和对科学的理解，也就是人生观和科学观两者相结合的产物。

科学道德的思想基础：第一，重视道德品质，是中华传统文化的精华之所在。第二，与现代科学的使命和责任紧密相关的科学精神导致科学道德和伦理的思想体系。道德还包括伦理学，跟现代科学的使命和责任相结合。中国古代有很多的古训，比如"天之道；利而不害"，"诚者，天之道也；思诚者，人之道也"等等，是对道德修养的表述。唐代诗人杜甫说："细推物理须行乐，何用浮名绊此身"，告诫人们不应浮躁，不要因追名逐利而马失前蹄。

现代物理学大师爱因斯坦在悼念居里夫人时说：第一流人物对时代和历史进程的意义，在其道德品质方面，也许比单纯的才智成就方面还要大。所以科学的价值和使命在于追求真理、造福人类，这也正是科学精神的真谛。

由科学精神派生出科学的理性精神，要求科技工作者要以有利于社会为原则，约束自己的行为。科学的实证精神，要求科学研究必须以唯真求实为原则，经得起实践检验。由此，导出了一些科技工作者的行为准则，比如说有利而不能危害社会，你就不能去剽窃别人的成果，当然还有其他的种种。

---

① 本文原载于《光明日报》2009 年 12 月 26 日。

另外从理性精神也还导出了很多科技的伦理学。所谓伦理学跟科学道德还有一点差别，就在于我们从事的科学研究活动有哪些是应该做的，哪些是不应该做的，也就是哪些是有利于社会的。比如说因特网，信息技术的发展很大，因特网给我们带来了很多的科学技术进步，但是也有一些人利用因特网做犯法的行为。这个科学的双刃剑告诉我们，科学技术里面有一些是不应该做的事情，就是伦理范畴。

另外，派生出来科学的实证精神。要经得起实践的检验，由此，也导出来一系列的科技工作者应遵守的行为准则。比如说既然要经得起实践的检验，就不能修改或造假实验数据。

现代科学技术有什么特点？就是科学技术发展越来越快。发展的加速，科技成就转化为现实生产力的周期缩短，意味着科学技术的经济效益越来越凸现。但客观存在的利益诱惑并不改变科学的真谛，也就是造福人类这样一个真谛。也不能因为利益的诱惑而成为急功近利的借口，不能违背科学精神做一些不端行为，这样做不仅会冲击科技工作的质量，也不符合应有的科学品格和做人的原则，这一点大家都是非常清楚的。

中外科技史上的许多重大成就，都来自非功利追求。

爱因斯坦、居里夫人都是这样。在我们国家，为新中国的科技事业作出历史性贡献的一大批科学家，钱学森、钱三强、王淦昌、郭永怀、邓稼先等，每个人都有生动的事例。比如，王淦昌先生在发现反西格玛负超子的同时，还有一张片子是一个不理解的粒子轨迹，这时，跟他一起工作的苏联科学家提议：是不是可以起一个新的名字——"第一粒子"？当时，他在一次学术会议上作报告，把这个事情讲了，他说这个现象有两个可能，一个可能是一个新的粒子，另外一种可能也只是一种反应。他讲完之后，他的同事经分析判定了新的探测结果——不是一个新的粒子，而是人们知道的一个粒子反应的结果。知道这个结果之后，王淦昌先生说了一句话，"谢天谢地，我没有吹牛"。我讲这个例子就是想说明，作为科学家，严谨非常重要。再举一个郭永怀先生的例子，他回国不久后参加了核武器的研制。1968年，他从试验基地坐军用飞机返回北京，在西郊机场飞机降落时起火，里面的人都被烧死了，却发现郭永怀和他的助理抱得紧紧的，两个人中间的公文包里面有重要的文件没有烧毁，这说明郭永怀先生的伟大。他在最初离开美国的时候，手上有很多的手稿，他知道不会允许被带回来，就都烧毁了。他夫人说你把这些都烧了，多可惜，他说都在脑子里呢。王淦昌先生是当时国际知名的科学家，国家就说你参加中国原子弹的研制，他讲了一句话，说我愿意以身许国，从此王淦昌名字17年没有出现，直到研究成功。

他们为我们留下了宝贵的精神财富，这种财富是科技工作者的灵魂，他们创造了一种价值观，是科技创新和繁荣的文化支柱。我们需要有一种精神来支撑中国的科学技术，乃至国家的健康发展。

加强科学道德建设是科技共同体责任^①

当前院士队伍的科学道德建设受到社会的高度关注。中国工程院从建院开始就把加强院士的科学道德建设放在重要地位，在 1997 年成立了科学道德建设委员会，本着"院士自律、完善制度、弘扬楷模、社会监督"的精神工作，先后颁布了《中国工程院院士科学道德行为准则》、《中国工程院院士科学道德行为准则若干自律规定》、《中国工程院关于对步及院士科学道德问题投诉件的处理规定》等文件，明确了对各种涉及违反科学道德行为准则情况的处理办法，并按照这些制度开展工作。

近年来的一些事例，使我们进一步认识到加强科研团队（包括院士的助手和学生）科研诚信教育、完善必要的制度和改进评价体系的重要性。在最近几次院士增选工作后，中国工程院专门给新当选院士及其所在单位发出公开信，分别提出八条共勉和三点建议。在目前开展的"中国工程院院士队伍建设研究"中，把与院士科学道德建设相关的问题单列专题进行研究，以促进院士队伍的健康发展，更好地发挥院士群体的作用。

院士群体是科技界的组成部分。加强科技界的科学道德建设是我国科技共同体，包括工程院的共同责任。在 2009 年 6 月的工程院全体院士大会上，工程院科学道德建设委员会作了"进一步加强工程院和工程科技界的科学道德建设"的报告。在 2009 年 9 月中国科协主办的"科学道德论坛"上作了"科技繁荣与科学道德"的主旨报告，系统归纳了我国科技界在科学道德和学风方面存在的 13 类问题和存在问题的六个根源，提出了从四个方面构建科技诚信建设工作体系的 16 点建议。我们认为，加强科学道德建设是科技界的一项基本建设，既是战略性的长期任务，又具有紧迫性。要解决科技界存在的问题，需要很好地构建教育、制度、监督、法制相结合的科技诚信工作体系。

科技界是全社会的一个群体。科技界的诚信建设既离不开全社会的大环境，同时也对全社会的诚信建设负有责任。近年来，在我国经济和社会发展取得巨大成就的同时，社会价值观的多元化，精神文化建设的缺失，社会上不正之风也带来公信力的下降。从学生的诚实，到企业的诚信乃至领导干部品行，屡屡出现问题，值得引起我们的高度重视。精神文明建设是中国特色社会主义制度不可或缺的支柱，是国家可持续发展的要素，是民族振兴的不竭动力，也是逐步改善科技界诚信建设面貌的治本之策。我们将与全国科技界一道共同努力，进一步加强工程院和科技界的科学道德建设及精神文明建设，不辜负党中央、国务院和全国人民的殷切希望。

---

① 本文原载于《中国科技奖励》2010 年第 8 期。

对青年的两个希望①

作为一名科技工作者，我想对青年朋友说两句话：第一就是要珍惜机遇，努力学习，立志报效祖国。大家都知道我们的国家曾经是一个文明古国。但是曾经历了一段饱受屈辱和任人宰割的历史，造成了我们现在的贫困和落后。大家知道的最典型的是南京大屠杀时候，我们中国人被日本人像宰小鸡那样来对待。我们再也不能让那样的历史重演。我们今天生活的这个年代可以说是我们中国历史上最好的发展时期，我们要树立崇高的理想来开创来引导自己的一生，理想可以出动力，理想可以使你的胸怀宽阔，可以出精神，可以出素质。这个理想，就是要报效自己的故乡和祖国。

我年轻时是在莫斯科上了五年的学回来的，有很多的院士是在国外进修学习过的，国外给他们很好的工作条件，但他们坚持要回国。美国人曾开玩笑说我们都有一个"M"，他们爱的是 MONEY（钱），我们爱的是 MOTHER（母亲）和 MOTHERLAND（祖国）。其实我们也不是不懂得钱的重要，我们的国家也要富裕起来。但是我们要把报效自己的祖国放在比钱更重要的位置。我希望大家树立崇高的理想来导向自己的一生，开创美好的未来。

第二呢，希望青年人扎扎实实打好基础。青年人要懂得一个道理，根深才能叶茂。一定要扎扎实实地打好基础，不要追求一些浮躁的短暂的个人利益。青年阶段的学习，是人一生万里长征的第一步。

在一个人的一生中，不会什么都是顺利的，我们要懂得在克服困难的过程中享受人生。我们要想取得成就，要想在世界上走到前面去，我们还要在科学技术和其他方面克服很多困难。

---

① 本文原载于《光明日报》2011 年 4 月 26 日。

成就科学家的不是才智是品格[①]

——在第十二届北京科技交流学术月开幕式上的报告

以"人文北京·科技北京·绿色北京——保增长、促发展"为主题的 2009 年第十二届北京科技交流学术月开幕式，10 月 15 日上午在中国科技馆新馆举行。中国工程院副院长杜祥琬、中国科协书记处书记冯长根、全国政协常委、民革中央副主席、北京市政协副主席傅惠民等出席开幕式。开幕式后，著名应用物理学家、中国工程院副院长杜祥琬院士做了题为《科技繁荣与科学道德》的报告。以下为报告文字实录。

尊敬的各位来宾、同志们，早上好。

首先感谢北京市科协，也感谢在座的热诚，使我有这个机会跟大家做一次交流。我不是北京人，但是已在北京学习工作了 50 年，所以作为北京市的市民，参加我们这样一个学术交流是应尽的职责。今天报告的题目是北京市科协的前主席陈佳洱先生建议我做的，跟各个方面都有关系。

我们国家在经历了 30 年高速经济发展之后，我们进一步认识到中国必须转变发展方式，就是以粗放的依靠资源的消耗，牺牲环境为代价，依靠投资拉动，廉价劳动力的发展方式转变到新的发展方式，也就是以科技创新来驱动的新的发展方式。世界金融危机也进一步警示着我们必须把国家的发展建立在科技创新的基础上，才能持续。所以我想中国要建设创新型国家，首先是科技界，这里面想提的是科学道德与学风建设，给大家汇报一点自己的认识。

我想《科技繁荣与科学道德》讲三个方面。第一是说一些认识，第二讲一些问题，第三是讲"药方"，也就是怎么解决问题。

首先一点认识，科学技术的繁荣要靠物质条件，需要经费、设备等等，但是科技的繁荣需要灵魂的支撑。这个灵魂是科学精神，科学道德和良好的学风，这一点在今天的中国更加需要强调一下。科学道德是国际科技界、教育界普遍关注的问题。我们先说一般的道德品质修养是人生的基础课。具体到科学道德是科技工作者的基础课，是非常基础的，必备的知识和品格，也可以说是一个公共的必修课，会影响到人的终身的一个问题。

爱因斯坦曾经说过：大多数人都以为是才智成就了科学家，他们错了，是品格。爱因

---

① 本文原载于人民网—科技频道，2009 年 10 月 16 日。

斯坦认为成就科学家的首先不是才智，而是品格，他对这一点有深刻的体会。科技工作者要成功，要把握规律，就离不开建立好的人文修养。我在这儿写了，科学道德是对人生的理解，也就是人生观，和对科学的理解，也就是科学观，两者相结合的产物，我们可以这样来认识，所以我觉得这个问题是一个相当基础性的语言。

科学道德的思想基础：第一，重道德品质是中华传统文化的精华之所在。第二，与现代科学相联系的使命和责任紧密相关的科学精神导致科学道德和伦理的思想体系。道德也还包括伦理学，跟现代科学的使命和责任相结合。中国古代有很多的古训，我这里只引几句话，"天之道；利而不害"，"诚者，天之道也；思诚者，人之道也"，这些话很简单，但是它是对道德修养的表述。唐代诗人杜甫说："细推物理须行乐，何用浮名绊此身"，告诫人们不应浮躁，因追名逐利而马失前蹄。

国际现代物理学家爱因斯坦在悼念居里夫人时说：第一流人物对时代和历史进程的意义，在其道德品质方面，也许比单纯的才智成就方面还要大。这是非常精辟的一句话。所以科学的价值和使命在于追求真理、造福人类，这也正是科学精神的真谛。

由科学精神派生出理性精神，是要求科技工作者要以有利于社会为原则，约束自己的行为。又派生出科学的实证精神，要求科学研究必须以唯真求实为原则，经得起实践检验。科学的理性精神，还导出了一些科技工作者的行为准则，比如说有利而不能危害社会，你就不能去剽窃别人的成果，当然还有其他的种种。另外从理性精神也还导出了现在讨论很多的科技的伦理学。所谓伦理学跟科学道德还有一点差别，就在于我们从事的科学研究活动有哪些是应该做的，哪些是不应该做的，也就是哪些是有利于社会的。比如说因特网，信息技术的发展很大，因特网给我们带来了很多的科学技术进步，但是也有一些人利用因特网做犯法的行为。这个科学的双刃剑告诉我们，科学技术里面有一些是不应该做的事情，就是伦理范畴。另外派生出来实证精神。要经得起实践的检验，要以唯真求实为原则。也导出来一系列的科技工作者的遵守的行为。比如说既然要经得起实证的检验，就不能违背实验，造假的成果。所有的科学道德都可以导出来。

现代科学技术有什么特点？科学技术发展越来越快，发展的加速，科技成就转化为现实生产力的周期缩短，意味着科学技术的经济效益越来越凸现。但客观存在的利益诱惑并不改变科学的真谛，也就是造福人类并没有因科学的经济性而改变。也不能因为利益的诱惑而成为急功近利的借口，也不能违背科学精神做一些不端行为，这样做不仅会冲击科技工作的质量，也不符合应有的科学品格和做人的原则，这一点大家都是非常清楚的。

刚才讲了一些行为准则，这是一些底线，也就是不能再低的了，我们不能仅追求这样一些底线，而应该追求更高的科学价值观，这样才能与科学这个崇高的事业相衬。中外科技史上的许多重大成就，都来自非功利追求。爱因斯坦、居里夫人都是这样。在我们国家，为新中国的科技事业做出历史性贡献的一大批科学家像钱三强、王淦昌、郭永怀、邓稼先等，每个人都有生动的、感人的故事。比如说王淦昌先生发现了一个新的离子，这是他的成就，但我不讲他的成就本身，讲一个鲜为人知的故事。同时，发现成就的同时，还有另外一张探测的结果，很像一个新的粒子，跟他一起工作的苏联科学家说是不是可以起一个新的名字，D粒子。王淦昌先生说这个没有证据，要讲它是一个新的粒子，它有什么样的特性，这个说不清楚的话，就不能下结论，也可能是我们知道的粒子发生反应的结果，当时开一次学术会议让他做报告，他把这个事情讲了。他说有这个现象，有两个可能，一个可能是一个新的粒子，另外一种可能也只是一种已知道的粒子的反应。在他讲完之后当时跟他一起工作的工作者分析之后，判定了新的探测结果不是一个新的粒子，而是人们已经知道粒子反应的结果。知道这个结果之后，王淦昌先生说了一句话，谢天谢地我没有吹牛，我没有着急宣传这是一个新的粒子。我讲这个例子就是说明一个科学家非常严谨，一定不要着急发布自己的发现，没有绝对的证据之前绝不会讲，这一严谨的精神。再举一个例子，郭永怀先生，他回国不久参加核武器的研制，1968 年，他从试验基地坐军用飞机返回北京，在西郊机场飞机降落的时候飞机起火，里面的人都被烧死了。当解剖现场的时候，发现郭永怀跟他的警卫员抱的紧紧的，两个人的肚子中间有公文包，公文包里面的宝贵材料完好无损。郭永怀先生意识到自己要离开这个世界的时候，首先想到的是国家的利益。他在最初离开美国的时候，手上有几百页的手稿，他知道海关不会让带回来，就都烧毁了，他夫人说你把这些都烧了，多可惜，他说都在脑子里呢。王淦昌先生在国际上有著名的发现，成了国际知名的科学家，国家说你回来参加中国的原子弹的研制，他讲了一句话，说我愿意以身许国，从此王淦昌名字 17 年没有出现，他改名了，到了一个他家人都不知道的地方，17 年之后他又离开这个单位，回到民用事业，王淦昌的名字又出来了。我想他们创造的不仅是业绩，他们也给我们留下了宝贵的精神财富，这种财富是科技工作者的灵魂，他们创造一种价值观，这是科技创新和繁荣的文化支柱。我们要有一种精神来支撑中国的科学技术，乃至中国的国家才有一个健康的发展。

第二部分讲一些问题。中国的科技界目前存在诸多的道德、学风和管理制度上的问题。加强科学道德建设是科技界的一项基本建设，既是战略性的长期的任务，也有紧迫性。这个是一个战略性的任务，但是目前国家要发展，我们必须尽快地克服问题。首先肯定在走向现代化的征途上，中国还处在初级阶段。这 30 多年来科学技术快速进步，一批杰出人才成长，这一点我们是肯定的。但是在这个同时，科技界的建设也带有初级阶段的明显特征：规模大，核心竞争力差，原始创新少。同时人文精神缺失，科学道德水准下滑，社会上的不正之风也严重侵蚀着科技界的身躯。

下面我举 13 类来说出这些问题。第一类是论文、著作的造假、抄袭、剽窃、搭车署名多有发生，愈演愈烈。第二类是靠拉关系、"忽悠"，"跑部钱进"，争项目、经费。第三类问题是评审成果搞"友情评审"，甚至偷梁换柱、移花接木、炮制假成果。一位老院士非常生气地跟我讲了一件事，他很器重的他的一个学生，他想让他担当重任，这个学生从国外引进一种设备，他竟然把这个设备上的国外的牌子抠下来，自己做了一个牌子贴上去，就说是自己研制的成果，竟然还报了奖。他非常生气，这位老院士就报了有关的部委，部委转给他的学院，而他的学院跟他说我们学院多一个成果不好吗，你就退出投诉吧。这位老先生非常气愤，说怎么能这么处理呢。第四类是伪造学历、伪造 SCI 查询证明等。第五类是报奖搞包装，对有关评委和工作人员拉关系，搞运作，甚至利诱。第六类是有的院士候选人的提名材料不实，言过其实，或者把成果捆绑包装给自己。第七类，有的院士、名人多头兼职而不能尽责。第八类是有的专家学者对自己并不内行、并不了解的领域，以权威的姿态发表评论，误导公众，也引起了很多的非议。鲁迅先生说，名人的话并不都是名言。我想我们每一个院士和教授都要知道自己的知识是有限的，我们只是在自己的专业里面精通。再一类问题是有的专家在项目评审、成果鉴定、奖励评审中不能超脱小单位或相关者的利益，不能坚守科学态度。再一类问题是为了应付评估，检查，有的单位集体做假。这个在两会期间有一些校长提出来从"应试教育"到"应试科研"，扭曲了科教的价值观。再一类是有的科技管理部门把管理权力化、利益化，长官意志至上。再一类是有的领导干部违反科学程序，干预各种项目评审，甚至干预院士的竞选。最后第十三类是在不正之风的影响和利益的诱惑下，有的科技工作者"以钻营代替尊严，以权术代替学术"，而出现一些有知识，缺文化；有物质，缺精神，难成人才，又怎么能是大师。

上面我举了13类并不求全，还会有遗漏，还会有一些其他的现象，我只想点明问题的严重性。大家会问我们科技界为什么会出现这样一些问题，原因是什么，我下面归纳六个原因，不一定准确。在说原因之前我想先说一点旁证来说明我刚才说的13个问题。中国工程院曾经做过一个研究，科技人才的成功，做了大量的调查，有一个选项，什么原因影响到高层次人才的成长，列了23个原因让大家选。结果大家都说到一点是忙于事务而影响了人才的成长。那么大家去干什么了呢？跑关系、应付评估、检查、会议等等，第二个原因是官本位，这是中国工程院研究的，我只拿出来这两项。

下面是中国科协做了一个非常好的调研，是科技工作者的状况调查。结果表明：超过六成的科技工作者认为科研道德水平下降；超过五成的研究生认为青年科技工作者是违背科研道德与诚信最严重的群体。这些问题的存在和蔓延严重威胁着创新型国家的建设，也引起了我们国家领导的重视。

存在这些问题的原因有多方面：第一忽视思想道德教育。第二利益的诱惑，自律意识薄弱。陆游说：利欲驱人万火牛，江湖浪迹一沙鸥。这个说明在利益的驱动下利益熏心，很多人不能专门做研究。第三个原因是不科学的评价体系、管理办法催生不端行为。第四社会上的腐败党风影响严重。第五制度不健全、缺乏监督和应有的惩戒。第六缺乏相应的法制建设。

如何来解决这些问题，我们讲第三个问题。我们说"一付药方"：构建教育、制度、监督、法制相结合的科技诚信工作体系。这是我们国家的科技共同体正在努力建设的一个工作体系。实际上不光是我们国家的科技共同体，科学道德也是国际上关注的问题，发达国家有很多值得我们借鉴的经验。下面我说说这四个方面我们应该做一些什么事情。

首先是教育。科技诚信，自律是关键，自律是核心。自律是一种素养，这种素养植根于教育。我画了一个土地土壤，要深深植根于教育，从教育方面我们第一讲到从童孩时代的诚实教育。从小讲不撒谎的教育，一直到大学生、研究生阶段的诚信教育、敬业精神和职业道德教育，乃至对研究人员、管理人员、学术团体的诚信继续教育，成立一个教育体系，这样才能在教育的根基上培养一批具有自律品格和素质的一个人。第二是中国的教育需要告别浮躁，回归宁静，回归育人治学的理念，要远离官本位、行政化和急功近利。在教育当中，以国内外的不端行为的典型做反面教材，以楷模为榜样来引导正确的价值观，来建设有利于诚信和创新的文化环境。这个文化环境是我们每个人都非常需要的，也是社会非常重要的。

第二方面是关于制度，这个我要多提几方面。第一首先是机构。我们国家科技界已经成立了科技诚信建设联席会和办公室，科技口的主要部门也成立了科学道德建设委员会。需进一步完善，如建立客观和超脱的对学术不端行为的调查机构。第二是规范。制定和完善科技行为的规范，并予以普及，建立科技活动利益关系规范和相应制度。第三是管理制度的建立。包括改进科研项目和经费的管理制度，改进现行的各种评审制度和信息公开的制度。还有改革现行的考核评价、评估和奖励制度，革除弊端。建立科学的评价指标体系，改变重数量轻质量的倾向。第四是建立诚信档案。在科技界建立对单位和个人的科技诚信档案，作为其承担项目、授奖和评聘职称的依据之一。再一点是规范兼职。将多头兼职、得实利而不尽责作为一种违规行为。再有一点是完善院士制度，首先要建立诚信档案，完善行为规范。

第三方面是监督。科技机构对各种制度的执行应有有效的监督。比如说自然科学基金委的监督委员会。政府部门对管理机构要有有效的监督办法，并对科技工作进行监督。同时还要高度重视社会监督。我们这里强调一下社会监督，因为对这个问题，广大公众、媒体都非常关注、关心。要建立和完善各项公示，并且受理投诉、处理投诉的完备制度，对投诉人和被投诉人有必要的保护制度。利用信息技术来完善合法、有效的监督手段。

第四方面是法制和惩戒。我国已制定若干与科技活动有关的法律，比如说《产权法》、《著作权法》等等，有一些需进一步完善。加大防范和查处不端行为的力度，对查证属实的不端行为责任人给予应有的行政处罚和纪律处分。

以上由四个方面构成的"药方"是加强科技诚信，促进科技繁荣的工作体系。我们有一个领导说这个"药方"是"中药"还是"西药"，谁当"大夫"去"治病"？我想谁当"大夫"，首先我们科技共同体应该自己承担这个责任，把这个工作体系构建起来。每一个科技工作者自己要当"大夫"，自律是自己的事情。同时政府也有自己的责任，关于法制、制度的建立都是政府的。所以说科技工作者和政府都有责任大家共同当好"大夫"。是"中药"还是"西药"，我想还是"中西结合"，既是长期的，又是紧迫的。长期的事情要靠"中药"来调理，快点见效的要靠"西药"。

我说了这四方面，他们还问，哪个是最重要的？我想最根本的是教育，最深刻的是制度，当然监督和法制也很重要。归纳起来，这是一个诚信建设的树状的体系。首先自律是核心，而自律的根基植根于教育，要进一步加强制度、法制、文化建设，构成诚信建设的一棵大树，成为一个完美的体系。

最后让我们用康德的话来作为结束语：世界上有两样东西能震撼人们的心灵，内心里崇高的道德，头顶上灿烂的星空。我觉得这是一种境界，一种呼唤，也使我们充满信心和希望。现在的中国正处在实现国家现代化的关键时期，社会对于科技有很强的需求，是一个需要在中国大地上出现一大批优秀科技工作者的时代，是有使命感的中国青年科学家建功立业的大好时机，也是一个能出现重大科学发现，科技创新，能涌现伟大科学家的这样一个时代。在这样一个时代，要自强于世界民族之林的国家需要一批又一批的新人来传承崇高的价值观。一个充满希望的国家，必然是一个后人不断胜过前人的国家。新的时代呼唤着青年一代干得更好，我相信青年朋友们会干得更好，希望会在你们身上。我今天就讲这么多，有不当之处，请大家指正。

关于科学道德教育：树木与森林①

科学道德的案例，有树木型的，有森林型的。进行科学道德教育，既要见树木，也要见森林。

先说树木型问题：每个学生、每位教授都好比一棵树，学生的成长是和教授的培育分不开的，就像小树的成长离不开大树一样。

与植物界的树木不同的是，在人文社会里，树木之间是由社会关系相联系的，在一定意义上，有母树、子树、孙子树之间的关系。在教育界、科技界，都长期存在着母树作师表，子孙来传承（和发展）的传统，涉世不深的青年，首先是看着自己的老师、校长是怎么做的。

案例一：一中年教授与一老年教授商谈一青年教师晋升职称事宜：

中年教授：小王马上面临晋升副教授问题，需要 SCI 论文，我们是不是可以帮他弄一篇，把他名署上？实则，七分工作可以写成十分；一个工作，可以包装成两篇，就让他先当挂名作者。

老年教授：可不能这样！不能让他从青年时就学坏了，这样做出不了真正的人才。

中年教授：您不知道，现在都这样！

案例二：某单位一位领导成功将本单位的若干项科研成果打包，自己做第一完成人，他对大家说："这样我就可以运作成一项国家级的奖项"。最后，他果然成功。

学生把这些案例看在眼里，心里会想：原来论文可以这样出笼！科技进步奖可以这样得！教授也可以这样运作评选成功！甚至在院士增选过程中也动作频频！学生自然会想，原来"大树"是吸收这样的"营养"成长的！

所以，学生固然需要加强科学道德教育，但科学道德首先在于教师、领导者、管理者。后者的科学道德教育更为重要。

科学道德教育本质上是做人教育。做事先做人。所以我们说，科学道德教育是一门基础课，是科技工作者人生的必修课。这门课的上法是身教加言教，身教重于言教。因此，身为师长者，要为人师表，身体力行，做学生的样板。这样对学生的细润无声的教化和熏陶，对学生的成长和影响是长期而深刻的。只有这样做并辅之制度化，才可能培养出有真知识且品行端正的人才。

再说森林型问题：这是大环境的问题，是森林中的大气、水、土壤影响树木成长的问

---

① 本文原载于《科技导报》2012 年 30 卷第 30 期。

题。同样，青年科技工作者的健康成长，也与科研大环境休戚相关。

案例一：某高校一个处长岗位招聘，竟然有30多个教授争相应聘。那么多教授放着学问不去做，为什么热衷于当处长呢？显然是权力和利益使然。

案例二：中国科协、中国工程院的调研报告显示，当前影响人才成长的两大因素：一曰："忙事务"，糟糕的管理制度使然；二曰："想当官"，官本位的价值观在作祟。

从根本上看，学术环境和学术生态乃是科学共同体的价值观、人生观问题，是崇尚什么价值、追求什么目标的问题。以下两类不同的学术环境和学术态度的对比是鲜明的。

一类学术环境和学术态度：以追求真理、造福人类为目标；潜心学术，勇于探索，追求卓越；弘扬科学精神，提倡独立思考，崇尚创新文化；肯坐冷板凳，敢为天下先，甘做后人梯；醉心研究，相互尊重，善于协作；遵循科学规范，出问题有章可循。

另一类学术环境和学术态度：单位崇尚虚荣，盲目追求排名、荣誉；个人崇尚功利，过度追求评价、钱权；投机钻营，急功近利、关系学横行；包装运作，应付评估，作秀风盛；数据造假，成果剽窃，为达目的不择手段；恶性竞争，互相排斥，欲得成功毫无诚信；出了问题不有力惩前，也难以毖后，或治标不治本。

不错，树木本身应增强抗病虫害能力，但不同的森林环境对树木生长具有宏观的、批量的、长远的影响。科学道德教育需着眼建设健康的大环境，建设崇尚学术的价值观和精神文化。有同志指出："文化大革命"革了文化的命，"十年浩劫所造成的文化沙漠，需要几代人的不懈努力才能变成文化绿洲"。

因此说，学术环境、学术生态的再造，是十分紧迫而具战略性的。

快速发展中的中国，客观上对人才和创新成果有很强的需求。与此同时，处在社会转型阶段，信仰缺失、诚信缺失，道德滑坡等大环境问题，同样在教育界、科技界有深刻而普遍的反映。科技共同体需要下大力气构建以自律为核心的，教育、制度、文化、法制、监督相结合的科学道德诚信体系。

在科学道德建设中，教育的重要作用是显然的。这个教育不只是一门课、一本教材，而是要从根本上办好中国的教育事业。学校要远离浮躁的功利主义，回归育人治学的本色，回归宁静与踏实。学校不应该仅仅是获取知识的平台，更应是提升思想境界、培养人文精神、养成科学道德的摇篮，是崇尚真理的圣殿。

为此，我们需要做出的努力是巨大而深刻的。

与海归学友共勉[①]

尊敬的各位领导、各位学友、同志们、朋友们：

在党中央的亲切关怀下，通过众多学长的辛勤努力，欧美同学会为联系我国海内外留学人员做了大量的工作，取得了巨大的成绩。在同学会成立 90 周年之际，我谨代表中国工程院表示热烈的祝贺，向关心、支持、推进同学会工作的各位领导表示衷心的感谢，向各位学友致以亲切的问候！

重视留学人员的培养并充分发挥他们的作用是国家重要的人才战略。新中国成立后，在当时国家经济状况还比较困难的情况下，国家向苏联、东欧各国派出大批留学生，国家这样的决策是富有战略眼光的，对我们个人而言，也是一个难得的机遇，是一种幸运，使我们能受到扎实的高等教育；另一大批，则是改革开放政策的受惠者，在国家对外开放的新时代，公费或自费出国留学、进修或办企业，得以在科技先进的发达国际，成长了一批高素质的人才。

在我国的十几亿人口当中，在这个几千万人还不能受到初等义务教育的国度里，我们是一批幸运者。在我们成长的道路上，洒满了同胞们的汗水；在我们获得的知识和能力中，凝结着同胞们的心血；在我们的双肩上，担负着民族的嘱托和希望。我们是中国人民的普通儿女，并没有什么特殊之处，只负有特殊的责任。我们唯一的选择只能是报效祖国。

中国工程院肩负着推动国家工程科技发展的重任，它是一个经常性的工作，是组织院士和院士周围的广大科技工作者，从工程科技的角度为国家的经济和社会发展做好决策和规划的咨询工作，并通过与地方及企业的合作，为一些重要项目做好工程科技方面的分析、调研和咨询。工程院与欧美同学会有着密切的联系，在工程院目前的 608 位院士中，有 323 位是不同时期的归国留学人员，他们当中从 40 几岁的较年青的院士到年事已高但身体尚好的资深院士，都兢兢业业地奋斗在科技工作的第一线或担负科技梯队的指导。与此同时，院士们充分认识到我国科技界精神文明建设的重要性，通过一系列工作，弘扬科学精神、科学道德，力戒浮躁；提倡唯真、求实、创新、协作的好学风，为建设一支素质高、风气好的科技队伍努力奋斗。

现在，我们正处在中国历史上一个最好的发展阶段，赶上了一个宝贵的战略机遇期。在十六大和三个代表的重要思想的指导下，全面建成小康社会，逐步实现祖国的现代化，

---

① 本文是在欧美同学会海归论坛上代表工程院的讲话，2003 年。

是十三亿中国人发自内心的共同愿望，也是我们中国人对全人类的文明进步应负的历史责任。时代为我们提供了一个广阔的舞台，使我们拥有发挥聪明才智的用武之地。

让我们紧密团结在以胡锦涛同志为总书记的党中央周围，聚精会神搞建设，一心一意谋发展，为祖国的强大和民族的振兴，竭尽全力，作出应有的贡献！

祝欧美同学会的工作取得更大的成就！

祝各位学友身体健康，工作顺利，生活愉快！

2003 年 10 月 8 日

新时代海归的继承和创新^①

　　中国工程院副院长杜祥琬院士在欧美同学会北京论坛暨第三届中国留学人员回国创业发展与交流大会上致辞时语重心长地讲：新时代中国留学人员回国创业一定把继承与创新放在同等重要的位置。

　　关于继承。我想跟大家说一个比我更老的一代海归的故事。新中国成立之初，一批学有成就的留美学生决定回新中国效力，他们中有一位叫郭永怀，他回国后，和钱学森共同创建了中国科学院力学所，不久奉调核武器研究院，负责原子弹和氢弹的力学问题研究，是我国"两弹一星"的功勋科学家。1968 年郭永怀从实验基地回京，专机在降落时起火，飞机上的人全部遇难。在处理现场时，大家看到，郭永怀临终时，他与警卫员紧紧抱在一起，两人虽已烧焦，但两人腹部之间公文袋内的机密资料却完好无损。他那年 59 岁，他是中国科学家的楷模，永远值得我们怀念。我说这个故事不是只讲一个人，这是一批人。现年 92 岁的彭桓武老院士，他从英国回来时，人们问他为什么回国，他说："中国人回国不需要问为什么，不回来才要问为什么"。这些老海归团结了一批人，在中国经历了几十年战乱后，各方面都很困难的情况下，完全依靠自主创新突破了"两弹一星"中的所有科学难题。我想他们不仅创造了载入史册的业绩，而且创造了一个跟崇高的事业相称的价值观，我们把这个价值观归纳为十个字，叫作"铸国家基石，做民族脊梁"。这是他们留给我们的价值观，也是留给我们的最宝贵的精神财富。当然，也许有人会说，现在时代不一样了，的确，时代有了很大变化，价值观更多元化了，但是我认为，在任何社会、任何国家总会有各种各样的人和各种各样的价值观，就看我们自己如何选择，要做什么样的人。我认为一个要自立于世界民族之林的国家，永远需要一代又一代的新人来传承这种崇高的价值观。

　　关于创新。我国快速发展的 20 多年，成就举世瞩目，但也存在不少问题。这 20 多年的发展，在相当程度上是靠大量消耗资源、以牺牲环境为代价、靠投资拉动、靠廉价劳动力、靠引进技术。这种发展模式是不可持续的。中国是一个人口大国，但又是一个人均资源的小国和穷国，中国必须创新自己的发展道路。我只举一个事例，现在美国人均能耗比我国要高 10 倍以上，如果中国人像美国一样的生产、生活方式，人均能耗也提高 10 倍的话，那是什么概念？即全球的能源都给中国也不够用。所以，我们必须创新自己的道路。中国可持续发展，我认为是有路可走的，但是走好这条路并不容易，这就是新世纪摆在中

---

① 本文原载于《中国科学院院刊》2007 年第 22 卷第 1 期。

国人面前、摆在中国新一代海归面前的新国情和新使命。我殷切希望新时代的海归们不辜负时代赋予的责任，争做创新发展的先锋。第一，要把创新发展我国的实力当做自己的责任，这个实力包括硬实力和软实力，硬实力包括经济、国防，软实力包括文化、文明和民族精神。第二，要深入了解中国的国情，把国际上先进的东西和我国的实际需求相结合，这是成功的关键之一。并希望海归们要同国内土生土长的专家相互学习，相互尊重，携手共进。"两弹一星"功勋科学家于敏院士就是土生土长的专家，出国的时间加起来不到一个月；对中国人吃饭问题做出了重大贡献的袁隆平院士也是土生土长的。所以，我们应该互相学习，共同成就中华民族的复兴大业。第三，要以普通劳动者的心态对待自己。海归不等于杰出，只有成就了杰出的事业，做出了杰出的贡献才能称之为杰出。同时，要意识到我们这些人毕竟是中国十几亿人当中的幸运儿，不管是公派还是私人出国，在这个仍有几千万人未能受初等教育的国度里，能受到国外高素质的教育，是我们的幸运。因此，更要意识到我们有更大的责任、更重的使命。

一个充满希望的国家，必然是一个后人不断超越前人的国家。新的时代呼唤着青年一代干得更好，我也相信青年朋友们会干得更好。希望在你们身上！

人才成长的感情功课

记者：前不久，在全国第 11 个科普日之时，你在河北承德为市直机关和高校师生近千人做了一场报告，主题是《科技创新驱动 迈向生态文明》，请谈谈做这场报告的初衷是什么？

杜祥琬：承德讲的主题是"科技创新驱动，迈向生态文明"。其实创新驱动就是人才的驱动，所以我讲的重点就落在了"人才驱动"上。承德政商各界大概五六百人参与，还包括承德各个高校的大学生。承德之所以想方设法地提"人才"问题，就是为了创造一个有利于人才培育的环境，这是一个地方发展的根本大计。

从了解科学技术前沿进展的角度出发，就我熟悉的话题，再结合国家目前发展的阶段，我拟定了这个题目。纵观人类文明的发展阶段，中国正在从工业文明走向生态文明。现在的中国不能再走老路，要走创新驱动的发展新路子。今年，习总书记多次提到创新驱动发展，这是转型的根本。如果没有创新能力，经济体规模再大也是落后的，一定要有创新驱动才能促成可持续发展。这是从国家的角度来讲，从地方的角度上来讲，这也是结合地方情况所发掘的发展新路线，地方发展要注重科学发展，从生态文明的方向和科学技术发展前沿入手。最后，我也结合国内外现状讲了讲目前的科技状况。

科技前沿问题看起来距离老百姓的生活很遥远，实际却近在眼前。比如 IT 行业，在座的每个人都有手机，它与我们每个人的关系都很密切。再比如，当年爱因斯坦发现了光电效应，看起来离老百姓的生活很远，但现在使用的太阳能就是这一原理的应用，一些太阳能资源丰富地区的地产开发商，为每家每户都配好了太阳能，诸如此类的太阳能发电等都是前沿科技在我们生活中的具体呈现。如此，看似高端的科技也就转化到了我们生活中来，而一开始似乎离我们很遥远。

记者：无论是人文学科还是自然科学，在生态文明的问题上都能找到共性，而这两个大领域也都需要源源不断的人才支持。在这方面，你有什么经验可以谈谈吗？

杜祥琬：我个人的研究，先是研究核问题，从 863 计划开始，研究激光，都是以团队形式完成的。许多年轻人才都是从团队的实践中成长起来的。

从培养者来讲，要找对方向。年轻人都是从具体工作介入的，做科研时要让他们觉得越干越有劲头，让他觉得有成就感。带头的人，要选符合国家需求和发展规律的方向，再把解决问题的技术途径摸清，之后引导大家逐渐进入，这样他们才能有成绩。所以要从微观入手，从实践中锻炼来做出成绩。让他们在这样的系统性的科研实践中慢慢成长，逐步成为未来同领域内的干才、将才、帅才，也能带领自己的小团队。总之，许多学校没有的知识都是从科研实践中得到的。

记者：你是从什么时候开始带科研团队的？

杜祥琬：我最早的个人工作是做核研究开始，在小组里面做具体工作，后来做组长、再做室主任。回想起来，从70年代做技术负责人开始，后来领导要我当副所长，我很诚恳地提出还是让我做具体的科研工作吧。于是，领导要我创建了中子物理研究室。从1975年到1984年，我当了九年的室主任。由此，我争取了九年的时间做一线的科研技术工作。这为我后来在核领域研究积累了很多。当时由于"文革"的破坏，大家的心比较散，所以必须费心于如何聚拢人心，让大家凝聚成一个紧密的团队。当时的共同目标就是进行核试验。我们的工作任务责任重大，不容研究者三心二意，我们就是用这个目标来凝聚团队的。比如当时，我们做核试验诊断理论，因为核爆炸时，我们无法"进入蘑菇云"，但又需要了解核爆炸的机制详情。这时候，中子物理研究就为这种理论提供了基础。

记者：当时研究室的这些人是由你一力聚拢起来的吗？

杜祥琬：不光是我，当时所里有这个意图。所内的许多同事，大家都认识到了中子物理的重要性，明确表示这个领域不能出现真空。因此，大家一起想办法凝聚人心，先是成立小组，五个组成为一个室。从学术交流开始先做计划，让骨干们一个一个地做报告，调动他们的积极性，让他们把"文革"期间荒废了好几年的知识重新启用起来，然后再把具体的课题落实下去，一次次的核试验作为需求牵引。我们就是在这样的背景下进行团队人才培养的。

记者：当时作为研究室的负责人，你以什么措施来激励团队高效运转？

杜祥琬：我一直有一句话，叫"有所管有所不管"，这才是管理。管什么呢？管大家做这个工作的方向和意义，要将这个思想统一起来。即便是在工作期间遇到什么暂时的不愉快，但是一想到所从事事业的重大意义，就自然会克服困难，大事化小，小事化了。要让大家看到做这个科研项目对于国家的意义，让大家了解到这对于国家强盛、强军都有重要的影响。当然，要有顶层设计，做好计划安排。让大家知道这样做是合理的，是值得去做的。同时，也要调动骨干的积极性，让他们觉得自己的长处得到了认可，让他们得到关注，这样他们才能全心投入地去科研，同时也带动更年轻的同志投入进来。另外，作为科研人员的负责人，自身要扑下身子，深入钻研，要把广度与深度结合起来。

记者：当时你都遇到了哪些困难？

杜祥琬：首先自己要学习，自己的知识要丰富。随着时代的进步和科学的发展，自己的知识总是有欠缺的。接下来就是"人"，我要思考，作为室主任怎样让大家保持愉悦的心情工作，要充分地和大家沟通。要意识到我们不仅是科技工作者，更是一个"人"，要懂人心。因为客观上讲，由于一些历史上的原因，伤了很多人的心，因此要做好感情上的功课。要聚拢好人心，要让科技工作者，觉得他们从事的研究有价值有意义。其实那时并没有太多的物质利益，科研工作者们更多的是一种"士为知己者死"的情怀。

了解人心的工作要从平时做起，主动找大家聊天。工作时，在学术交流活动中给他们提供表现的机会。知识分子是有个性的，讲究尊严，要让他们觉得自己的知识开始受人重视，变得重要。

记者：作为室主任管理一个研究室，到院长管理工程院的一部分工作，这两者在人才培养方面有什么区别？

杜祥琬：我当年不愿意当领导，就是因为作为"长"涉及面太广，我自认为科研工作者在年轻的时候还是应该多进行科技研究，从微观进入宏观，然后才能用宏观统领微观。如果没有深入的具体工作，很难理解全局；之后，作为领导，则要知道宏观层面的东西，然后从全局上把握宏观和微观，要以一定的深度为基础。领导要有全局观，要从顶层设计宏观战略的角度来看问题。这属于不同类型工作需要。尤其是从该领域的发展战略上考虑，这样才能把握住方向，做出有意义的科技成果，一定要把这个放在第一位，这对一个科技工作领导者而言，也是一种管理。

记者：你最早从事科研工作时，并没有像现在这样完善的激励机制，但当时大家仍能干劲冲天，为科研事业奉献光和热。现在社会的舆论环境与激励机制等发生了一些变化，你认为"懂人心"在当前在科研团队管理中的作用是否跟从前一样，现在又该用什么样的方式激励现在的年轻人？

杜祥琬：关于激励方式，我们既有要传承的东西，又有要创新的东西。对于年轻人的发展来讲，有些东西是不变的。我们现在提到的民族振兴，这是一直以来我们要秉承的价值观。如果没有这种精神支柱，整个民族是不会强大起来的。但现在价值观的多元化，会有一定影响，尤其是在利益诱惑方面，这是过去与现在不同的。过去目标简单，理想单纯，就是为国家做科研贡献。所以，对于现在而言，我们不仅要给予科技工作者合理的工酬，更要引导和树立他们正确的、崇高的价值观。鼓励他们要为所从事的专业领域和自己的科技人生做出一些成果和贡献。

不少年轻人问我：这样的价值观在当代还有意义吗？我认为，不管任何时代这种价值观都是有意义的。只是生活的时代不同，总会有人做出不同的价值选择。我希望大多数人有好的人生目的，有崇高的价值观，不论时代如何，都会有一大批人选择这样的价值观，民族才会有希望。做科研的人不可能成为百万富翁，但出来的成果会被人认可并得到欣赏，而且更有一种传承价值。多元化价值观的今天，科技工作者务必要了解自己的责任，履行自己的责任。虽然科技界现在有不少假冒伪劣现象、学术不端现象，但大部分人还是干得很实在的。

记者：现在不少海外科研人员不愿回国，这固然是价值观多元化的体现，但对我们完善体制环境是否也有启示？

杜祥琬：这涉及科技工作的管理体制改革。没有一套完善的机制来鼓励创新型人才，他们得不到发现和激励，有可能也会出现一些问题。不过，这也涉及教育体制的问题。这是一个系统的过程。现在教育出现了偏差，拿小孩来说，只关注考分，而他们的创新思维和综合能力没能得到更全面的发展。再比方说，一个幼儿园的小朋友，他可能已经懂得家长跟老师的关系好坏是重要的，甚至也会将自己家长开的车跟别人家的车进行对比，这都是大环境对孩子造成的影响，你没有办法阻止他对社会的认知，只能跟他慢慢讲道理。同时，改善我们的社会环境。

记者：请您结合中国工程院的特点与工作性质，谈谈对院士遴选的看法。

杜祥琬：工程院是由院士组成的组织，院士们都在各自的单位进行工作。工程院的作用是做咨询，除了甄选院士以外，它针对国家需求做咨询项目。我们将院士以及他们所带的团队组织起来，一起做咨询，这个过程中，大家不是为了某个单位做什么事，而是为了国家的某个发展方向做咨询。这样以来，就将大家的思想境界超脱了单位的利益。在这个咨询团队中，一些具有丰富科研经验和学识的院士与一些年轻的，懂得更多现代科技技能的年轻人相互弥补，使得优势集合，选出好的题目，通过研讨做出好的成果来。这样的咨询层次很高，为国家做一些战略性、方向性和宏观的建议，而提出的这些建议能直达国家领导层。

说到院士制度，我认为就是要让院士回归其本意，让它仅仅是一个荣誉称号，而不赋予任何附加的噱头利益。我 2003 年的时候就发表过一篇题名《院士谈院士》的文章，其中就讲：院士不是万能的，院士不是花瓶，院士应该回归踏实做学问做研究的最初意义，才无愧于这个称号。

正学风　强基础[①]

——对中国物理学的两点期望

今年是中国物理学会成立 80 周年。80 年前，中国已经遭受日本的侵略。那是一个积贫积弱的中国。非常不易的是，在世界著名物理学家朗之万的建议下，当时成立了中国物理学会。80 年来，经历了沧海桑田的历史巨变，一个日益强盛的中国正在东方崛起，中国科学，包括中国物理学，在国家解放与民族振兴中作出了以"两弹一星"等工作为代表的重要贡献。如今，中国正处在民族复兴的重要时期，中国物理学如何续写历史辉煌，担当时代使命，是每一位物理学工作者都必须认真思考的问题。

在这样一个继往开来的时刻，我对中国物理学有两点期望，或说两个祝愿：

第一个祝愿：中国物理学界有好的传统和学风，这和一批优秀的物理学家分不开。记得刚参加工作的时候，科研楼的走廊里挂着"三老"、"四严"（做老实人、说老实话、办老实事；严格、严肃、严谨、严密）的标语，给人印象深刻。当时领着我们工作的正是一批物理学家：王淦昌、彭桓武、朱光亚、邓稼先、周光召、于敏等。在他们身上我们感受到了活生生的"三老"、"四严"的作风，他们不仅学术功底深厚，而且一心为国、为民族、为成就事业。

中国人独立突破氢弹原理，获得国家自然科学一等奖，排名第一的彭桓武先生不愿领这个奖，他说，这是大伙做的事，还写了一幅对联"集体集体集集体，日新日新日日新。"老一辈物理学家留下了许多感人的故事，和现在出现的靠造假、包装、运作，一心谋取利益、荣誉、权利，擅长关系学，反差实在太大，形成鲜明对照。中国物理学会成立 80 周年之际，衷心希望物理学界的朋友们传承和发扬老一辈带出来的好风气和价值观，在教育界、科技界做出好样子，潜心研究、专心研究、静心研究，做出优秀的、经得起时间检验的物理学和交叉学科成果。

第二个祝愿：关于应用物理和纯粹物理。几十年来我工作的领域偏应用物理（核、激光以至能源），而在这种应用性很强的工程技术工作中，我深感基础物理学（或纯粹物理学）的重要。它带来的是方向性的开拓、原理性的突破和难题的破解。请允许我引用美国物理学会第一任会长亨利·奥古斯特·罗兰在 1883 年讲的一段话，他说："我时常被问及这样的问题：纯科学和应用科学究竟哪个对世界更重要。为了应用，科学本身必须存在。

---

① 本文原载于《物理》2012 年第 11 期。

假如我们停止科学的进步而只留意科学的应用，我们很快就会退化成中国人那样，多少代人以来，他们（在科学上）都没有什么进步，因为他们只满足于科学的应用，却从来没有追问过他们所做事情中的原理。这些原理就构成了纯科学。中国人知道火药的应用已经若干世纪，如果他们用正确的方法探索其特殊的原理，他们就会在获得众多应用的同时发展出化学，甚至物理学。因为只满足于火药能爆炸的事实，而没有寻根问底，中国人已经远远落后于世界的进步。我们现在只能将这个所有民族中最古老、人口最多的民族当成野蛮人。"

这段话不好听，今天美国的物理学家恐怕也不会再用这种口气来议论中国人。但是，不妨以这段话来刺激我们、激励我们，在物理科学领域做出更多高水平的、原创性的成就。就像用那句"中华民族到了最危险的时候"来激励全中国人一样。祝愿我国物理学界一代又一代的新人，为中国的进步，也为世界物理学的发展做出更有份量的贡献！

对"两弹一星精神"的几点再思考

❖ 在试验场（库尔勒，1993年）

开创"两弹一星"事业的那段历史，已经过去几十年了，但至今，这座事业的丰碑仍然高耸在共和国的发展史上，开创者的动人事迹仍然不断被人们传送，他们创造的崇高的价值观日益显现出其深刻性和重要性。

本世纪初，中国工程院组织几百位专家评选了二十五项新中国的工程科技成就，结果"两弹一星"名列第一；本世纪初，当我们向新一代"海归"和青年学生讲述王淦昌、郭永怀、邓稼先等人故事的时候，会场总是鸦雀无声然后爆发出雷鸣般的掌声；本世纪初，当人们为新的工程科技成就欢呼的时候，很自然地把"载人航天"精神和"两弹一星"精神连在一起。我们看到，新的世纪，"两弹一星"精神在传承，也在"发扬"。是的，在新的时代，我们既要继承，也要发扬。

强国尚未成功，同志仍需努力

两弹一星使中国人民的腰杆开始硬了起来，几十年的成就，使中国这个昔日的"东亚病夫"面貌一新，国际地位大为提升。但是，我们必须清醒地认识到：我国仍是一个落后的发展中国家，人均国民生产总值只是瑞典的十五分之一，挪威的三十分之一，在世界各国中的排名在一百位以后；我们有了一些比较现代化的"点"，但还有一个落后的"面"；城市与农村、东部与西部还有很大的反差；资源和环境的形势相当严峻，转变发展方式仍然仍重道远；同时，还需应对复杂的国际形势和挑战……。因此，国人没有任何懈怠的理由，只有强化危机意识、忧患意识，兢兢业业、团结奋斗。这就需要继承两弹一星事业开创者"以身许国"的奉献精神，以富国强军、民族振兴为己任，并在新形势下学会科学发展，继续探索和创造一条中国特色的可持续发展之路。一个十几亿人口的国家如何实现可持续地健康发展，并最终取得成功，国际上和历史上都没有现成的经验，这条发展道路的创新将是中国对人类作出的最重要的贡献。也是今天和今后中国人光荣而重大的历史使命。

建设科技队伍，承担创新重任

良好学风源于科学精神。我们在参加工作之初，就受到"三老四严"的教育，"做老实人、说老实话、办老实事；严格、严密、严谨、严肃"。还有团队精神。老一辈科学家更是身体力行者。这样的学风，才能成就两弹一星这样硬碰硬的业绩。不知浮躁为何物，诚信是起码的要求，没有听说过造假之类的"不端行为"，弹也好，星也好，造假是造不出来的。科学道德和学风是科技队伍的基本建设，今天的科技界要像防控 SARS 和甲型流感一样，坚决抵制各种不正之风，回归科学精神的圣洁。

"自主创新"是现在人们频繁使用的一个词。当时，人们还不会用这个词，却在以实际行动去自主创新，除优良的学风外，还有老一辈科学家扎实的功底，整个团队的勤奋拼搏。提倡科学、民主，平等的讨论，鼓励新思想，学术上提倡争鸣，大家急事业之所急，而非个人急功近利，才会有重大的突破与创新。核武器原理突破后，获得国家自然科学一等奖，排名第一的彭桓武先生却不愿领这个奖，他以一副对联作解释："集体集体集集体；日新日新日日新。"这种靠集体实现重大创新，正是我们今天建设创新型国家应该大力提倡的。

靠大力协同，实现体现国家意志的目标，是大科学工程，特别是国防大科学工程成功的要素。在社会主义市场经济新的历史条件下，竞争机制是必要的。但如果只讲竞争，丢了大协作，就会导致条块分割，低水平的重复，有限的科技资源不能共享，会障碍重大创新的出现。更为深刻的是，会导致人们强化狭隘的单位、小集体乃至个人意识，而淡化了国家意识，降低了人们的思想境界，障碍高素质科技领军人才的成长。这也是一个在新的历史环境下，值得研究、思考的问题。

管理机制也十分重要，两弹一星的突破确有一套调动大家积极性的管理机制。那时虽没有"尊重知识、尊重人才"的提法，却有一批优秀的党政领导者，上自周总理、聂帅，下至支部书记，他们有很强的服务意识，为基层、为科研人员想得很周到、关心很细致，真是"当好后勤部长"。有代表性的"主任喜，我亦喜"，就是尊重人才，服务人才之意。领导深入群众，使人感受"服务"，而不是"权力"，更不是"权利"，也没有催生浮躁的"检查"、"评估"之类。当年，一些优良的作风和想法，后来被"文革"之灾破坏了。很值得人们再思考，再总结。

总之，两弹一星留下的不仅有历史业绩，更有宝贵而丰富的精神财富。值得结合新的历史条件再研究，在继承中创新，在继承中发扬！

二○○九年六月

精神和文化是民族的脊梁^①

一、关于社会和文化

经济是社会的物质基础，但社会的发展进步不能只是经济、物质，更不能只是金钱。"物欲横流，金钱至上"的物质主义，不仅会导致物质和资源的浪费，更会导致人的奢靡和颓废。反面教员已不胜枚举，教育界、科技界也不例外。很多科技工作者潜心研究取得了很好的成绩，但是另一方面，有些人却追名逐利、急功近利、造价包装、行贿送礼、贿选拉票、不讲学术、只讲关系等等，这样一些现象虽是少数，但也不是个别。

中华民族曾经饱受灾难，而能生生不息，主要的凝聚力、号召力就是中华文化精华的传承，精神传统的弘扬。中华民族历史的天空星光璀璨，无数的先哲和仁人志士以其渊博的学识，高尚的品德，奋斗的精神，受到后人的尊崇和敬仰。他们留下了很好的名言警句，"居庙堂之高，则忧其民；处江湖之远，则忧其君。""先天下之忧而忧，后天下之乐而乐。"范仲淹如是说，大家都很熟悉。"历览前贤国与家，成由勤俭败由奢"，"以铜为镜，可以正衣冠；以古为镜，可以知兴替；以人为镜，可以明得失"，都是非常有哲理的，到现在也非常有现实意义。还有"天下为公"，"实事求是"等古训。这些都是给人以心灵启迪的文化，可以说是社会的灵魂，一个社会如果革了文化的命，那就会后患无穷。

社会是很复杂的，人都是有缺点的，包括自己在内。所以需要文化，需要它的熏陶，需要精神的升华，使个人日臻完美，使社会风清气正，使民族有精神的脊梁。我想，文化和精神的作用，对于今天我们国家来说，更是需要加以强调的。

现在世界各国正开展着激烈的竞赛，我自己体会，这种竞赛归根结底是人的素质的竞赛，是教育和科技的竞赛。广大科技工作者是较有知识和教养的社会群体，不仅"创新驱动、转型发展"责无旁贷。恪守底线，追求卓越，认真踏实做学问；同时，也有责任推动全民文化素质的提高，倡导"健康的物质享受，丰富的精神追求"这样的生活方式，推动"资源节约、环境友好"的发展方式，从而迈向十八大强调的生态文明，使社会生机勃勃，可持续发展。

一个民族只有文化和精神强，才能自强于世界民族之林。所以我觉得不能只注重物质，强调GDP。清朝时期，中国GDP占世界总量比重曾很大，但在外敌入侵下，却一败

① 本文原载于《科协文化》2014年第1期。

涂地。历史教训，值得深思。我们现在一定要重视民族的文化和精神的建设，这样才能自强于世界民族之林。

文化是一种力量，是物质力量不能替代的，无可比拟的力量，文化和精神是民族的脊梁。我工作的单位中国工程物理研究院，曾经凝练过十个字的文化，就是"铸国防基石，做民族脊梁"，这给我一个启发，民族的脊梁并不是哪一个人，也不是哪一些武器，而是一种文化和精神。

二、做人要做这样的人

我有幸参加了"两弹一星"这个科技强国的事业，它既是一个历史伟业，同时在这个伟业当中，几代科技工作者也铸造了堪称"民族脊梁"的价值观，留下了宝贵的精神财富。历史的机遇和国家的需要使酷爱天文学的我，转向学习小小的原子核，并从事这方面的工作。学进去后发现也奥妙无穷，这个"最小"使我加入了突破"两弹"的伟业，也有幸结识了一批大写的人，他们使我终生受益匪浅。

下面我就讲讲，我从这个实践当中结识的一批老科学家他们的一些故事。

先看看他们怎样对待事业。邓稼先的名字大家都很熟悉，他是物理学的博士，从美国回来以后，组织上就让他去搞原子弹，他当然毫不犹豫地接受了这个任务。那天晚上回到家，他的夫人是医科大学的教授——许鹿希先生，他俩有段对话：邓稼先回到家里一言不发，看上去心事重重，许鹿希就问他："你好像有什么心事"，邓稼先说："我要去执行一项重要的任务。"许鹿希问他："什么任务？"邓稼先说："不能说，我要去很远的地方出差。"许鹿希问："去什么地方？"邓稼先回答："也不能说"，许鹿希继续问："我能给你写信吗？"邓稼先说："恐怕不能"。这样沉默了良久，邓稼先突然说了一句话："这件事很重要，就是为它死了也值得。"就是这样一句简单的话，以后的几十年，他把自己的青春和生命都献给了中国的核武器事业。

我再说一件跟他有关的故事：杨振宁和邓稼先小时候是同学，1972 年，杨振宁和李政道一起回国，杨振宁就觉得邓稼先回国之后十几年没消息，也联系不上，他想邓稼先很有可能是去搞原子弹了。当时他是带着一个问题回来的，他跟领导说他要见邓稼先，领导就同意了并安排了一个地方让他们俩见面，杨振宁的问题就是"中国突破原子弹是不是曾经得到过一位美国女科学家的帮助"，邓稼先如实回答"中国突破原子弹氢弹，没有得到任何一个美国人的任何一点帮助？"，杨振宁听了以后热泪盈眶，他觉得非常感动，因为毕竟他也是中国人，对这点感到非常的自豪。我在邓稼先逝世那天写了下面这段话送给了许鹿希先生："和平岁月未居安，一线奔波为核弹。健康生命全不顾，牛郎织女到终年。酷爱生活似童顽，浩瀚胸怀比草原。手挽左右成集体，尊上爱下好中坚。铸成大业入史册，深沉情爱留人间。世上之人谁无死，精忠报国重天山。"许鹿希先生很喜欢这段话，就把它收入了纪念邓稼先的文集。

下面这个故事让我们看看老一辈的科学家怎样对待荣誉。我们国家自己独立地突破了原子弹氢弹原理，国家后来授予了一个国家自然科学一等奖。理论物理学家彭桓武先生作为第一完成人，让他去领这个奖，他说："我不该去领这个奖，这是大伙儿做的事。"他还为此写了一幅对联，上联叫"集体集体集集体"，下联叫"日新日新日日新"，强调集体和创新。无独有偶，居里夫人发现了放射性元素—镭，其实她是可以报专利，也可以办公司，可以用来挣钱，都是正常的。但是她觉得："镭不应该使任何人发财，镭是化学元素，应该属于全世界。"话说的非常朴实，并说"荣誉就像玩具"。

再看看他们怎样对待署名这件小事。朱光亚的名字大家都很熟悉，上世纪80年代的时候，国际上开始提核军备控制，一开始都是外交家参加这件事，后来朱先生提出来，科学家也应该参与其中，因为这里面有很多是技术问题，比如说禁止核试验，禁止核武器，如何核查这里面的技术问题，所以他就提出了"核军备控制物理学"的概念。根据他这个概念，我跟我的研究生写了一篇文章发表在物理杂志上，名字叫《核军备控制中的物理学问题》，初稿写好后，我们想他是这个思想的提出者，就把他名字放在了第一作者的位置，把稿子送给他，让他审定，他非常认真的用铅笔小楷做了修改，最后把他自己的名字画了一个圈，勾到作者最后的地方，这样他就成了最后一个作者，这件小事给我印象非常深。现在有些人，因为乱署名或者搭车署名，在署名问题上有不少人栽了跟头。

再说一个怎样面对生和死，也是我们的老一辈，郭永怀先生，他是和钱学森先生齐名的力学专家，科学院力学所有他的塑像，当时他回国之后，因为钱先生做了航天，大家都了解，郭永怀做核武器里的力学问题，大家都不太了解他，而且他去世比较早，那是在1968年12月初，他从基地搭乘飞机在北京西郊机场降落时飞机失事，全飞机人都烧死了，人们从机身残骸中寻找到郭永怀时，吃惊地发现他的遗体同警卫员紧紧抱在一起，烧焦的两具遗体被吃力的分开后，中间掉出了一个装着绝密文件的公文包，竟完好无损，这就是郭永怀最后的瞬间。

我再说一个什么叫"严谨的科学态度"。大家都知道王淦昌这个物理学家的名字，也住我们海淀区，现在已经去世了。1961年在苏联杜布纳联合核子研究所，发现了反西格玛负超子，这件事大家都知道，使他闻名世界，但是在这个同时还有个小故事：就是他们在发现反西格玛负超子的时候，探测器上同时有另外一个径迹，很像是一种新的粒子，当时一起工作的苏联学者就很着急，想要说我们还发现了另外一种新粒子，并要给它起名叫D粒子，因为杜布纳的第一个字母叫D。当时王淦昌坚持不能肯定是新粒子，因为我们没有认识这是一个什么粒子，它为什么是一种新粒子，后来经过当时的实验和理论专家们的分析，证明它是K0介子的一种反应，并不是一种新粒子，这个结果出来以后，王老说"谢天谢地，我没吹牛"，语句非常朴实，这个科学家的严谨态度可见一斑。

我再举一个例子就是周光召先生，曾是我们科协的主席，说说他扎实的科学功底。1961年从莫斯科调回来，让他做原子弹，当时苏联曾经给过我们一个原子弹的教学模型，里面有一个数据，大家分析的时候觉得这个数据不对，有人觉得对，有人觉得不对，有争议。周光召先生就利用自己功底很好的理论物理，做了一个估算，他说这个参数错了一个数量级，为什么错了一个数量级，讲的非常清楚，就把这个争议解决了，当时大家感慨做学问要有很好很坚实的功底。我还想说另外一件事就是他当了中国科协主席以后，因为科协的定位是科技工作者之家，他当时算我们的家长，他有一次讲话说每个家庭都有DNA，都有遗传因子，我们科协这个家的遗传因子是什么呢？他说照他看就四个字"唯真求实"，这是他当时讲的，也是我们科协应该传承的一个文化。

还有一个故事大家可能不太了解，就在海淀区，在北航，这是一位我国航空自动控制学科的奠基人——林士谔先生。1939 年在美国 MIT 博士论文答辩后，他即离美抱着航空救国的理想回到抗战中的祖国。他的博士论文的题目为《飞机自动控制的数学研究》，其中的核心创新点是高阶多项式求根方法。他回国之后，他的导师 Draper 教授（美国人）将他的方法整理成一篇单独的论文，以林士谔的名义发表在 MIT 的《数学与物理》杂志上。Draper 教授在自己的著作中也将这个方法命名为"林氏方法"。1939 年那时候中国还很落后，一个外国教授指导中国的留学生完成了博士论文，将论文中创新的成果帮学生写成学术论文，用学生的名义将该成果公布于世，并用中国人的名字命名该成果，可以说这是那个年代唯一的一个用中国人名字命名的方法。这是一种纯粹做学问的学术境界，也是高耸入云的学术道德巅峰，现在应该很好的提倡这样一种学术作风。

这些老故事，都是半个多世纪以前的老故事了，还有意义吗？我问学生们，你们还愿意听吗？我也反问我自己，后来我就自己找了一个答案：我想任何时代，任何国家都有不同的人选择不同的价值观（包括现在的社会很复杂，价值观也很多元化）。而一个有希望的国家和民族，必定会有一批又一批的新人选择崇高的价值观。如果都不选择崇高价值观，只选择金钱，那么这个民族、这个国家肯定是没有希望的。我也看到现在的年轻人里面，有一些人还是很有出息的，是在认真、踏实做学问的，也取得了不错的成绩。有一次我给研究生讲了这些故事以后，有个学生提问说"杜老师，您讲得这些故事挺好，崇高的价值观，可是我们是普通的学生，我们是不是离这个崇高太远了"，听完这个问题以后，我说你这个问题提的非常好，很实际，那么咱们换四个字——"品行端正"，我说这个离你们不远吧，同学们都说不远。我想大家可以从品行端正做起，在今后的实践当中逐步追求卓越，走向崇高。这样上面的问题也就有了答案。

三、结语

爱因斯坦曾经说过："大多数人都以为，是才智造就了科学家，他们错了，是品格。"也正像康德讲："世界上有两样东西最能震撼人们的心灵：内心里崇高的道德，头顶上灿烂的星空。"这两句话，我觉得这是一种境界，也是一种呼唤，这也使我们充满信心和希望！

我们有一次在靶场做完试验后，很有感慨，感想就是，做有益于国家和人民的事，人生就有价值。我就在笔记本上写下了这么一句话："有幸为祖国的富强和老百姓扬眉吐气做一点实际的工作，是最大的精神享受，是任何物质享受难以比拟的。"这是我当时的心情，也是我的心声。

最后我想说，我们的国家需要一批学风扎实、学问博深、志向坚定、操守高尚的学者。实现民族伟大复兴的中国梦意味着，中华民族将不仅在政治上独立，经济上富强，而且在文化上也将为世界作出较大的贡献。

科技强国，成就梦想，贵在精神。以民族振兴为己任的奋斗精神，是青年一代和科技工作者的灵魂，也是民族的脊梁。刚才讲这些老一辈的故事，就是讲他们以民族的振兴为已任的奋斗精神。

品格成就人才。不断提高自己的科学、人文和精神的素养，才能成就个人梦。一个充满希望的国家和民族，必定会有一批又一批的新人选择崇高的价值观，共同成就中华民族伟大复兴的中国梦！

两弹一星精神是民族的脊梁①

在我国第一颗原子弹爆炸成功 50 周年之际，我首先想到的是为"两弹一星"事业献身的几代人，包括有名的两弹元勋和更多的无名英雄，他们留下的精神财富，有感于社会的文化建设、精神文明建设的重要性。

经济是社会的物质基础，但社会的发展进步不能只是经济、物质，更不能仅是金钱。物质主义不仅会导致物资和资源的浪费，更会导致人的奢靡和颓废。

中华民族曾经饱受灾难，而能够生生不息，主要的凝聚力、号召力，就是中华文化精华的传承，精神传统的弘扬。无数的先哲和仁人志士以其渊博的学识，高尚的品德，奋斗的精神，受到后人的尊崇和敬仰。他们留下了很好的名言警句，比如"居庙堂之高，则忧其民；处江湖之远，则忧其君。""先天下之忧而忧，后天下之乐而乐。"还有"天下为公""实事求是"等祖训，这些都是给人以心灵启迪的文化，可以说是社会的灵魂。

中物院曾经凝练过十个字的事业文化："铸国防基石，做民族脊梁"。我理解，民族脊梁并不是哪一些人，也不是哪一种武器，而是一种文化和精神。当年，王淦昌在接到任务时说"我愿以身许国！"邓稼先也曾经说"这件事很重要，就是为它死了也值得！"而在 21 世纪，科协主席周光召又说过"科技工作者的遗传因子就是'唯真求实'四个字"，让我们受益匪浅。

现在世界各国正在开展激烈的竞赛，我自己体会，这种竞赛归根到底是人的素质的竞赛，是教育和科技的竞赛。广大科技工作者是有知识和教养的社会群体，不仅我们国家的"创新驱动、转型发展"责无旁贷，同时，也有责任推动全社会文化素质的提高，来创造我们国家新的发展方式和生活方式，迈向十八大强调的生态文明，使社会生机勃勃、可持续发展。

在半个多世纪前那个特殊的历史背景下，成就"两弹一星"事业，是需要一点精神的。从"两弹一星"精神到一脉相承的"863"精神、载人航天精神，都已经有过非常系统的总结。我理解，其中最核心的是以民族振兴为己任的奋斗精神。正是这种精神凝聚了大家，成为克服各种困难的精神支柱。这种精神文化是一种软实力，是一种非常硬的软实力，是物质不可替代的力量。在价值观多元化的今天，传承和弘扬这种精神，用以武装一代又一代的青年科技工作者，是意义深远的一项基本建设，是实现强军梦想的精神长城，"两弹一星"精神是民族的脊梁。

我想，任何时代，任何国家，都会有不同的人选择不同的价值观，而一个有希望的国家和民族，必定会有一批又一批的新人选择崇高的价值观，共同成就我们中华民族伟大复兴的梦想。

---

① 本文是在原子弹爆炸成功 50 周年座谈会上的发言，2014 年 10 月。

由氢弹突破思考科技强国[①]

习近平总书记在去年的全国科技创新大会上，提出了建设世界科技强国的战略目标，这是中国科技工作者和中国人民的百年夙愿，是多少仁人志士跨世纪的奋斗目标，这一宏伟目标的实现，将是中华民族永垂青史的百年伟业。纪念我国氢弹爆炸成功五十周年，对实现这一宏伟目标有重要启示：

1. 体现国家意志的战略目标，是事业的精神支柱。

当年突破原子弹和氢弹的国家目标，对提高中国的国防实力和国际地位意义重大，这是团结队伍、凝聚人才的磁力，是克服各种困难、坚定向前的动力，是整个事业的精神支柱。今天的时代背景有了很大变化，物质激励政策是需要的，但过分强调"名利双收"不是做好大事业的根本之计。防止在"名利场上"趴下，实现体现国家意志的国家目标，才是中国科技走向国际前列、建设科技强国的不竭动力。

2. 着眼国际竞争，善于团队协作是高科技队伍的必要素质，也是军民融合战略的要素。

1966 年底我国氢弹原理试验成功后不久，获悉法国人快要进行氢弹试验了，于是，"赶在法国人前面做全当量氢弹试验"很快成了核武器研制队伍上下的共识，这是一种团结一心赢得国际竞争的巨大决心和力量。在今天市场经济的大背景下，竞争机制有积极的作用，但是要避免恶性竞争（拉关系、低水平重复、虚假宣传……），鼓励与国际最高水平竞争，组织大协作的国家队，鼓励强强联合、军民融合，共同奋斗，才能从跟踪走向并跑和领跑。

3. 实现重大科技突破，要依靠学术民主、科学决策，既发挥个人作用，又倡导团队精神。

我国突破氢弹原理阶段的"鸣放会"，对探索技术路线曾起到重要作用，科研人员不分职务、不论年龄，各抒己见、献计献策，然后通过数值模拟和分析，理出技术途径，这是一种利于科技创新的生动活泼的局面。同时，在突破氢弹阶段领导与群众相结合，任务与学科建设相结合，理论与实验相结合都起到了重要作用，这些在今天建设科技强国的过程中，仍然具有重要价值和作用，值得传承和发扬。

4. 在新的历史条件下，我国核武器作为战略威慑手段仍具有不可替代的作用。

建设科技强国，必须在新的攻防对抗环境下，保持和增强我核武器的有效性，特别是在美国部署 NMD 条件下，增强战略核武器的突防能力，意义尤其重大。为此，发展核与常规高技术结合的威慑体系具有重要意义，这是新时期核武器体系建设的重要思想。这样做，也能更广泛地促进军民融合，带动我国的基础研究和人才成长。

[①] 本文是在氢弹突破 50 周年纪念大会上的发言，2017 年 6 月。

今后三五十年中国需要优秀的工科毕业生[①]

——北京大学工学院十周年庆典发言

老师们、同学们：

大家好，我跟工学院有了 58 年的渊源，今天怀着非常诚挚的心情来向我们的十周年院庆表示祝贺。我想用几分钟的时间跟在座的同学们主要说一句话：今后三五十年中国需要优秀的工科毕业生。

我国过去三十多年的发展，成就显著，但粗放的发展方式已难以为继。比如，靠房地产及其拉动的几个行业的规模扩张，这种发展模式已无后劲。今后三五十年要转型发展，要培育新的产业、新的增长点和新的驱动力，否则我们就会落入中等收入陷阱。"新实体经济"仍然是社会经济大厦的根基和核心，现在社会流行的"互联网＋"，其主体还是实体经济企业，比如"现代智能化制造业"、"低碳化能源产业"、"新材料新工艺"……为高质量发展的新型产业，而这些产业就要靠工科的"知识、技术的比较优势"去创造"国家新的比较优势"。现在国家讲"新常态"，它的本质就是倒逼一种"淘汰性的创新"，即要淘汰旧的、落后的东西，创造新的、先进的东西。

中国从哪里来获得新的比较优势？我想就要靠今天的学生来创造，他们要有坚实的基础，有好的创造潜力，有担当的精神。我的粗浅理解，北大工学院的特点就是从基础科学的优势发展起来的工学，我举个例子：核武器是典型的工程技术，在突破原子弹的时候，曾经有一份苏联专家提供的资料，里面的一个数据对与不对，大家有争论，当时我们北大的校友周光召先生就用最大功原理做了估算，证明这个数据是错的，就解决了问题。这样的故事很多，这里就不多讲了，我想用这点来说明：工学院的学生有良好的、坚实的基础是多么的重要。立足 Science 解决 Engineering 的问题。我也希望工学院多与国家的重大需求相结合，更多参与工程院战略咨询研究。

我们国家的进步、社会的发展需要一批干实事的学者，工学院的学子将来走入社会就是要干实事的。干实事也使人活得踏实、活得有趣、有成就感。

"预知明日之社会，请看今日之校园"，我希望优良的求学、做人之风，"学术至上、立德树人"的学风充满工学院的校园，也希望北大德先生、赛先生的精神在新时代得以进一步弘扬。

最后，我想把最美好的祝福送给我的母校，送给工学院，送给在座的老师、同学们！谢谢。

---

① 本文为作者 2015 年 10 月 18 日在北京大学工学院发言文字稿。

关于中国科学家精神①

今天，中国科协召集我们座谈"中国科学家精神"，使我首先想到几个小故事：

● 刚参加工作之初，科研楼的走廊里就有"三老（做老实人、说老实话、办老实事）"和"四严（严格、严肃、严谨、严密）"的标语；

● 王淦昌先生一生都在不断求新，他还多次对后辈人说："中国人不比外国人差！"；

● 邓稼先、王淦昌从国外回来，领导就参加核武器研制征求他们的意见，他们的回答就是一句话："我愿以身许国！"。

这几个故事使我对科学家精神有了活生生的理解，也使我在五十多年的科研实践中受益匪浅。中国科学家精神是丰富、生动、深刻、厚重的，下面说三点认识：

1. 科学家精神，首先是追求真理的科学精神，是实事求是的态度，真、善、美的追求，严谨的学风。科学因纯净而美丽。对任何弄虚作假零容忍。甚至不允许半点马虎。科学的发现和技术的创新要经得起时间和实践的检验。"三老"、"四严"是老一辈科学家对"学风"的概括，至今具有指导意义。

2. 科学的灵魂在于创新，科学家的使命首先是探索未知，或者通过工程技术创新解决尚未解决的问题，创造新的产品。不断的有所发现、有所发明、有所创造、有所前进，不满足于已有的认识、已有的能力、已有的技术和已有的产品，以科技的创新推动社会的进步。

3. 科学家要有家国情怀，有社会责任感和历史使命感。

当年，带头突破两弹的老一辈科学家，他们共同的精神力量就是"以民族振兴为己任"。他们深知中华民族经历过的屈辱和灾难，一定要振兴中华。这个精神支柱，凝炼成了"铸国防基石，做民族脊梁"的事业文化，使他们不顾物质条件的困难和人为的干扰，努力实现国家的目标。

十九大明确了2035年和2050年的新的国家目标，明确了建成创新型国家和科技强国的目标。今天，中国的科学技术虽然有许多卓越成就，但离"科技强国"的目标还差很远。中国的科技工作者要做高质量的科研工作，使中国的科学技术水平真正走到世界的前列，成长出一批一流的科技人才，实现科技强国的历史性目标，并为人类的文明进步作出更大的贡献。

总之，追求真理，实事求是，锐意创新，使命担当是科学家精神的概括。

---

① 本文写于2018年3月30日，在中国科协座谈会上的发言。

散文篇

自 述①

在日寇侵华、百姓"逃难"的途中，1938年4月我诞生在河南南阳。南阳产玉称琬玉，排行"祥"，由此取名。在抗日烽火中，随父母工作的学校，转辗河南、湖北、陕西数年，历尽艰辛。在临时留宿的农舍里，母亲教孩子们的第一首歌，至今萦回在我的心中：

呵！吕梁
伸出你的铁掌，
把敌人消灭在祖国的土地上！

1945年抗战胜利，使我有可能在开封受到初等教育，迎来解放，并上完中学。在高中，我对天文学发生了兴趣，课外活动时，常跑到图书馆看《知识就是力量》等杂志，晚上遥望星空，觉得那无限而深邃的宇宙是最值得探索的奥秘。所以高考升学时，第一志愿是南大天文系。可是那年国家在开封选了两名留苏预备生，于是我服从需要进了北京的俄语学院留苏予备部。一年后，派遣留学生政策有变，我被分配到北大数学力学系学习。

北大不仅有美丽的校园，更有引人入胜的图书馆和阅览室，有第一流的师长和聪慧而诚挚的同学，可惜在北大的两年间，不少时间浪费在"反右"和"大跃进"的狂热之中。

1959年夏，国家选派30名学生赴莫斯科工程物理学院学习，这是钱三强先生负责操办的一件事，他亲自为我们送行并谆谆叮嘱：从此，国家的需要使我宏观的天文学梦想变成了微观的核物理实践。20多年后又一次见到钱老，他问我："你后悔吗？"我说，"不，追随您的事业，很荣幸！"

在莫斯科的五年多，使我有机会受到严格的理工科训练。俄罗斯特有的文明、美丽的大自然和友好的人民，给我留下了难忘的印象。《反质子原子寿命的计算》是我的毕业论文，主持答辩的理论物理学家康巴涅茨教授提的两个问题，正是我事先准备可能提出的29个问题之中的，于是他满意地给了一个"优秀"。

在莫斯科学习时，一次使馆曾转达国内对我们学习的希望，提到"要着重学好中子在介质中输运的理论"。当时不大明白这个指导性意见的意思。1964年秋毕业回国，我被分配到"九所"，投入突破氢弹的研究工作，从熟悉玻尔兹曼方程的解开始，这时对那段话

---

① 本文发表于《中国工程院院士自述》，上海教育出版社，1998年。

的含意才恍然大悟。

我有幸能在一批我国优秀的物理学家领导下工作，王淦昌、朱光亚、彭桓武等是当时的院领导，而邓稼先、周光召、于敏、黄祖洽等是直接指导我们工作的。他们坚实的物理学功底和严谨的学风使我受益至今。一支朝气蓬勃的年轻队伍，共享着"我们献身这壮丽的事业，无限幸福无尚荣光"的情怀，为扬国威、壮军威共同奋斗。1966年底，我们热测试理论组的三个青年人搭乘光亚副院长的飞机，带着预估的中子和 γ 谱的理论数据赴试验基地参试。这是一次成功的氢弹原理试验，是我国掌握氢弹的实际标志。当时公报里称为"一次新的核试验"。戈壁滩刺骨的寒风和"文革"阵阵恶浪在大家心中投下的阴影，都挡不住试验成功带来的激动和喜悦。接着，在那些"史无前例"的灾难年代里，大家仍然不顾各种困难和压力，取得了多次成功。1971年我参与了向周恩来总理的工作汇报，他不仅过问了试验的方案和安全问题，并且为解救当时处于重压和被摧残之中的九院作了一系列具体指示和布置。1975年，所领导命我重组中子物理学研究室，其后的十年是为适应新一代核武器研制的要求，系统地发展我国自己的核试验诊断理论并大力实现中子学理论设计精确化的年代。针对新一代武器的要求，提出了研究方向与课题，发展了新的物理思想和方法，为新一代武器设计和试验成功提供了重要保证。凝结了集体智慧的这段工作是富有成效的。后来，当有可能与国际上的同类工作比较时，发现我们的工作不仅有独创性和特色，且有高的应用效益。

国家863计划使我的科研方向发生了新的转折。我受命担任激光技术专家组成员兼秘书长，协助首席科学家陈能宽院士，负责制定并实施强激光研究发展计划。1991年开始，任首席科学家。在存在多种不确定技术途径和高风险情况下，主持制定了符合国情的目标、重点与技术途径等发展战略与实施方案，开拓了我国发展新型强激光和微波技术的道路。多年来的实践表明，经科学论证和审慎选择的技术途径是正确的。在一系列物理问题和关键技术的研究中，取得了突破。提出并主持多项综合实验获圆满成功。这是一个全国许多院、所、校大协作的高科技攻关项目，氧碘化学激光以及自由电子激光和X射线激光的发展经历了多年艰苦的探索之路，终于获得了激动人心的成果，走出了可持续发展的道路。863以来的十年多，是我最为繁忙、压力最大和搅尽脑汁的十年，也是学得多、进展大、体验深的十年。这是一段从事大科学系统工程研究的宝贵实践。

从核武器到强激光，都是体现国家意志和利益的高科技。我生活轨迹上的每一次转折，都是由国家科技发展的需要决定的。几十年下来，已形成了理论和实验紧密结合的习惯，形成了一种和众多伙伴一道紧张工作的习惯。大家配合默契、连续奋战，共享科研实践中的焦虑和欢乐，生活清苦而富有成就感。我确信，能有机会为祖国的富强和老百姓扬眉吐气做一点实际工作，那是人生最大的享受，是任何物质享受无可比拟的。

我和两个大集体结下了不解之缘和深挚情谊：中国工程物理研究院和863激光技术主题科研群体。这两个集体的共同特征是：极富献身精神、科学精神、协作精神和自主创新精神。我在这两个大集体中结识了我国科技界的许多优秀学者、工程技术英才和更多默默无闻的实干家。我想，无论到何时，我们的国家和民族都需要这样的科技群体！

越是忙，就越是感到有空在家中小休、忙里偷闲的可贵和温馨。我的夫人毛剑琴，我们有缘在北大相识，我回国后工作的九所又和她读研的北航相距咫尺。1967 年结婚时已是"文革"阴云密布，不久，打倒我父亲的大字报就从郑州贴到了北京街头。从此，我们同甘的机会不多，共苦的考验很长。我善良而辛劳的母亲——一位普通的历史学人民教师，遭无情批斗后惨死在农村。早年毕业于北大数学系并参加地下工作、一生教书育人的父亲，在饱受"牛棚"折磨后，也含冤辞世。我怀着悲愤的心情从西平县的农田里起回母亲的遗骨，同家人一起将她和父亲合葬于郑州。这是在母亲去世后数年，几经周折才得以了却的一点心愿。祸不单行，著名建筑师老岳父也被"流放"它乡……。在那些灾难的岁月，我们俩人总是在风雨中同行，她给我细心的关心和安慰。她是一位事业和生活兼顾的女性，里外一把手。在我极度繁忙的工作中，她给了我足够的理解和支持。有"诗"为证：

共渡灾难时，
困苦见真心。
支持我事业，
安慰不顺心。
内外重负荷，
凡事皆认真。
但愿人长久，
共勉知我心。

在那一连串灾祸压顶的时候，爱子庆庆的出世给全家带来难以形容的欢乐，他的每一步成长和进步，都使我内心感到快慰。我也为他写过几首"诗"，他总带在身边，这使我很高兴。

家里不多的空间被书柜、书架充满。书是全家每一个人的朋友。几十年来最深的体会之一是"学无止境"。飞速发展的科学技术是巨大的鞭策，实现国家需要的目标是有力的牵引。与科学技术实践密切结合的学习，常使人有如饥似渴之感。学习的重要内容还包括科学态度、科学方法和科学道德，这是一个科技工作者素质的重要组成内容，是取得成功的要素。我愿把这最后一点体会献给科技界的青年朋友们。

我的留学生涯^①

留学苏联，是二十世纪五十年代新中国建设的大背景给一批青年人提供的时代机遇。我有幸成为其中的一员，由此注定了我的人生走向，使我后来几十年的岁月与国家的需求变得密不可分。

开头有点曲折。1956 年，我从开封高中毕业，正常地参加了高考。当时报的升学志愿是南京大学天文学系，可能是当时我国唯一的天文学系，学天文是我高中时期萌生的爱好。那时候是国家统一派遣留苏生，从全国各地选拔预备生，1956 年从全国共选了六百多名学生。当时，开封是河南省的省会，开封高中是重点中学，那年国家从开封高中选拔了两名留苏预备生，我是其中之一，是接到通知才知道的，结果，下南京变成了上北京。留苏预备生要在坐落于北京鲍家街的俄语学院留苏预备部再学习一年俄语。六百多人经统一考试被分成 21 个班，我被分到最高班，由苏中两国的老师授课。一年的学习将近结束时，才知道中苏关系有变，教育部杨秀峰部长亲自到学校来给大家讲了话，说明情况，明确同学们都不出国学习了，可以重报志愿，并按高考成绩分配到国内各高校学习。于是我被分配到了北京大学数学力学系。鲍家街那个带有老北京味的校园我就很喜欢，而燕园当然是倍加令人神往了，这是个读书的好地方。我在北大学了两年的基础课，应该说，讲授高等数学和普通物理的都是功底深、水平高的老师，可惜那两年学校在"反右派"、"大跃进"上浪费的光阴太多了。1959 年暑假的一天，几个同学正在北阁摆弄电子计算机零件，突然接到通知，要我到北京外国语学院报到，准备去莫斯科学习。人生的轨迹就像那个时代，变得真快。告别了北大的同学，也来不及回老家与父母道别，冒着八月初的烈日来到北外，才知道国家从原留苏预备生中又选了三十个学生，去莫斯科工程物理学院学习。此事来自时任第二机械工业部副部长的著名核物理学家钱三强先生 1958 年与苏联政府签订的一个协议。在北外西校区进行了简短的集训，并由国家资助制作了出国的行装。钱先生亲自来给我们讲了话，谆谆叮嘱：努力学习，报效祖国，并为我们送行。当时还没有意识到，我从此走上了从事国防科研的不归之路，而第一位领路人正是三强先生。

我们一行乘坐北京—莫斯科国际列车，走了六天六夜，穿越我国东北，进入辽阔的西伯利亚，第一次眺望了贝尔加湖的一角，越过乌拉尔山的亚欧分界线，最后到了莫斯科。我们要上的莫斯科工程物理学院是 1942 年建校的，是苏联为发展核计划培养人才而建立的，"工程物理"这个词也是苏联用起来的，是原子能专业的代名词。当时的校舍位于市

---

① 本文发表于《共和国院士回忆录》，东方出版中心，2012。

中心区的基洛夫大街。学校没有自己的学生宿舍，我们去后被安排在莫斯科动力学院的宿舍，一间宿舍四张床，三个苏联学生，一个中国学生。这样，生活、学习都和苏联同学一起，不仅便于增进相互了解，而且对提高俄语水平极有帮助。宿舍楼下有一个公共餐厅，楼层里也有公用的煤气灶，自己偶尔也可做点吃的。每个中国学生每月 50 卢布的生活费，衣、食、交通够用了。宿舍与学校有相当距离，每天早上爬起来，迅速吃完早饭，常常跑步去赶电车或公共汽车，中午在学校附近餐厅午餐，晚上复习功课做作业，一般到午夜 12 时，莫斯科电台播送完苏联国歌后睡觉（每个宿舍有一个无线电小喇叭）。每天的学习生活是紧张而规律的。

苏联方面不认可我们在国内的两年高等教育，要求我们从一年级从头学起。开学的那天，校长吉利洛夫·乌格留莫夫接见了全体中国学生，这是一位对中国很友好的学者，让我们看了校长办公室墙上挂的莫斯科工程物理学院与北京清华大学结为姊妹学校的证书。这是一所苏联为本国培养人才的学校，从未进过外国学生，我们三十个人是破例被接受的首批外国留学生。三十个同学被分配到不同的系和专业，理论核物理、实验核物理、核反应堆、加速器、同位素、核电子学、电子计算机等，正是和原子能事业对应的配套的专业。我被分配到理论核物理专业。记得上的第一堂大课是解析几何，自我感觉听懂了百分之七十多，心中暗自感谢中学六年，俄院一年的俄语老师，还有北大的两年基础课学习。各门课虽有参考书，但没有现成的教材，要在课堂上认真记笔记。现在我还保存着一批那时的课堂笔记，相当的整齐、清晰，每页的边上留出一个边旁，以便作注解用。这是一所理、工科高校，在苏联是出名的要求严格、淘汰率高的学校。教"理论物理"的是康巴涅茨教授，他写的《理论物理》一书，曾被译成中文作教材用，有一天上课时，他带了一本中译本来，下课时特意送我作纪念。学校每年有一个仪式，表彰有贡献的专家，使我们那时就感受到苏联尊重知识、尊重人才的传统。康巴涅茨教授就曾上台领奖。教《原子核物理》的是苏联科学院的通讯院士波米兰楚克，是一位功底深厚的学者，只是生活上很凑合，穿衣服很不讲究。还有一位讲过《核物理》的穆辛教授，我们几个同学后来曾把他写的书译成了中文出版。学校很重视习题课，通讯院士米格达曾为我们带过很有启发性的习题课。讲《统计物理》的是列维奇教授，他是著名物理学家朗道的好友，朗道因车祸受伤后，他常去看，每次上课先讲几句朗道在医院的情况。这里要顺便提及，朗道和李弗什兹合著的那九卷《理论物理》是高水平的经典之作，对我们的学习和后来的科研工作都帮助甚大。数学方面，菲赫今哥尔茨的那套《微积分学》写得很棒，里面的习题也使人受益匪浅。我们理论专业的学生也要学习《实验核物理方法》课，这对后来工作中理论与实验结合很有帮助。学校还重视学生有一定的工科实践，学了"机械制图"，做了金工、焊接方面的实习等。在几年学习的当中，国内曾通过大使馆向学习理论核物理的学生转达了一点要求，希望注意学好"中子在介质中的输运理论"，当时并不是很明白这句话的含义，直到回国参加工作后，才明白这是核武器理论设计的核心问题之一。苏联的学校里也有政治课，如"马克思主义哲学"，应该说，其中讲授的马克思主义的三个来源和三个组成部分的系统知识，给我留下深刻而有益的印象。而上"苏共党史"课时，正赶上中苏两党关于"修正主义"的争论，使馆指示我们对"原则问题"要表明立场，我又是中国学生的团支部书记，不免和授课的女教师有过几次争论。且不论当年的是非曲直，这些经历倒是对锤炼俄语水平极有帮助。刚入校时，学校就明确所有中国学生要继续上俄语课，提高俄语水平。在那个每天用俄语学习、生活的环境里，语言进步比较快。我也很喜欢那个年代的苏联歌曲，学外语歌曲也是学习外语的一种好途径。一年之后，俄语老师对我说："你的俄语课可以免修了，你可以选第二外语。"我于是选修了英语，后来的几年就和苏联同学一起上英语课了。

❖ 1959 年，莫斯科留学时的动手训练课程：做电焊工

虽然当时国家关系上有了一些问题，但学校的老师、同学和职工对中国学生还是比较友好的。入校刚一个月，正值新中国建立十周年，学校领导为此专门宴请了全体中国学生，气氛热烈友好，我既然是团支部书记，也只好"赶鸭子上架"做了个即席答辞，虽事后发现有几处语法不对，但看样子大家都听懂了意思。因中国学生普遍很用功、守纪律，学校的教职工都对中国学生很好。为鼓励学习好的学生，学校每学年都在走廊的墙上办一个优秀学生榜，把成绩好的学生照片贴在上面，中国学生的上榜率是比较高的。寒假，曾送我们到莫斯科郊外的一个冬令营去休假，也就是那一次感受了滑雪的痛快。还有一个机会去郊外的集体农庄参加了收土豆的劳动，与庄员同吃同住同劳动，每天吃的主要是土豆泥和刚挤出来的生牛奶。那一次也多少感受到了当年苏联农村、农业和农民存在的问题。1961 年暑假，让我们去黑海边的夏令营休假，并与当地的少先队员举行了会见，他们用面包和盐迎接我们，还开了篝火晚会。这些都使我们对苏联人民和大自然有了更多的感受。在苏学习期间，还有机会去访问了距莫斯科约一百公里的杜布纳，当时的社会主义各国在这里建立了一个联合核子研究所。中国也有一批核物理学家在这里工作。1961 年王淦昌先生为首的研究组在这里发现了反西格玛负超子，轰动了国际科学界。不久，我们看到一部王淦昌在杜布纳工作的文献纪录片，见到外国学者在王先生面前毕恭毕敬地请教问题的镜头，给我留下了难忘的印象。回国后，当我有机会在王先生指导下工作时，不只一次地听到他说："中国人不比外国人差！"这总使我想起当年那个镜头。

那个年代，中国由国家派遣到苏联留学的学生，每年有好几百至千人，我驻苏使馆专门设立了留学生管理处，关心在苏学习的学生。记得是 1962 年的暑假，使馆组织了留苏学生的集体学习。当时有几位在阿拉木图学习的我维吾尔族的学生，他们不懂汉语，却懂俄语，使馆领导做报告时，要我给他们当过翻译。1963 年暑假，根据国内的指令，全体留苏学生回北京进行了一段集体学习，住在当时的西苑饭店。学习后又重返莫斯科学习到毕业。我们在苏学习期间，刘晓大使曾多次见大家，讲形势，并赶上刘少奇主席访苏，我们在大使馆列队欢迎他，听了他的讲话。

我们是 1964 年 10 月底毕业回国的，毕业前的半年时间多是用来写毕业论文。指导我毕业论文的导师是尤里·费维斯基，他给我出的题目是："反质子原子寿命的计算"，是一个比较新的基础性的题目。我作了大量文献调研，问题分析，公式推导和理论计算，与导师作了多次讨论，得到了较为系统的、合理的定性和定量结果。论文完成后，为答辩作了充分的准备，想到了二十九个可能提出的问题和答案。答辩会在一个教室里进行，主考官是康巴涅茨教授，还有一些老师和同学在场。我报告结束后，康教授立刻提了两个问题，导师可能觉得其中一个问题较难，想说句提示的话，刚一张口就被教授制止了，说："让他自己回答！"其实这两个问题正在我的准备之列，于是给出了准确清晰的回答。话音刚落，康教授就说一个"很好！"，这就是给了一个"优"。答辩结束后，导师对我说了个"好样的！"我由衷感谢了导师和各位老师们。几天之前，中午和一个苏联同学在食堂吃饭，他问我："杜，你在这儿学核物理，回国后有什么事可干呢？"我听懂了他的话外音，回问他："你毕业后做什么呢？"他回答说："进抽屉！"（俄文里"抽屉"和"信箱"是一个多意词，意思是说他将去作保密的研究工作）。答辩的前一天（1964 年 10 月 16 日），莫斯科电台晚上播送了一条简短的新闻"中国成功进行了一次核试验！"第二天也见诸各报。就在我将要进答辩教室时，在走廊里那位同学兴冲冲地跑来对我说："祝贺你，杜，我知道你回去有事可干了！"他自己找到了问题的答案，也使我感动。我的内心为祖国的成就无比兴奋，也清晰了今后事业的方向。

毕业典礼在刚建成的位于卡希尔斯基大街的新校舍进行，我接过了深红色封皮的优秀毕业证书，为这段留学生涯画上了句号。在整理行装准备回国时，身上还结余了几十卢布，那时国内经济困难时期尚未过去，我买了一个圆形的列宁头像作纪念，其余都上交了大使馆，表示一点心意。

历史常有曲折。在走过一段低谷之后，二十世纪八十年代两国关系开始恢复正常。近二十年来，我又多次踏上俄罗斯的土地，推动两国的科技交流与合作，在一些重要的研究所，常常碰到一些科技负责人是莫斯科工程物理学院的毕业生，一说起这层校友的关系，立刻就拉近了距离。九十年代初，当我代表中国工程物理研究院到俄罗斯原子能部米哈依洛夫部长的办公室去同他讨论发展合作并邀请他访华时，才得知他也是校友，比我早几届毕业，后来也成了好朋友。几年前，在白俄罗斯的明斯克和波兰华沙的有关实验室访问时，在向我介绍工作的专家中，都碰到了莫斯科工程物理学院的毕业生，使我进一步感受到母校的价值和威望。在我的建议下，我们院也开始向俄罗斯的高校（包括我的母校），派遣新一代的留学研究生，我们这些回国的同学也组成了"莫斯科工程物理学院中国同学会"，并加入了欧美同学会，我也多次重返母校，受到热情而亲切的接待，特别高兴的是看到了当年的老校长还健在！我们也邀请了现任的校领导来华访问，并参加了两国双边的工程科技研讨会。

❖ 重返母校莫斯科工程物理学院（2003 年）

母校情深难忘！她使我在一生的事业道路上受益匪浅。

促进中俄两国人民的传统友谊和战略合作是我们崇高的责任。

母校礼赞^①

——回忆开封高中

◈ 重返开封高中（2012 年 11 月）

从 1950 年到 1956 年，我在河南开封度过了中学时代，先后上了开封初中和开封高中。

直至 1956 年，开封都是河南省会，它不仅是六朝古都，也是一个重文化、重教育的地方。开封高中是 1902 年始建的百年老校，有"小北大"之称，原因来自它的教师当年许多是北大的毕业生，这不仅给它带来了高质量和严格严谨的学风，也使它素有尊重"德先生、赛先生"的传统。记得我还是小学生的时候，在学校教数学的父亲把学生的考卷拿回家来批改，好奇的我注意到那些卷子都是英文写的，也就是那时，我记住了 differential equation（微分方程）这个词，后来才明白，开封高中在高三就给学生讲授了一些微积分的基础知识。

高中几位老师的教学给我印象极深，当时的教室里有一个木制的讲台，上有一个小讲桌，老师在讲台上踱步讲课，不时在黑板上演板。教数学的韩静轩老师在第一天上课时，

---

① 本文发表于《光明日报》2017 年 12 月 28 日。

183

就对我们说：当我讲到重点内容的时候，我的脚步会加重，甚至会跺脚，这时你们要特别注意听、注意记。当时的教学是鼓励学生思想活跃的，学校的数学墙报上出一些题，征求大家给出可能的解。比如一道三角题，常有不止一种解法，解法一、解法二……大家来切磋，不仅十分有趣，而且能启迪思维能力。父亲曾给我一本书看，是一个日本作者写的挺厚的《平面三角题解》，对我很有帮助。教化学的是一位经验丰富的单身女老师李天心，她不仅对授课内容极为娴熟，而且在自己的家里有一个化学实验室，我们去过她家，看到那些瓶瓶罐罐，试管试剂，心想，这样的以专业为生的老师，教学质量怎能不高呢?! 从初一就开始学俄语，俄语老师是从哈尔滨来的郝守勤老师，他是从一位白俄老师那里学的俄语，我至今记得他一开始念俄语字母时的姿式。后来去莫斯科学习，我才知道他教我们的是标准的莫斯科音，体会到一个好的启蒙老师使学生受益匪浅。还有教地理、历史等课的老师，都是名大学的毕业生，且十分认真敬业。多年后，当我打听他们的下落时，才知道他们多半都经历坎坷，已相继辞世，"反右"和"文革"使学校受沉重打击，令我非常难过！改革开放后逐渐恢复了元气。

开高有很好的图书馆和阅览室。学校离家很近，所以假期里也常泡在那里看书。除几本古典名著外，巴金、冰心的小说，艾青、臧克家的诗使我在中学时开始对文学产生了兴趣。高中时期阅览室里的《知识就是力量》期刊使我爱不释手，课外活动时经常与它相伴，上面登了很多星际、太空方面的知识，使我产生了研究天文学的愿望。

开高有一个很不错的操场，足够打垒球用，我也常去练一练单双杠。在校期间还参加了操场改建的劳动，往地下刨不到一米深，就有文物发现，刨出来不少已生锈的金属钱币，在开封叫"皮钱"。外圆中间有一个方形的孔，上面铸有制币朝代的字样。后来才知道开封是个城摞城，古城曾多次被黄水、黄沙淹没，地下的宝贝有的是！上学时就知道黄河对开封来说是一条悬河，河床高于开封的城墙，每逢汛期到来，就全民动员，准备各种简易的器械，参与抗洪。

高中的同班同学中有各种人才。与我同桌的一位同学当时就会写小说发表，他用方格作文纸，字写得公公正正，后来他成了图书馆界的专家。当时社会上流行几部印度电影，班上一个同学在联欢时，清唱了"拉兹之歌"，真棒，不比电影里唱得差。那时我们全班都会拉二胡，全校文艺会演时，全班上台，几十把二胡合奏"良宵"、"步步高"，从台下看，弓法十分整齐好看。可惜后来由于各种原因，荒废了这点"手艺"，连后来买的一把新二胡也束之高阁，长虫子了。

中学阶段不仅是学知识、打基础的重要阶段，而且对人的品德素养、人生观、世界观的形成也有重要影响。高中时看到一本《共产党宣言》的中译本，一下就被它的第一句话所吸引："一个怪影在欧洲游荡着——共产主义的怪影。"一本政论性的著作，却以这样富有诗意的语言开头，饶有兴味，使我不禁一口气把这个小册子读完，像吃了一顿美餐。还看了一本艾思奇写的《大众哲学》，他深入浅出地阐述的唯物的认识论和辩证的方法论，给人留下了深刻而明晰的概念，不仅给了我哲学的启蒙，而且在后来的科研工作和处理各种问题中，十分受益。

1956年从开高毕业后，四十六年未再回母校。由于历史的变迁和学校的发展，校址几次变动，现开封南门的校区已是面貌全新。2002 年开高百年校庆，我怀着游子盼回家的热切心情回去参加了。见到坐着轮椅来的常亚青老师，他是高三教我们数学的，我的入党介绍人高彩云老师，年轻有为的校领导，一大批活泼可爱的小校友，还有几位久违的老校友，内心难免激动。学校花费心血编印了《百年开高》文集和校友录，饱含活生生的历史资料，记录着丰满厚重的文化积淀。会上学校要我作为老校友代表发言，我在表达了对母校的怀念和感激之情后说到，几十年来，无论走到哪里，当有人问我是哪里人时，我都会毫不犹豫地回答："我是河南开封人！"用地道的开封话说出来的这七个字，立刻引起了全场师生的热烈掌声，这实际上是一种内心深处的互动和共鸣。

2003 年，我随中国工程院课题组去河南省交流，最后要我即席发言。我情不自禁地首先作为一个河南人说了一点感想："如果没有中州这块土地的营养，如果没有家乡父老的培育，如果没有在开封受到的初等和中等教育，就没有今天在工程院工作的我。这个根、这个本，我是永远不会忘记的。"这是我的肺腑之言。

回忆母校引发的思考[①]

《光明日报》开办的"母校礼赞"栏目是一个创造。它不仅引起了广大青年朋友的关注，也引发了一批知天命、过花甲、乃至逾古稀的长者的浓厚兴趣，并欣然命笔。它不仅唤起了人们对学生时代的回忆，更使人们用心拣回了人生旅途上的一颗颗可贵的明珠。

懂得感恩。从小长大成人，学生时代是打基础的阶段，既是打知识的基础，也是打做人的基础，母校和老师的作用无可替代，一日为我师，终生为我师，正是他们为我们打下了事业之基、立人之基。长大成了有用之人，要懂得感恩，母亲之恩、母校之恩、社会之恩、祖国之恩。祖国是广义的父母，人民是广义的老师。饮水思源，感恩图报是基本的人品和起码的社会责任。

懂得自律。对母校的回忆，使人找回了当学生的滋味，找回了童孩时代的快乐和求知的渴望。学习是享受！上了年纪的人则更加感慨：学习是终生的享受！无论后来有了多大的成就，无论当了教授、作家、院士以至高级领导人，面对母校和老师永远是学生，面对知识的海洋永远是学生，面对更多有待探索的未知永远是学生，面对茫茫宇宙、浩瀚历史永远是学生！再大的学问家也是知之甚少啊！当学生的都知道守纪律，一生自律就是遵守人生的纪律。古今中外曾有几多风流人物、伟大领袖，由于晚年过度的自我膨胀，导致了个人的悲剧和百姓的灾难，教训深重。人既要懂得世间的伟大崇高，又要明白个人的平凡渺小。明了做人的真谛，始能享有幸福和自由。

深思教育。"母校礼赞"的文字各有特色，却有着一个共同的内涵：教育的理念和使命。教育的价值在于教书育人，教育承载着引领社会文明和进步的历史使命和社会重任。对母校的篇篇回忆表明：纯净的教育理念培育出身心健康的有用之才，反之，遭受污染和扭曲的教育理念使学校蒙受损毁。我国近一个世纪来的教育除遭受战乱的破坏，也曾受到所谓"政治挂帅""金钱挂帅""产业化""行政化"等倾向的干扰。今天的中国呼唤着教育理念的提升，少一些喧嚣、浮躁、急功近利，多一点宁静、宽松、淡泊求实。回归教育的神圣使命和天职，不辜负这个伟大时代的今天和未来。

---

① 本文是作者在《光明日报》召开的"母校礼赞"栏目座谈会上的书面发言。

雪　　颂[①]

从小我就喜欢雪。

长期在北方生活，雪景见过很多，但每逢下雪，我还是兴奋不已。雪景有她独特的美。白茫茫的雪花从天而降，上苍慷慨地将这洁白纯净的神花撒向人间。不一会儿，远处已是山舞银蛇，房顶、枝头、大地顿时变成银白世界。伸舌接下几片雪花，只觉得清凉爽口。儿童们兴高采烈地堆雪人、打雪仗。人们穿着彩色外衣在雪景里照相，留下美好的回忆。伸手摘下一片雪花仔细观察，它是那样精致的六瓣花朵，奇妙美丽，令人赞叹。雪花为什么是六瓣呢？是谁，是什么力量制作了这巧夺天工的艺术品呢？静观降雪是一种享受，它使人陷入沉思，感受宁静、淡泊，领悟世间的圣洁和人生的意义。

雪是温暖的。滑雪场上，人们冒着满头大汗，陶醉着大雪赐予的热烈和生命的欢乐；白雪覆盖的大地象是享受着棉被的温柔；幼嫩的麦苗吸吮着雪的滋润和营养；终年积雪的高山是许多江河欢快奔流的源泉；"瑞雪兆丰年"，雪给人们带来丰收的希望和期待；望着窗外的大雪，全家一起吃着热气腾腾的饺子，更增添了节日的气氛。"下雪不冷化雪冷"，只有当雪离去的时候，人们才会感到几分寒意。

雪是美丽、是丰厚，是和平、是温柔。

世界需要雪。

2003 年元月写于大雪中的北京

---

① 本文发表于《物理》2004 年 5 期。

回忆与感受[①]

——氢弹原理试验侧记

在那次"含有热核材料的核试验"（596L）成功之后，1966 年下半年，我们事业的千军万马都是在为氢弹原理试验（629）而忙碌。承担热测试计算分析的 102 组和 105 组大部分同志，几个月来在上海赶算 629 的理论预估数据。12 月中，突然接到理论部领导的紧急通知，命令 102 组的三个同志尽快赶回北京准备执行任务。大家仓促整理了已经算完还未及好好分析的纸带、图表，就上了火车，唯恐晚一天就误事。可是不巧的很，当时正值那"史无前例"年代的第一个浪潮，车至宿县，停了几个小时还不开车，心急如焚的我们和许多乘客纷纷到车站值班室催促，一个身穿大衣、头戴翻皮帽的造反派头头，对来人摆出一副凶神的架势，回答是蛮不讲理的"不能以生产压革命"！就这样，宿县一站耽误了宝贵的三天的时间。回到北京，老邓简要地交待了任务，我们便立即赶赴场地。记得在某地转飞机时，朱光亚同志指着一列火车告诉我们："这是运产品的列车，也在今天出发。"

一到基地，就参加讨论测试方案的会。在科研工作中，出错也许是最难忘的事。当时，测试同志要我们报"出壳 γ 的能量——时间联合谱"理论数据，这是为测"两响"用的。我从箱子里取出 X-2 机的电火花打印纸带（就是那种一模两手黑，问着发臭味的纸带），口头报出了数据，紧张得出了一头汗。散会后却发现，仓促之间，看错了打印量位置。午饭前，赶忙去找 21 所吕敏同志修正了错误。在基地第一次报出的数据就出了差错，终生难忘，历历在目！以后常常想起，受益匪浅，我们的事业是真刀真枪的，来不得半点马虎。

随后，我们乘车进试验区，"搓板地"上车子颠得厉害，车门关不上，冷空气袭来，虽然身穿皮帽、皮靴、皮大衣，还是冷透了。晚上住在帐篷里，那是战士们在凛冽的西北风中费了很大劲支起来的，里面生了一个炉子，半夜灭了，脑袋一伸出被窝，就觉得刺骨的寒冷。白天去参观测试工号，一个个像地堡似的，测试同志在一丝不苟地安放记录仪器，准直管道，屏蔽设备……他们既是脑力又是体力劳动者，为一次测试准备了几个月甚至几年的时间，他们把仪器从"老家"搬来，为拿到一个有用的数据付出青春和心血。我们还参观了总装车间，又登上了 100 米高的试验铁塔，可以感到塔顶以明显的振幅在晃动。在上面可以俯瞰场区全景，看到四周布设的各种效应物、厂房……颇为壮观。这一切

---

① 本文发表于《创业之路——中物院发展历程回忆史料》第二辑，1999 年。

使人深深感到："没有那千千万万在任何岗位上都兢兢业业忘我劳动的人，就没有我们的事业"！

试验临近了，准备工作在紧张进行。这次试验的主要目的是验证我们自己的"原理"，高能中子是主要的诊断手段之一。我记得，最后的理论预估数据是在作业队的帐篷里，用计算尺和手算进一步推敲给定的，就坐在铺上，陈狭先执笔，我和姜树权帮忙，遇到问题困难，有我们的老周、老于在现场解决和把关，理论预估给出测点的高能中子通量。

12 月 28 日，试验打响了。各种外观景象使人有理由相信，试验是成功的，但确切的判定还要看物理与放化测量的结果。"两响"结果怎样，高能中子怎样？大家急切地等待着，需要有快而准的速报。我们跑去找实验部唐孝威，他是负责高能中子外活化测量的。经过紧张的数据处理，他们速报的测试结果，在我们预估的可几值范围内，为试验的成功提供了一个确凿无疑的证据，心里的高兴真是难以形容。"两响"和其他各种速报项目部都相继报出了基本一致的结果。晚上，中央人民广播电台播出了周总理审定的"公报"，宣布我国成功进行了一次"新的核试验"。是的，我们的事业又前进了"新的"一大步。

新年是在基地过的，自然十分开心，开了庆祝会和宴会，有人醉倒了，成了大家的笑料。1967 年伊始，领导同志在现场召集负责实验和理论工作的同志，就下一步氢弹试验和进一步的研制工作交换了意见。

在归来的飞机上，郭英会同志低声对身旁的另一位领导同志说了一句："陶铸也倒了"。听到的人，只有面面相觑。心里挂念着："现在的北京是怎样的局面呢？"看窗外，飞机正越过祁连山，脚下层层的山峰清晰可见，不稳定的气流使我们的军用小飞机大起大落，真有些令人担心。难道这是一种预兆吗？我们的事业，是"全中国人民利益之所在"，不管怎样，它还是要前进的。

享受辽阔^①

吉普车飞驰在戈壁滩上。

举目四望，大漠无际。波纹形的沙丘起伏着，簇簇骆驼草点缀其间，是一幅壮阔的画卷。数时行程，类似情景。眼睛望不到这道路的尽头，目光测不出这戈壁的宽度，极目之处是天地相连的朦胧边界，真是"不到戈壁不知中国之大"。车内播放着大西北豪放而深情的民族乐曲，悠扬而大气，更令人心潮起伏，思绪飞扬。这世上还有什么比戈壁更辽阔？是无边的草原，还是浩瀚的大海？

如果就几何尺度而言，更为辽阔的当属太空。宇航员们从戈壁滩起飞，直上云霄，他们在那里鸟瞰地球村，仰望深空，亿万颗心分享着他们的感受。人们赞叹人类科学技术的进步，称颂为探索未知的不吝付出和奉献精神。可是，宇航员才飞了多高呢？只有几百公里，用宇宙的尺子来衡量，那真是一丁点！即使登上月球，也才跑到 38 万公里的高度，那只是一个光秒的距离，还在地球"郊区"的范围里。人类向金星、火星、木星、土星乃至冥王星成功地发射探测器，是宇航史上一曲曲动人的凯歌。不过，他们走的也只有若干光时的距离，还没有跑出太阳系呢！银河系里有多少颗太阳这样的恒星，银河系外又有多少未知的存在？暗物质、暗能量、反物质……谜团如何解破？遐想诱人，无边无际……

如果就时间尺度而言，最辽阔的莫过于历史。人类一代代经历了多少个波澜壮阔、丰富多彩的历史变革！有原始和质朴，有灾难和战争，有奴役和反抗，有丑陋和邪恶，有美丽和善良，有建设和创造，有文明和进步，有和平和幸福……历史的天空像漫长的画卷和诗篇，留下了无数的感叹和教益。但在自然历史的长河中，全部的人类历史也只是短短的一瞬，人类还太过年轻！生命源于何时？尚无明确答案；宇宙从何而来？更是探索中的课题。我们生活在时间之中，却不明时间的源头和起点。人类对一个世纪以后的一切，都难以给出准确的预测，更不明人类、地球和宇宙遥远的未来。这个有趣的探索，则是"未来学"的使命。我们今天看到的是一个不明始点和终点的时间轴，是一部没有开篇和结尾的史书！

然而，宇宙之大、历史之长皆可包容在人的心田和脑海之中，最辽阔的还是人类的思维和胸怀！思想家和科学家的思维可超越已知的时空，幻想宏观世界和微观世界的未知，怀着对真理的执著追求，进行不倦的探索——无论成功和失败，都是饶有兴味的享受。人们的胸怀因饱受磨难而深沉，因俯视人生而超脱，在平凡中升华着高尚。善良的心灵，怀

---

① 本文发表于《光明日报》2007 年 4 月 23 日。

着对亲人、朋友、老幼和弱者的深情，能作出无条件的奉献和牺牲。进步人类的胸怀，能接纳多元的文化，创造出无尺度而高价值的精神产品，涌奏出一部部雄浑的协奏曲，不断把文明推向新的高度。法国作家雨果说过："世界上最宽阔的是海洋，比海洋更宽阔的是天空，比天空更宽阔的是人的胸怀。"茅盾也曾说："人类的高贵精神的辐射，填补了自然界的贫乏，增添了景色，形式的和内容的。"真是所见略同。这里有时空结合在一起的多彩的存在，于有限中充满无限，和谐着激情和理性，丰富着深邃和崇高。

一阵颠簸，使思绪又回到面前的戈壁世界。正是这里，可以使人同时感受那大自然的和人文的辽阔。这广袤无垠的戈壁荒漠，为一批批为国奋斗的人们提供了广阔的用武之地，穿军装和不穿军装的几代人，隐姓埋名，历尽艰辛，在曲折磨砺中成熟，却也享受着一次次成功给予的无可比拟的激动和兴奋。为民族的兴盛和老百姓扬眉吐气，做成一点有用的事。这种精神享受是无可替代的。在他们眼里，和一番大事业密不可分的戈壁滩不仅辽阔，更美丽得令人心醉。在他们的耳中，不仅回响着醉人的欢呼，而且鸣奏着只有内心才能感受的动人乐章——一种民族振兴的弦外之音。

也许他们清苦，也许他们平凡，但崇高的事业使他们心田丰美，心胸辽阔。

辽阔源于超脱自我。辽阔是至高的享受！

侧记：本文被选为"中小学作文阅读"例文：

11. 作者享受的"辽阔"从哪几个角度哪几个层面写的？（6分）

12. 本文题享受辽阔，怎样理解"享受"二字？（6分）

13. 文章第2段画线语句运用什么手法？能起到什么作用？（5分）

14. 文章说"进步人类的胸怀，能接纳多元的文化，创造出无尺度而高价值的精神产品，涌奏出一部部雄浑的协奏曲，不断把文明推向新的高度。"请结合当今社会现实，谈谈你对这句话的理解和看法。（8分）

11.（6分）①写眼前之景，沙漠辽阔，②写想象之景。分别写空间：草原辽阔，大海辽阔，太空辽阔；写时间：人类历史辽阔，自然历史辽阔；写心灵：思维辽阔，胸怀辽阔。

12.（6分）本文的"享受"主要是指精神享受，由用眼睛"享受"沙漠无边壮丽的风景，到用耳朵"享受"悠扬而大气的西北民族乐曲，再到用心灵"享受"草原、大海、太空、历史、心灵的无边的辽阔。

13.（5分）运用了反问的手法，起到了激发读者情感、引人入胜的作用，引起下文。

14.（8分）要点：能结合当今中国改革开放的新形势，主张中国文化与世界上进步文化的交流与融合，积极学习外国先进文化的经验，不能封闭保守。通过交流融合使古老的中华文化焕发青春。

白桦的无奈　良知的呐喊[①]

白桦树是无言的，却是有知的。你看，桦树干从上到下一颗颗的"眼睛"都在无声地表达着她们的感受和心声：一种痛苦、一种悲伤，眼睁睁地诉说着她们的无奈，呼唤着人们的理解和善待。毛剑琴摄

北疆的阿勒泰地区风景秀美，闻名已久，今夏终于有机会来此一游。来前只知道著名的喀纳斯湖，今天才发现阿勒泰市内还有一处宝地——桦林公园。这个公园占地三十万平方米，是一片茂密的天然林，以白桦树为主，是我国少有的城市森林之一。可兰河贯穿林园，河水清澈、湍急，多条林中小溪汇入河中。流水滋润的白桦，郁郁葱葱。哗哗的水声是林中的天然音乐，这乐声的伴奏不仅使游人心旷神怡，白桦树也仿佛更加精神抖擞。

我一直很喜欢白桦。它生长在寒冷的北国，不屈不挠地焕发着生命的激情；它那挺拔俊秀的身姿、细白的皮肤别有一种天然的美。白桦是树中的精灵，是大自然的馈赠，人们本该善待这珍贵的礼物，但使人难以理解的是，不少白桦的树皮被人一块块地剥去。伸手够得着的地方，桦树细白的皮肤变成大片的黑斑，有一棵倾倒的白桦，竟被人从头到根实施了"剥皮术"，惨不忍睹。我们发现，凡是有部分树皮被剥掉的树，上面就有部分树枝枯黄；树干大部分被剥了皮的，树干折断甚至整棵枯死。常言说："人要脸，树要皮"，树皮不仅保护着树的生命，也维护着树的尊严。白桦树是无言的，却是有知的。你看，桦树

---

① 本文原载于《光明日报》2005 年 8 月 25 日第 5 版。

干从上到下一颗颗的"眼睛"都在无声地表达着她们的感受和心声：一种痛苦、一种悲伤，眼睁睁地诉说着她们的无奈，呼唤着人们的理解和善待。

良知在呐喊：这伤痕累累的白桦树的形象，让人们都看一看，想一想吧，当你拿起刀子割开白桦的时候，你是否想到她也是有尊严的生命？树木是人类最好的朋友之一，它们净化空气、调节环境，无欲无求地为人类奉献着。你怎能背信弃义反戈一击，把刀锋对准这忠诚的朋友？爱护林木，就是爱护我们自己！如果大自然固有的美好不能永续存在，人类又如何赖以生存呢？如果人与自然不能和谐相处，和谐社会又从何谈起呢？人作为地球上具有最高理智的生物，在大自然的面前不应该是为所欲为的掠夺者，而应是善待自然的朋友。终结这类剥树皮的恶作剧，保护好我们的绿色宝地，不仅是阿勒泰每位公民的责任和愿望，也是各地来此游人的共同责任和由衷诉求。

林木存亡，匹夫有责。保卫生态，迫在眉睫！

2005 年 8 月 6 日写于阿勒泰

一 片 净 土①

　　城东 50 公里，一片秃山荒岭的黄土世界里，坐落着一个小院子，这里绿树成荫，鲜花诱人，显然主人已在此经营多年。院旁是一个山包，海拔 800 米。所说"借他山石"巧筑的"奇烽楼"，就建在这个山包顶上。沿着装饰整齐的石阶，从院落爬上山，顿时豁然开朗，四周望去，蓝天之下，有人烟的只是一个小小的兵站和一个不过十户人家的小村子，由一些土坯小屋组成。荒山土丘间，唯有喀什河流经的地方有一片翠绿的草地和树木，远处则是无尽的山峦。

　　就在这山峰上，筑起了几座现代的科学小宫殿，身着军装的青年男女在这里日夜守候，一天 24 小时忙碌着，"摘星揽月"。

　　小肖，一位 29 岁的四川小伙子，已经在这里干了 12 年了，他的职务是"保管员"，一个列兵。他对文件库、资料室的文献历数如珍宝，对这里的仪器设备了如指掌。他可以用外语与客人交谈，掌管着所有的钥匙，这个岗位太平凡，可是却无人可以替代。你说用什么价值标准去衡量他呢？一家老小都在四川老家，他，一个身材瘦小饿单身汉，心里透明，沉默寡言，认真非凡。

　　小单，计算机专业的毕业生，两年多的工作经历，已成了这里的技术小专家，戴付眼镜，说话腼腆，却像连还珠炮一样快，不到一个小时，就把系统的各个环节给我们作了相当详细的介绍，他不仅安心，而且喜欢这里的工作，对每个不清楚的问题，他都要刨根问底，弄个究竟。

　　这里的最高首长是赵站长，一位和我同龄的老兵，大校军衔，饱经风霜的面孔，朴实开朗的个性。在迈向花甲之年的时候，竟然对技术有了相当的钻研。虽有糖尿病，可当你问他身体的时候，他只轻描淡写地说一句"不要紧，吃着药呢，没事！"。每天开饭时，他和士兵一样拿个饭盆排队打饭。我们临行前，按待客的"惯例"，他宴请我们一次。那天大灶上卖包子和绿豆稀饭，当我们的饭桌上报上一道道菜时，他小声对我说"真不如出去喝稀饭，吃包子。"这话正说到了我的心里。作为主人，他的祝酒词只有一个字"吃！"，这真是个"短"的世界之最。

　　晚上在俱乐部或游艺室里，官兵打球、下棋或看电视，他们很懂得生活。作为技术负责人的张总，能歌会画。为了解决一个普通士兵的切身问题，站长、政委四处奔跑求助，以至一些士兵转业时，竟泣不成声，不愿离去！

----

① 本文原载于《当代科学家诗文选·杜祥琬》，电子工业出版社，2002 年，118—119。

城外边陲，生活清苦，是一种精神、信念凝结了一伙人；官兵和谐、内部团结，是一种情感使他们聚而不散。

　　真是一支可敬的队伍，真是一片难得的净土！

1993 年 9 月

写于新疆

边 界 行^①

　　俄罗斯我不陌生，哈萨克斯坦却从未去过。主人邀我们到中哈边界一游，我欣然同意了。心想，值得一去。当年，李白到过比边界更远的那边，苏武曾来此牧羊，而被贬的林则徐也在此留下过足迹。

　　离开驻地墩麻札（维语东陵之意，据说成吉思汗的一个后代葬于此），雪弗莱轿车沿伊犁河谷行驶，进入了塞北江南。整齐挺拔的白杨护维着公路，路旁一片片红高粱、向日葵垂着沉甸甸的果实等待着收获。这里是哈萨克自治州，一路遇到坐车、骑驴和步行的哈、维、回族老乡和上学的儿童，身着风格不同的衣、帽和头饰，特别是那彩色的小蓬马车，是当地常用的交通工具，使我对王洛宾的歌里唱的"乘着马车来"有了形象的理解。路旁不时出现各式水果集市，西瓜、哈蜜、苹果、梨、桃、葡萄应有尽有，价格比北京便宜得多。

　　行至距边境不远的小城"惠远"，市中心有清道光皇帝下令修起的惠远钟鼓楼，道光的圣旨刻在石板上，存留至今。"惠远"是恩惠少数民族，安定远方之意。那时，这里才是新疆的中心，乌市则是后起之秀。

　　离开钟鼓楼不远，来到林则徐的将军府。如今小院子已荒凉，但亭子和一对石狮修复一新。正当我们对着"将军府"横匾肃然起敬之际，突降雷阵雨，莫不是"洒泪祭雄杰"？天公与我们共同怀念那悲壮的历史，可敬的民族英雄！

　　继续驱车前行，天空忽然放晴，碧蓝的天空上点缀着片片白云，远处云端里露出了雪山的顶峰，泛着耀眼的银光！原来，前面就是霍尔果斯口岸了，"美丽"正是哈语霍尔果斯的含意。为了边贸，口岸正在建设。集市上，物品五光十色，身着各式民族服装的人们熙熙攘攘，一片繁荣景象。

　　我们破例被允许登上国界这边的瞭望台，用望远镜眺望哈国边镇。这里的国界是一条蜿蜒如带的小河，一座小桥是两国的通道，我方通向小桥的柏油路不久前整修一新，铺向桥中心线时，压路机把柏油压过了中心线约一米处，其实是为对方修了一点路，但对方要求我们把这点柏油刮掉。可以理解，因为国界是尊严的。不过，边界毕竟已经友好和平，我们走到小桥的中心留影时，还是向对方的土地跨过了一步，我们这些未持护照的中国公民也算到哈国一游了。

1993 年 9 月写于新疆

---

① 本文原载于《当代科学家诗文选》，电子工业出版社，2002 年。

贝 加 尔 赞①

贝加尔湖我们的母亲，

它温暖着流浪汉的心。

为争取自由挨苦难，

我流浪在贝加尔湖滨。

早在当学生的年代，我就十分喜欢这首动听的俄罗斯民歌。那时，从国际列车上曾远远眺望过它的一角，留下几分神秘的感觉。直到今年参加在伊尔库茨克举行的国际大气光学与物理学会议期间，才有机会领略它的真貌。

贝加尔湖是美丽的。

地图上，它像一弯月牙；从飞机上鸟瞰，阳光照耀下的贝加尔泛着奇异的银光；在湖上乘船看去，在一望无际的青山翠绿环抱之中，一片蔚蓝，宁静宽阔，水平如镜。近岸处湖水清澈见底，湖底的卵石五光十色，不见任何污染。为了保持这水的洁净，这里不发展旅游，不建工厂。"贝加尔天然水"取自湖下 400 米的深水，又经过滤，是给人感觉最好的纯净水。"保护自然生态是最重要的国家目标，是全民众的事业"这不仅是贝加尔展室里醒目的标语，也是这里人们共同的信念。沿湖四周保留着原始的山林、野草。我们来到山坡间的一片宽阔的草地上，山草与野花相间，绿色的天然地毯上，点缀着鲜红、橙黄、淡紫、洁白……彩蝶或自由飞舞或停息在花顶。伸展四肢躺在这大草地上，但见蓝蓝的天、白白的云，四周望去，看任何一个角度都是一幅美丽的图画。空气中散发着大自然的清香，浸人肺腑，使人充分感受到人与自然的和谐。严冬，一切都沉睡在白雪覆盖之下，但据说湖面的冰层竟是透明的，透过厚达一米的冰，可见水下生物的游弋。

贝加尔湖是深邃的。

它是地球上最深的淡水湖，最深处达 1637 米，平均水深 700 米，南北长 600 多公里，东西宽达 80 公里，湖岸蜿蜒两千公里。它也是世界上最大的淡水湖之一，拥有世界上淡水总含量的五分之一。三百条河水流入贝加尔，赋予了它广纳百川的胸怀；只有一条河流出贝加尔，那就是流经伊尔库茨克市的宽阔的安卡拉河，它哺育了两岸的繁荣。湖中有不计其数的深水生物，不同深度有不同的生物群，构成和谐的生物链。四周山区蕴藏着多种有色金属和野生动植物。丰富的天然资源、洁净透明的大气和水，提供了研究宇宙、大气、湖海的极好的条件。这里建立了日地物理学研究所、湖学研究所、天文台、气候生态

---

① 本文原载于《当代科学家诗文选》，电子工业出版社，2002 年。

研究所……凝聚了一批科技工作者，几十年如一日地潜心研究，建立了丰富的数据库，获得了大量关于气候、生物和生态变化规律的认识。这是一个大自然的实验室，同时也酿造了独特的贝加尔文化。

一方水土养一方人。几万年来，贝加尔静观自然界和人世间的变迁，以它博大的胸怀温暖过流浪汉的心；它沉默不语，聚集着资源，充实着底蕴。贝加尔湖的存在，它的宽阔、丰厚、透明，使贝加尔人有一种慷慨、豪放、安详的性格；蓝天、青山、深水和绿色，使人感到自己是和整个宇宙融在一起，培育了宽广的视野和对人类可持续发展的责任心。

像世上任何真正美好的事物一样，贝加尔不仅有着美丽的外貌，更有着美好的内在世界、独特的性格和文化。

贝加尔不仅是俄罗斯的一块瑰宝，也是属于全人类的一颗明珠。

2001 年 7 月

青年强则国家强[①]

——为中国青年科技奖二十周年而作

参加了几次中国青年科技奖的评审，颇有感触。值此二十周年之际，愿同青年朋友们说几句谈心的话。

二十年前青年科技奖的诞生是国家发展、时代进步的产物，是重视科学技术、期盼人才成长的举措。钱老倡议设立此奖，也体现了老一辈科学家提携后辈的深情厚意。二十年来，我国中青年一代科技工作者迅速成长，"文革"十年浩劫造成的人才断层现象逐步得到解决。在这个过程中，青年科技奖对科技带头人的成长起到了十分积极的促进作用。

将在二十一世纪贡献才智的科技工作者，赶上了我国历史上最好的发展机遇期，工作和生活条件也显著改善。同时，你们也是身负重任的一代。人类发展至今，在基础科学领域，不断取得革命性的新发现，但未知远多于已知，有待后人探索；工程技术为推动社会经济发展，起到了发动机的作用，但地球上的人们在取得巨大进步的同时，也积累了越来越多的问题，面临着如何持续发展的诸多瓶颈和挑战。对我们这个人口第一大国更是如此。天下兴衰，匹夫有责。科技工作者是较有知识的人群，职业特性赋予我们较多的责任，而新世纪的科技工作者更要从战略高度认识这个具有时代特征的责任。深入理解祖国的国情和特点，通过基础研究的引领和工程技术的创新，努力解决发展中的问题，为国家和人类开创可持续发展的、和谐的、光明的未来。

承担起这个历史使命，需要一代代宏大的高素质的科技队伍。所谓"高素质"，既包括科技素质，更包括品德素养。我国科技界极需共同努力，加强科学道德和学风建设，远离浮躁和急功近利，继承老一辈科学家留给我们的崇高的价值观，静下心来，深入进去，扎扎实实做学问。如于敏先生所说："所谓宁静，对于科学家就是，不为物欲所惑，不为权势所屈，不为利害所移。"彭桓武先生则给我们留下了他的名言："科学家最高的追求也无非就是工作。"这句话说得何其朴素！实际上，科技史上的重大成就，多来自非功利的追求。由此不难理解爱因斯坦的体会："大多数人说，是才智造就了伟大的科学家。他们错了，是品格。"选择崇高、严于律己、谦虚谨慎、诚信协作、严谨治学、唯真求实，有了这些才会有高水平的创新。思想品德水准的提高是科技界成熟的标志。同时，科技工作者的责任不仅在于发展先进的生产力，还在于弘扬先进的文化。文化和精神的贫困不会带

[①] 本文写于 2007 年 12 月。

来民族的振兴。社会的进步不仅表现为人们物质生活的富裕，更要伴随着精神世界的丰富、思想境界的提升。科技工作者要着眼于国家和民族长远的健康发展，自觉地把这个责任担在肩上。

如果你走上了领导、管理的岗位，请把做一个好的领导者、管理者放在首位，以一个服务员的心态，为被你领导和管理的科技工作者创造一个好的工作环境，调动科研团队集体的积极性。面对国际竞争，要在我国健全公正、公平、规范、透明的管理规则，使大家高效地工作。看重服务而不是权力。管理、服务也是重要的贡献，为此牺牲一些个人的科研成果是值得的。如果在做好领导、管理工作的同时，还能有一定的精力和时间做科研工作，那也是应该被鼓励的，这时，自己一定要做实际的工作，在一线解决具体问题也好，做发展战略研究也好，重在质量，做多少就是多少，以平等的态度处理好个人与同事和集体的关系。领导者、管理者首先要成为践行科学道德的表率和楷模。中国科技事业的健康发展呼唤着涌现一批杰出的科技将才、帅才和一批优秀的管理家、领导者。

一个古老的民族，正满怀信心地创造更加美好的未来。青年朋友们大有可为。青年强则国家强，相信你们会超越前人，做出历史性的贡献！

致敬铸剑弟兄①

专列去向何方?

不是向着大都会的繁华,也不是去往旅游胜地,这满载装备和作业队员的专列,途径八省区,跋涉近万里,朝迎旭日、暮送晚霞,耐早春的奇寒,战九级风的狂袭,矢志前行,去向大西北那令人向往的地方。那里有他们的舞台、有他们的事业,是他们铸剑试锋的试验场!

这是一个多方阵组成的系统。多个技术环节有机相连,由一系列参数表证的系统功能,稳定重复,达到和谐共舞。

这是一个多部门、多单位的战友组成的队伍。多年的共同奋斗把它们熔成一体,配合默契,被称为"联合舰队"。现在有培养了新的"大队",更年轻的团队已应运上岗。

这是一个多环节的试验过程。从分系统和全系统的调试,到检验试验、预备试验、系统级试验、大系统级试验,集成度越来越高,难度越来越大。连起来像一幅多彩的画卷,仰视它又像一把倚天长剑。

这支中青年为主的队伍,来自全国各地,在戈壁滩一干就是半年。他们并非不了解外面的世界,却有着自己独特的享受,特别是精神的丰满和富足。他们深知,一个个技术突破,使他们走上了这个领域的国际前沿,正在和世界上的强者较量;他们深知,二十年前的概念,正在他们手中变成现实,一种曾经的幻想,正在他们手中铸成全新的利剑。这种富有挑战性的事业,使他们兴奋不已。

为了实现高难度的目标,他们扎扎实实,步步为营,天天切磋,反复实验;针对一个个难题,不断想方设法,每一步进展都凝结着他们的心血、汗水和智慧。

他们住兵营,吃大锅饭,过准军事化的生活。对年迈的父母、可爱的孩子、新婚爱人的思念,只有靠现代IT,无线传递。短暂休整的日子,他们会自得其乐,搞点比赛,到附近的"旅游点"去放松一下,也就是一个小"海子",偶尔可钓鱼,大戈壁里难得的一条小溪,浇灌出一片绿洲,算得上一个景点。他们也没有忘记去"造访"几十年前核试验的开拓者留下的"干打垒"村落。

两组镜头真实记录着他们的生活状态:

夏日

火烤大地掀热浪,

---

① 本文原载于《曙光报》2011 年 3 月 25 日。

英俊面庞黝发亮。

铸剑试锋背水战，

热血儿女创辉煌。

冬时

冬宿兵营不觉寒，

为国征战不觉难。

夜阑卧听风吹雪，

日夺硕果终亮剑。

最后的成功太壮观、太重要、太不容易、太激动人心了，这是一个前无古人的成果。成功的喜悦，使大家热烈拥抱、热泪盈眶、举杯痛饮、一醉方休！历经艰辛换来的成就感，是人生难得的享受！

致敬，铸剑弟兄！

重访原子城有感①

时隔多年，再来原子城，回想起那个不寻常的岁月，心情难免激动。

半个世纪前，曾有一批中年人和青年人在这里奋斗过。他们留下了足迹，奉献了青春；他们在铸成历史伟业的同时，也创造了事业的文化，留下了宝贵的精神财富。他们也是富有故事的一代人。我今天送给原子城展览馆三本书，一本是为王淦昌先生百年诞辰编写的一本文集，另一本是为朱光亚先生85周年华诞编写的文集，他们代表了很多人。这两位前辈现在都离开了我们，但是他们的故事不仅跃然纸上，而且鲜活在人们心里。第三本是大家写的，后来咱们院（中国工程物理研究院）搞激光，这也是我主编的一本书，我也送给你们作为对这个事业延拓的一个表示。另外，还有一把当年用过的计算尺，也送给展馆。这是我在莫斯科上学时买的，回国后参加氢弹突破时用过。1966年上半年在这里（221厂），与实验部的同志们一起分析596L试验时，它也帮了忙。记得最后一次用它是1966年年底，在罗布泊核试验场的帐篷里，为校核氢弹原理试验的理论预估数据拉过它（与同组的陈侠先、姜树权一起）。当时，直接领导我们工作的周光召、于敏也都住在同一个大帐篷里。这把尺子算是一个纪念，一个见证吧。

感谢青海省、海北州和海晏县领导，重建了这么好的一个展览馆，记录历史伟业，传承精神财富。它不仅引导我们回味历史，更使一代又一代的新人，有机会感受那段在共和国的史册上留下浓墨重彩的历程，吸收精神的营养，并在新的世纪发扬光大！

---

① 本文为作者2012年7月12日在青海原子城赠书仪式上的即席讲话。

坎昆笔记[①]

　　一年前的哥本哈根，遭遇了北欧的寒流和大雪，会场内却是人山人海，热气蒸腾。今天的坎昆，室外是亚热带的骄阳，会场里却多了几分清净与平和。也许是一年来人们对气候变化有了更多的认识、更深的思考，更为理性地意识到气候谈判的复杂，需要更多的耐心和智慧。

　　坎昆会议的正式名称是 COP16 和 CMP6，也就是联合国气候变化框架公约缔约方第16 次会议和京都议定书缔约方第 6 次会议，围绕这两个名称的不同系列的会议就是目前的"双轨制谈判"。京都议定书是 1997 年在日本京都达成的，其积极意义在于：它规定了发达国家在 2012 年前必须承担的温室气体绝对减排义务。眼看这个期限很快到了，发达国家们表现如何？如何延续"议定书"，给发达国家规定第二期减排义务？这是人们的期待

---

　　① 本文原载于《光明日报》2010 年 12 月 13 日 11 版。

之一。

经过长途跋涉，中国代表团是满怀诚意来参加全球气候变化谈判的。190 多个国家不同肤色的代表齐集坎昆，从 11 月 29 日到 12 月 10 日，大会、小会、工作组会、边会、谈判代表会、部长会……连轴转。会场毗邻风光秀丽的加勒比海滨，代表们却连周末也泡在会场上。东道兼主席国墨西哥作了多方努力和周到安排，会场上感受到的主流心态是：人们都不希望会议无果而终，尽管难以期望太高。

然而，某个发达国家却突然提出废弃"京都议定书"，这个倒退行动立刻遭到普遍反对，就连它的某些盟友国也不敢明确表态支持。广大发展中国家一致主张坚持"议定书"的延续，但指望在坎昆制定发达国家应承担的第二期目标，难度甚大。虽然各发达国家也提出了一些减排目标，但离发展中国家希望的目标和控制升温不超过 2℃ 的要求相去甚远。

1992 年签署的"框架公约"，以及在此基础上 2007 年的巴厘路线图和 2009 年的哥本哈根协议都一再明确了发达国家和发展中国家"共同而有区别责任的原则"。全球的事大家当然要共同努力，而强调"有区别"则是尊重历史尊重事实的必然结论。可不是吗，从 18 世纪工业革命到 1950 年的二百年间，人类燃烧化石能源排放的二氧化碳总量中，发达国家贡献了 95％，从 1950 年至 2000 年间，发达国家的贡献仍占 77％；今天，占全球总人数 22％的发达国家消耗着全球 70％的年能耗总量，排放着 50％以上的二氧化碳，发达国家历史累积的人均温室气体排放远高于发展中国家，理所当然地应当承担绝对量减排的义务。另一方面，由于发展中国家处在完全不同的发展阶段，应鼓励它们自愿降低排放强度。坎昆需要继续维护这个原则。同时，由于科学技术的落后，发展中国家又是气候变化恶果的主要受害者。眼看着海平面的上升，四十几个小岛国心急如焚，有生死存亡的危机感，就是一个典型的例子。因此，发达国家有责任出资金和技术，帮助发展中国家适应和减缓气候变化的影响。这一点，正是坎昆会议需要落实的谈判焦点之一。

气候谈判的另一个焦点，是对责任承诺和资金技术援助效果的"三可"，即可测量、可报告与可核查。实际上，这一点也应该是有区别的、合情合理的。对发达国家应承担的责任，理应落实"三可"；对接受了资金和技术援助的国家，需建立内容相应的"三可"机制；对自愿主动承诺的国家，应立足自主的测量、通报和通过国际磋商分析，相互信息透明。而在"可核查"这个环节还应以尊重各国的主权为原则。按说，这一点不应成为谈判成功的障碍。

减排固然重要，保护和发展碳汇以吸收二氧化碳，同样具有积极的意义。因而，减少和制止毁林，培育森林等碳汇，也成了一个专门的话题。有关工作组的谈判还涉及清洁发展机制、碳的捕获、利用和存储技术、对落后国家的培训、教育和能力建设、对气候变化科学问题的合作研究以及对公众的科学普及工作等。难怪各国代表团的人员构成，不仅包括了气候专家，还必须有经济、外交、科技、能源、林业、农业、教育、信息等多方面的官员和专家。

中国为应对气候变化所做的努力，得到愈来愈多的理解和认可，同时，中国感受到的压力也逐年俱增。中国为实现"十一五"降低单位 GDP 能耗 20％的目标，进行了艰巨的努力，而新的节能减排目标将作为约束性指标纳入"十二五"规划。英国环保网站在会前发表评论称：中国的承诺会得到与会者的欢迎，是中国传递出的积极信号。美国能源部长承认，中国为发展清洁能源做出的努力意义非凡。尽管中国的人均排放比发达国家低许多倍，但毕竟已是排放总量最高的国家，因而受到"责任论"的压力。实际上，中国的排放中有一部分是出口到美国等国的商品在中国制造的结果，是西方的碳排放向中国的转移，因此，中国必须大力调整产业结构。在目前中国的发展阶段，主动做出 2020 年要实现的三项承诺是非常不容易的。

温家宝总理在哥本哈根大会上强调：中国的主动承诺，不与其他国家的承诺挂钩，也不跟是否提供资金和技术挂钩，中国将坚定不移兑现承诺，并争取超过。为什么总理的话讲得如此斩钉截铁？我理解：第一，这是一个负责任大国的领导人对国际责任的深切理解和坚定信念；第二，更重要的，这是中国自身可持续发展的内在需要，体现了中国转变发展方式，走科学、绿色、低碳新型发展道路的决心；第三，"言必信，行必果"，这是我们中国的文化、中国的传统、中国的国格。不管国际谈判进展如何，我们在维护发展权的同时，必须为落实"科学发展"、"两型社会"、实现经济环境双赢做出更为扎实的努力。

对气候变化的规律、变化的程度和后果，还会长期存在不同的认识，这反映了人类（包括科学界）对这一复杂问题认识的局限性。但对"地球村的气候在变化"这一点，已几乎听不到否定的声音了。在诸多的气候变化现象中，"变暖"是基本表象之一，但这个变暖随时间的变化并非一个单调上升的曲线，而是伴着波动起伏；这个变暖随地域的分布也并非全球均匀，而是有强有弱的。这种不均衡自然导致一些不规则的改变，也就不难理解各种反常的、灾难性的气候现象的发生。对于这一点，世界各地的人们都无法幸免且愈益频繁地感受着，强化了人们应对气候变化的紧迫感。引起气候变化的虽然有自然的和人为的各种原因，但人类活动是造成气候变化的主要原因之一，也是难以否认的。人类除了"从我做起"，还能有什么招数呢?！

写到这里，坎昆会议还有最后三天，成效究竟如何这三天是关键。一种可能的估计是：不指望取得重大突破，但可以期望若干阶段性的进展，并为明年的南非会议打下一个良好的基础。毕竟气候问题是地球大家庭的成员们需要共同面对的。当代人如此，何况子孙后代还要永续发展呢！但愿坎昆给人们留下的不仅是美丽诱人的海景，更是在人类应对气候变化史册上闪亮的一页！

气候谈判就是这样：既有共识，又有差异；既有矛盾，还得合作。会上大声讲，会下细细聊。少不了吵架，也必须握手。应对气候变化这个大课题，考验着共生在同一个星球上的人类的智慧，并影响着人类长远的共同未来。

2010 年 12 月 8 日于坎昆

德 班 笔 记[①]

——写在德班会议闭会前夕

往日的德班，仿佛是地球边上默默的一角，世界气候大会一开，使它一下成了广为人知的舆论中心；一年来世界各地频发的经济和政治危机，似乎使气候问题退居边缘，德班会议的召开，又使它重新成了关注的焦点。

客观存在的气候变化问题并没有因为其他热点的出现而变凉。德班会议前夕，世界气象组织在日内瓦发布《温室气体公报》称，根据世界范围的监测，全球大气中的温室气体浓度又攀新高，极端天气事件更为频繁。中国发布了气候变化白皮书，系统阐述了中国对气候变化的高度重视，为应对气候变化采取的行动以及今后努力的目标和国际谈判的立场，力促德班会议取得积极成果。同时，中国发布了第二次气候变化国家评估报告，以数据和事实指出，在近百年尺度上，中国地表的升温与全球一致；三江源区的冰川大部都在后退。会议前夕，又有媒体炒作英国一个研究组的数据作假的"气候门"，有关专家立即指出，即使那一个研究组的数据全错了，也不能颠覆 IPCC（政府间气候变化专门委员会）的基本结论，因为那是由世界多个研究组做出的一致结果。

由科学家首先提出的气候变化问题，引起了越来越普遍和深刻的认识，导致了联合国气候变化的系列会议，各国政治家和各界人士广泛参与其中。这次世界 190 多个国家和地区的两万多人来到德班，为共同应对气候变化作出新一轮的努力。德班会议的议题诸多，但核心的期待是：1997 年达成的《京都议定书》是为减缓气候变化作出历史性承诺的文件，议定书第一承诺期明年就要到期了，如何在 2012 年后延续和完善议定书是一个具有实质性的重要议题；同时，为帮助发展中国家适应气候变化，已确定设立的绿色气候基金和技术转让如何落实并开始行动，是另一个受到高度关切的重要议题。

德班会议是困难的。难在两点：基本的难点是各国（和国家集团）发展阶段不同，造成气候变化的历史责任和应承担的义务不同，国家利益和关切不同，尤其是有的发达国家对自己应担责任缺乏应有的意愿。根本的难点是难在发展方式的转变。发达国家经过 200多年达到了高度现代化水平，同时伴随着一种高消耗、高排放的发展方式和生活方式。尽管金融危机和气候变化对这种发展方式敲响了警钟，它们却难以或不愿意改变这种发展方式。从这个意义上说，国际谈判中的困难是国内困难的延续。

[①] 本文原载于《科技日报》2011 年 12 月 13 日第 3 版。

德班会议也是有希望的。一是大家分享着同一个地球，在应对气候变化的问题上，各国有着长期利益的一致性，毕竟应对气候变化是人类可持续发展的共同需要；二是经过多年的共同努力，从"公约"到"议定书"，从巴厘、哥本哈根到坎昆，已经有了较成熟的工作框架、共同认可的原则、初步的努力目标和为实现目标提出的行动指南。德班是在这个基础上往前推进。即使有的国家"推进"意识不强，恐怕也不愿承担谈判破局的责任。

德班会议的特点是务实。相对哥本哈根会上带火药味的"高温"，现在多了几分冷静。分歧矛盾客观存在，解决的办法虽然少不了吵架，更需要耐心的谈判，明智的磋商。各大国更应以全球胸怀和历史眼光，出于对后代和物种的责任感，公平、公正、科学地对待各方的诉求，以达到全面、平衡的协议。

中国代表团的一百多位成员，在团长的领导下，以积极、开放、务实的态度，参加了大会和几十个工作组的谈判与磋商。与基础四国、发展中国家、各小岛国和发达国家多次交流、讨论，并频繁举办双边多边会议。他们夜以继日，甚至无暇看一眼德班这个海港城市是什么模样。中国代表团在各项议题中既坚持原则又表现出必要的灵活性。

东道国南非不仅为大会提供了各项支持条件，而且希望"在复杂的磋商中发挥主导作用"。非盟各国也鼎力支持南非，主场发力，力争德班会议成为有成果的里程碑，他们说："非洲大陆不能成为议定书的'坟墓'。"

应对气候变化的主旋律是绿色、低碳发展。尽管对气候变化的科学认知仍有不确定性，走绿色、低碳发展道路，是人类可持续发展的长远之计，已成了广泛的共识。在德班，人们经常把"能源安全"和"应对气候变化"并提，正是意识到大力发展非化石能源是同时解决两个问题的长远战略；而保护环境和应对气候变化的一致性，已经是一个不需争议的常识。无论德班会议具体成果大小，它都会增强人类可持续发展的意识。对中国来说，应对气候变化从一个侧面推动着中国经济的结构调整和转型发展。这不仅是为了争得国际上的主动，更是为了中国的发展不致陷入不可持续的危机。

我们生活在一个充满矛盾冲突的世界上。二十一世纪的人类，一面在创造着高度的现代文明，但同时，频繁发生的穷兵黩武，也显示出现代人仍未完全摆脱原始野蛮的烙印。在这样的国际秩序下，人类面对的一系列重大问题中，有哪一个能在190多个国家间求得全体一致的解决呢?! 气候谈判所确定的多边协商一致的框架是少有的、难得的，指望它短期取得重大突破是不现实的。只要能在正确的轨道和原则的基础上，一步步取得阶段性进展，就是理智的胜利。本文搁笔时，德班会议已进入最后一天的冲刺，相信它不会无果而终。

两岸气候变迁论坛感言

不到一年间，我来台北三次。第一次是两岸能源交流，第二次是两岸环境论坛，这次是两岸气候变迁论坛。大家容易理解：能源、环境和气候变化之间的关系是多么密切。我不禁自问：两岸的专家们在研讨什么呢？三次下来我加深了一种感悟：实质上，我们是在探讨当代中华民族的发展方式！

如果做一个历史观的回顾，我们民族的近代史是一部充满灾难和屈辱的历史。鸦片战争、八国联军、英法联军、甲午战争、日本侵华战争……，一连串下来，曾经历史辉煌的中华民族落到了什么地步呢？华人被洋人称作"东亚病夫"，在上海公园的门口，洋人竟然扦上一个牌子，上写"华人与狗不得入内"！……

现在，我们终于远离了那个不堪回首的年代。却面对着新的生存和发展问题，这是二十一世纪人类共同面临的永续发展的挑战：世界金融危机和全球气候变化所揭示的本质问题乃是发展方式问题。像美国那样的高耗能、高排碳（世界 4.5％ 的人口，每年消耗近 20％ 的能源）的发展方式是无法推广的；而支撑我们几十年来经济高速增长的粗放发展方式也是不可持续的。出路在于"绿色低碳"，这是历史的必然，而走好这条新型的发展之路是需要精心设计的。经历了原始文明、农耕文明，正处于工业文明阶段的人类，将沿着这条道路，步入更高的"生态文明"阶段，实现永续发展。这需要创造，需要智慧。

在能源、环境、气候变化领域，两岸精英们的探讨意义深远。在这次气候变迁论坛上，两岸的六个城市介绍了他们创建低碳城市的经验，既有共同点，又有互补点。我默想：如果这种创建低碳社会的设计和实践不断完善并得以推广，它将为我们的社会进步带来多么深刻而有力的推动啊！这绝对是为两岸人民造福的合作，是符合世界进步潮流的合作。我还想强调，这是一个使我们容易超越历史遗留的政治纠结，共同推动中华民族进步的领域，是一个便于我们以登高望远的胸怀培育一批青年人才的领域。中华民族再也不能回到那个屈辱的时代，而是要自立自强于世界民族之林。而且，如果我们做得好，为什么中华民族不可以走在各民族的前列，引领时代的方向，为人类的文明发展做出自己更大的贡献呢？！

三次来台，交了许多朋友，这是一批有眼光有思想的朋友，大家分享高度的共识和合作的热心。有诗为证：桃园机场一片绿，再来宝岛心欢喜。朋友切磋增情谊，共创未来齐努力！

2012 年 6 月 29 日初稿于台湾

2012 年 7 月 28 日改于北京

奥运静思录^①

金银是怎样炼成的

北京奥运会每天摘金夺银、高潮迭起，而这每块奖牌的背后，都有深刻而感人的故事。

这金银是历尽艰辛、刻苦训练的结果。瞬间的成功饱含着多少心血、汗水、伤痛，真是不吃苦中苦，哪来一奖牌呵！

这金银是科学、严谨、长期磨练的结果。要保证全过程的健康、不断提高机能、分析改进技术、知己知彼地切磋战术、保持均衡的营养……这是一个多学科交叉、自主创新、循序渐进的过程。

这金银是提升心理素质、战胜自我的结果。如古人所言"自胜者强"。要耐受四年、八年乃至十几年的曲折和寂寞，等待自己的既可能是欢呼，也可能是遗憾。现场发挥又要承受各种压力和偶然性。健康的心态和控制自我的能力是成功者的核心素质。

这金银是无数人热心支持、共同打造的结果。时代提供了新的条件、机遇和保障，台前、幕后，父母、老师、教练、团队，还有更多的不知名者为打造金银默默作出平凡而不可或缺的奉献。

这金银是为国争光的崇高意志和强大动力的结晶。升国旗、奏国歌的时刻运动员深沉而动容的表情，正表达了深藏在内心的不竭动力，也表达了亿万注目者的心声。

奖牌的热和冷

摘金夺银引发全场的欢呼和电视机前亿万家庭的雀跃，充分彰显了中国人的奥运热情和爱国热情。

中国人的心里怎能不热呢?！一个世纪之前的"东亚病夫"，而今主办奥运；一个世纪之前没有着落的"梦想"，如今变成了现实；几十年的逐步参与，如今走到了"金牌榜首"的地步，来之不易。人们的心里热得由衷、热得自然、热得有理。

我们需要知热也知冷，冷静面对奥运的成功。如果计算一下世界各国奖牌数的人均值，我国并不排在前列，很多重要的项目我国并不占优，甚至无缘参与。中国还不是"体育强国"，不宜轻言"中国胜利"，进步不等于辉煌。只能把奥运的成功当作进步的新起

---

① 本文原载于《院士通讯》2008 年第 9 期卷首篇，"学习时报"有转载。

点。民族振兴犹如漫漫长跑，需要代代接力，兢兢业业，长期奋斗。

蓝天下的喜与忧

中国为兑现"绿色奥运"的承诺，作出了极大的努力。举世注目的北京空气质量有了显著改善，特别是在奥运赛程的后半期，北京连续呈现蓝天白云，令人欣喜。带着口罩来北京的客人，"始终没有用上口罩"，也算一个笑谈吧。

我们不能不冷静看到的是：这个空气质量的改善和交通大为通畅，既是多年努力的结果，也是在大幅度限车、停产……等措施下得到的，是付出了代价的。这些措施显然是临时性的，不可长期持续的。但，良好的空气质量、通畅的交通却不仅是奥运的需要，也是人们日常的、永久的需要。平时做不到这样，意味着我们的发展模式存在问题，意味着北京的人口、车辆、排污等已超出了它的"环境容量"，发展出现了不协调性。这就是十七大告诫我们的，要以人为本、增强忧患意识，科学发展，转变发展方式。需要把奥运的热情转化为更高的责任感——对国家可持续发展的深刻思考和实践。这不仅是与中国人民切身利益攸关的大事，也是一个负责任的大国对世界应尽之责。

奥运评价机制的启示

奥运各个项目成绩的评判，是根据明确、定量、可测的标准确定的，由裁判打分的项目，也是由国际奥委会确认的有资格的裁判集体，根据明确的评价体系，定量给出的。即使有个别裁判不公，也难以在评价体系十分明确的情况下偏差太多，何况又是在众目睽睽之下。因此，评判结果一般没有纷争和投诉。

这个评价机制的特点概括起来就是：科学、客观、公正、透明。把评价者可能的主观偏向和人为干预降到最低限度。这个特点具有普遍意义和深刻性。

评价机制是制度的重要组成部门。诚然，各行各业的评价有不同的特点，有些不像体育竞技那样容易定量。但力求科学、客观、公正、透明，有标准，讲规范，则应是合理评价的共同目标。如果我们的科技评价，乃至人事评价、干部评价……等，都能从中得到启示和改进，对于我们国家的深化改革、社会进步和科学发展必将产生深刻的影响。

全民素质的提升是更重的金牌

奥运锻炼了中国，提升了国民的素质和思想境界。

通向奥运之路不平坦，办好奥运不容易。从世界的各个角落传出了不同的声音，友好的、批评的、赞扬的、攻击的……我们更加习惯了倾听各种声音，赞扬面前不陶醉，批评面前虚心听取和改正，误解面前增进相互理解，而对"藏独"、"恐怖"之类则予坚决回击。这是一个正常的、复杂的、多彩的世界，我们需以平和而健康的心态对待之，而最重要的则是把自己的事情做好。我们深知民族振兴之路也不会平坦，要做好战胜各种困难的思想准备、心理准备。

热情好客是中国人的传统，作为奥运的东道主，人们更自觉地向世界展现古今中华文化元素的精华：讲和谐、懂礼貌、讲文明、守纪律。我们也从融合了东西方文化的奥运精神中学了更多：更高的思想境界，更宽阔的胸怀气度，更丰富了人生的精神动力。观众不仅为中国加油，也为各国加油；不仅为获胜者欢呼，也对落后而坚持到最后的运动员报以热烈掌声；正在打仗的两国的运动员在赛场上热烈拥抱；一位获金牌的外国运动员身披本国和中国两国国旗绕场一周……这些动人的场面表现的是可贵的素质和奥运文化的标高。值得大书一笔的是广受称赞的志愿者，从抗震救灾到举办奥运，志愿者不仅是一支强大的积极的社会力量，也是一种含义深刻的社会机制。

奥运收获的不仅是奖牌，更可贵是文化、精神之果，它提升了中国人的素质和国际视野，也使世界更多了解中国，更加密切了中国和世界大家庭的联系。这个精神之果，比金牌更有份量，意义更为深刻和久远。

面向新世纪^①

　　五六十年代，有一本名为《科学家谈二十一世纪》的书。当时，不少在校园就读的学子正是通过阅读这本书，激发自己刻苦攻读的热情并产生对新世纪的憧憬和期待。

　　今天，当科学界不断就计算机 2000 年问题向世人发出警示时，我们已切实感受到了新世纪的匆匆来临！与五六十年代相比，处于世纪之交的世界与人类社会已发生了令人称奇的变化。回顾起来，几十年前由科学界酝酿的以电子技术和原子能技术革命为特征的科学技术进步，正是撑起今日之世界巨变的不竭源头与强大动力。当我们把回溯的目光放得再远一些，指南针的发明、蒸气机的发明、电的发明……，可以说，整个世界面貌的改变与人类生活质量的提高，始终得益于人类依据大自然客观规律所产生的层出不穷的创新思维与科学技术成果。

　　也许，在充满热情的回顾之后，我们应当思考并回答的一个问题是："二十世纪即将结束，我们将以怎样的面貌进入新世纪？"而在世纪之交首次出版的这本《中国工程物理研究院科技年报》，是我院事业可持续发展的一个标志。集中展示了我院各学科领域可以公开的科研成果，有利于增强我院在国内外学术界的影响力，也有利于开展与科学界同行及院内科研人员之间的学术交流。毫无疑问，《中物院科技年报》既表达了我们所希望的面向新世纪的热情，也表达了我们在大科学时代力图通过科技交流来开阔视野、提高自身创新能力和学术竞争能力的良好愿望。

　　始建于 1958 年的我院是担负国防尖任务的理论、实验、设计、生产综合体，拥有 11 个研究所、5 个重点实验室，全院现有 12 名院士、8000 余名各类专业技术人员。近 20 年来，共获得国家和部委科技成果奖 2416 项。建院 40 年来，我院为发展我国国防科技事业、增强综合国力做出了贡献。如今我院从国家长远发展的需要出发，正积极深化科技体制改革，致力于从封闭的旧体制迈向开放的市场经济大舞台、既写好壮国威、军威的大文章，也注意以提高综合国力为目标，将自身科技优势与国民经济建设相融合。

　　我院是以现代科学中起核心作用的物理学等理工学科为研究对象，而在学术科研活动上则有着典型的大科学工程特征，我们面对的是一个个国际竞争激烈的学术领域，我们培植的是一棵参天大树，它必须有坚实深厚的根基才能根深叶茂。大科学工程的归宿应当是经得起时间考验的实用型系统，为了做到这一点，它必须以基础性科研为前导和支撑。为此，我们要提高自身对前沿理论、前沿技术的系统性学习能力，注意将平日工作中积累的

---

① 本文为《中国工程物理研究院科技年报》1999 年创刊而作。

感性认识上升为理性认识，从而形成在基础科研中创新思维与学术竞争能力的进步。

《中物院科技年报》定位为可对外公开交流的中文出版物，此后每年出版，反映我院包括冲击波物理与爆轰物理、核物理与等离子体物理、工程与材料科学、电子学与光电子学、化学与化工、计算机与计算数学等学科上一年度的科研进展与学术成果。《中物院科技年报》主要发表两种形式的文献：一是各学科年度科研进展的综述；二是以大摘要形式撰写的已结题的科研成果及工作进展。

此次出版的《中物院科技年报》共发表6篇学科综述与311篇科研成果大摘要。据统计，1998年度我院获得国家和部委级科技成果奖112项，在国内外公开出版物上共发表论文398篇，其中，在国外刊物发表论文125篇。在国内外学术会议上发表论文232篇，完成各类基金资助课题210项，我院研究生部1998年培养博士毕业生11名、硕士毕业生21名，参加国际学术会议及出访149批330人次，接待国外来访学者78批224人次。

在此次《中物院科技年报》出版之前，我院已有六个公开的专业性学术刊物《强激光与粒子束》、《爆炸与冲击》、《计算物理》、《含能材料》、《图形图像学》及《高压物理学报》，但学科分布不够合理，而且没有一本综合反映全院各学科及科研工作全面情况的出版物。《中物院科技年报》的问世，弥补了我院没有这类综合性出版物的不足。对于那些有意与我院进行科技交流与科研合作的人士，希望《中物院科技年报》成为一个拥有良好界面的媒体并起到相互沟通与桥梁的作用。

由于这是我院第一次做这件工作，我们欢迎读者朋友对《中物院科技年报》的各项内容安排及排版、校对质量提出宝贵意见，以便在今后开展工作时加以改进。我们要感谢为《中物院科技年报》出版辛勤劳作的广大作者、组稿者、年报编委会及编辑部，同时也要感谢大力协助《中物院科技年报》顺利出版的四川省新闻出版局和四川科技出版社。

面向新世纪，我们看到当今世界科学知识更新的速度越来越快，科学知识转变为生产力的频率越来越高，不断进步的科学技术所产生的力量对人素质的影响，对一个国家生存和发展的影响越来越成为一种决定性的力量。我们要发奋图强、努力工作，争取以崭新的科学技术文明和健全的科学创新体系走进新世纪，为祖国的富强昌盛，为建立一个和平、民主、繁荣的世界及努力达到人类与大自然节奏的协调，不断把我院科学技术事业向前推进。

即席发言　无题有感[①]

——在"城市化"项目中原城市群调研学术报告会上的讲话

非常高兴有机会随徐院长和各位院士到自己的家乡来，共同切磋河南省的发展问题。各位院士对城市化问题作了专门的研究，有准备地作了很专业的报告，我是在徐院长关照下临时赶来参与的，只能做个即席发言。

我在这儿是双重身份。但我想首先从一个河南人的角度说几句，因为从根儿上说，我首先是一个地道的河南人，生在南阳，长在开封。如果没有中州这块土地的营养，没有家乡父老的培育，没有在开封受到的初等和中等教育，就不会有今天在工程院的我。这个"本"我一直铭记在心。后来，出去学习工作，离开的时间长了，对省里的情况了解很是不够。但存在于内心的。根深蒂固的对河南的关切却一点也没有减退。而且，由于我知道河南有过一个灾难深重的过去，解放后也走过一段崎岖的道路，现在虽然有了很大的发展，但从世界眼光来看，还是相对落后的现实，因而在我对河南的关切中，就多了一份深沉，多了一份热切。热切期盼河南的振兴，热切盼望中原的崛起。河南的振兴是我们民族振兴的象征，中原的崛起是中华和平崛起的标志。

去年九月回郑，参加省科技月，看到省委领导大家制定的中原崛起二十年规划纲要和全书副书记写的阐述文章，有了初步的了解。这次克强书记和成玉省长的报告，使我有了进一步的了解。听了院士们的发言和报告，很受启发。下面，说几点很粗浅的认识：

1. 科学的发展观是辩证的发展观

河南的发展需要一个能够凝聚人心、鼓舞人心的口号、目标和规划，需要满腔热情；另一方面，也需要有科学的发展战略，冷静的头脑，理性的操作。从这个意义上，非常感谢院士们对我省的建言，提醒我们对困难、风险和制约因素有足够的估计，留有余地。中原的崛起是一个历史过程，需要长期、坚持不懈的努力奋斗。社会主义初级阶段的长期性也是科学发展观的重要内涵。

2. 值得进一步研究"生态省"和"节约型社会"的概念和措施

从生态示范区到生态省，概念有了发展，是省域水平上以可持续发展为目标的发展模

---

① 本文为作者 2004 年 5 月 14 日在郑州讲话，后发表于《院士通讯》。

式，内涵丰富，包括绿色 GDP、循环经济……以及处理好生态环境与经济增长的矛盾统一关系等；节约型社会是必走之路。家宝总理常说 13 亿这个大数的算术，我省的一亿人也是一个大数。土地、水资源、矿产资源、能源、生活资料，一人均，就成了小数；而每人节约，乘上一亿，就很可观了。这些概念落到实处，才有新型的发展道路。

3. 关于教育和人的全面发展

我省把财政收入增加量的一个很大部分投向教育，这非常符合省情，符合以人为本的发展观，是有战略眼光的举措。人的素质是我省发展的决定性因素。除学校教育外，还需利用各种渠道提高公民素质，包括职业素质、科学素质和人文素质。对此，我建议，在悉心保护中原文化历史瑰宝的同时，发展中原文化的新内涵。例如，我们这样一个人口大省，又是人口密度大省，很有意义的是把"重生态、保环境、讲卫生、懂节约"作为先进文化的组成部分，作为社会风气的组成部分，作为青少年素质的组成部分。逐步建成一个高素质社会。这也是我省协调、可持续发展的重要保证。

最后，我再回到工程院的角度说几句。工程院一行这次来，是一个很好的学习调研机会，院士们意识到河南发展的重要性，各抒己见。工程院的性质就是咨询性、学术性，所以发表的意见也是咨询性的，不一定都恰当，仅供参考。好在中原文化是海纳百川，善于倾听各种意见的。诚恳地说，评论容易当家难。可以想见，摆在省市领导面前的任务是多么不容易。实现中原崛起是一番光荣而艰巨、伟大而壮丽的事业，省市各级领导正带领中原人民为此进行卓绝的努力，同时也为我们祖国的繁荣昌盛作出自己的贡献，请允许我代表工程院向大家表示崇高的敬意！我们这次来，受到省委、省府、省人大、省政协、有关市领导和省发改委等部门的高度重视、热情接待和周到安排，在此也一并表示衷心的感谢！

《从哥本哈根到巴黎》序[①]

2015 年 12 月，在巴黎召开的联合国气候变化框架公约缔约方第 21 次大会上，195 个国家一致通过了《巴黎协定》，为 2020 年后全球应对气候变化作出了体制性安排，这是气候变化全球治理的里程碑和新起点。巴黎会议的成功不是偶然的，是多年艰苦努力的结果。中国和世界许多国家一道为会议的成功作出了重要贡献。

在长达 20 多年的气候变化谈判过程中，中国谈判团付出了十分巨大的努力，成长了一支以中青年为主的多学科专家兼外交家组成的团队，他们熟悉气候变化的科学问题，应对气候变化的减缓、适应、能力建设等要素，国际气候谈判的原则、策略、焦点和难点，还必须了解国际关系，气候谈判中各个国家和国家集团的利益、立场、博弈点和共同点，我们的国家利益和人类共同利益的关系等，以便引导谈判向建设性的方向发展。本书的两位作者朱松丽和高翔就是我国谈判团中的两位青年专家，他们既是能源专家又是气候谈判专家。在国际气候变化谈判的进程中，从 2009 年的哥本哈根会议到 2015 年的巴黎会议是一个重要的阶段，《从哥本哈根到巴黎》一书，概述了气候变化谈判涉及的内容，朴素地记录了这个阶段各个节点的过程和变化，采用历史考察、比较研究和实证研究方法对这段历史进行剖析，使读者感受各缔约方艰难缓慢但方向正确地向最终成果迈进的步伐。作者也总结了自己在谈判实践中得到的认识和体会。我十分赞赏他们所作的精辟概括："各国必须认识到应对气候变化不仅是挑战，更是结构转型与绿色发展的机遇；不仅仅是成本，更是在多个领域的多重效益；不仅仅是减排，更是为管理未来风险所作出的保险。"

气候谈判的一个基础性的支柱，是气候变化的科学性。现代气候变化科学是在十九世纪逐步奠基，又经过一个多世纪的发展逐步成熟的。尽管存在着不确定性，但以全球变暖和反常气候事件频发为特征的气候变化，毕竟是一个客观存在的事实；至于气候变化的归因，显然是自然和人为因素共同引起的，而工业革命以来人类活动对环境（包括气候）的影响是显而易见的，IPCC 的专家们更是基于大量科学数据，指出人类活动极有可能是主因。

应对气候变化的实质是，在公约的"共区"原则、公平原则和各自能力原则的指导下，通过人类的共同努力，控制气候变化的不良发展，避免走到发生气候灾变的"临界点"。以低碳发展、绿色发展、循环发展的路径，实现全人类的可持续发展。因此，国际气候谈判尽管充满矛盾和分歧，却是吵而不崩、斗而不破。其根本原因就在于，应对气候

---

① 本文写于 2016 年 10 月 8 日。

变化关系到全球的永续发展和子孙后代的福祉，生活在一个地球上的大家有着现实的和潜在的共同利益，这是一个道义制高点。气候谈判本质上是认真而责任重大的全球性努力。气候谈判的最终出路只能是合作共赢。

巴黎会议之后的工作并不轻松。《从哥本哈根到巴黎》一书的问世正当其时，它对广大读者了解和理解国际气候谈判是十分宝贵的贡献，对我国继续参与巴黎会议后的气候变化谈判，在全球治理中增强话语权，发挥新型的引领作用也是一份有益的参考资料。

2016 年 10 月 8 日

《凌导文集》序[①]

这本《凌导文集》是我国著名神经外科学专家凌锋教授的新作，而我完全是个医学的外行，对神经外科学更是一窍不通，除生病求医外，与大夫几乎没有什么交往。我知道凌锋这个名字是在 2002 年，她拯救凤凰卫视主持人刘海若的事迹被报道后，我十分感动。当时，刘海若在英国遭遇火车车祸，大脑重伤，英国大夫认为继续救治没有意义。被请到现场去的凌锋教授诊断后，本着对生命的尊重，毅然决定带命悬一线的刘海若回国治疗。经过大夫们的精心艰苦努力，不仅从死神边夺回了病人生命，并使她重新走上工作岗位。我想，凌锋教授当时敢于做出这个高风险的决定，既是由于她深厚高超的医术功底，更是由于她拯救生命的强烈责任心和使命感！令人钦佩！

今年春节期间，凌锋教授把这本文集的文稿发给我，使我有机会先睹为快。刚看个开头，我就被深深吸引。文稿所述虽有很专业的"做学问"内容，更有许多生动感人的故事，其中饱含着深刻的"做人""做事"的理念。这些故事使我受益匪浅，作为一名读者，很愿写下几点读后感和大家交流。

作者深情铭记着老师对自己的培养。把师长看作镜子和楷模，既是学术的丰碑，又是人生的坐标，也包括那些帮助过自己的国际大师。作者总结了他们的精湛医术、工作经验、学术引领和事业开拓，不忘他们"慈爱的眼睛，坚强的大手"，称颂他们正直的道德品格、和善的处世哲学、严谨的工作风格、洒脱的人生态度。在自己的心里，老师就像"一坛陈年美酒散发着幽香"。**作者又认真总结了学生们的成功之路**，像老师培养自己那样，倾心培养自己的学生，教导学生们要有求知欲、计划性和吃苦精神，以兴趣和热爱驱动锲而不舍的卓绝。要"天天看书学习"，有"文化底蕴"和"艺术修养"，并为学生的成就由衷地高兴。感恩师长、提携后辈，是科技进步的驱动力，也是科技工作者的基本素质。

作者讲自己的故事，不仅分享了成功，也具体记录了失败。面对一次失败的巨大打击，她认真总结、吸取经验教训，深入学习，把失败变成收获，"病人是最好的老师"。由此，为科里制定了"如履薄冰、如临深渊、全力以赴、尽善尽美"的科训，建立了每天早晨做手术预案的制度，唯恐忽略了某个细节会给病人带来灭顶之灾。看到这十六字的科训，使我不禁想起与我们在突破"两弹"时，经常讲的几句话何其相似，高风险的工作必然产生这样的格言。成功是每个奋斗者所渴望的，但值得记录和分享的不仅是成功，始所

[①] 本文写于 2019 年 3 月 1 日。

未料的困难和挫折，由此所作出的思考和总结，才是更为深刻、更有价值、更激动人心的。

作者在从事神经外科实践的同时，密切关注并致力推动这一学科的发展。即使外行的读者，也能看出几十年来神经外科学有了多么巨大的进步。不止于此，**作者还对"什么是医学"进行了更有广度和深度的哲学思考：**在"第十二届中国神经外科医师协会大会讲话"中，作者对系统医学理论做了系统的阐述。医学是以人为中心，以生命为中心的科学，医学是自然科学与人文科学的统一，从医者首先对生命充满敬畏和尊重，治疗过程不仅是自然科学的探索，也是社会人文科学的体现，"健康所系、性命相托"，治疗的"绝招"，可能靠的是整体自洽的医学理论及治疗团队对病人的用心！医生和病人（及其家属）之间的理解、信任和支持，和谐的治疗氛围和环境，能调动医患双方的积极性，进而达到最好的效果。如果把这种信任扩大到全社会，它将成为推动社会进步的巨大力量！作者还系统地阐述了"手术是技术和艺术的结合"，手术者对美的理解和追求，包括"永远挑剔、永远总结、总能发现下次能做得更好的地方"，缜密的计划、术前的准备、术中的观察、术后的总结、整洁的手术环境、团队的默契配合等。手术的效果包含可观赏性。这些都使我进一步理解了医生的事业确实是追求"真、善、美"的事业！

作者的文稿和讲话，高度重视对医生职业精神的阐述。在《大医精诚的光芒》一文中，作者从八个方面系统概括了医生职业之崇高：他们敬畏和拯救的是生命，他们敢于担当责任，他们自尊自重，有严谨科学的作风，认真细致的工作态度，有基本的行医操守，有基本的道德底线，他们科学地为中西医结合做出新的贡献。我理解，医生的职业精神兼有着科学精神、工匠精神和人文精神。神经外科医生们从事的是高风险、高要求、高劳动强度的职业，为医者要有吃苦精神、奉献精神和牺牲精神，还要心灵手巧，并有一颗"爱美之心"。可敬的医生们总是全力以赴、永不言弃、谨慎探索、精益求精、设身处地、无微不至，医生这个职业又是一个充满了爱和感情的职业，如书中所述，两位男大夫为一个高难度手术的成功，不禁相拥而泣，那是一种怎样的医生情感呵！作者还从自己的实践总结道：医学仍是"未知多于已知"，这也是我们物理学界的一个共识。所以，科技工作者来不得半点虚假和骄傲，学习是终生的需要，求学求知之路漫长艰辛，勇于创新、追求进步没有终点。

这本文集以中、英双语出版，很有意义。知识是属于全人类的，文集中的故事表明，改革、开放、国际交流对中国医学水平的提高和人才的成长极端重要。相信本书的出版对推动相关领域的国际交流与合作会起到积极的作用。

这本《凌导文集》从头到尾没有空话、套话。文如其人、如实道来，语言精炼，行文流畅，兼有故事性和思想性，有很强的可读性。这本文集不是大部头，但内容丰满、厚重，值得一读，我愿把它推荐给广大读者，望大家受益。

是为序。

《强激光与粒子束》期刊 20 年^①

强激光是激光科技发展的重要方向之一，进展蓬勃，方兴未艾。主要研究高率激光束的产生、传输及其与物质的相互作用及应用，最具有代表性的两个应用背景是：高功率激光在激光核聚变中的应用和高能量激光的各类传输应用，超短脉冲激光和强场物理也是强激光研究的重要分支。这些重大研究的背景带动着一系列高难度的创新的激光科学技术，也产生着相应的大型光学工程，吸引着一大批优秀科技工作者投身其中，并取得了可喜的成绩。粒子束也是上个世纪迅速发展起来的新兴科学技术。它主要研究强流粒子束的产生、传输及其与物质的相互作用，主要涉及脉冲功率技术、微波技术、各种加速器技术及各种应用。这些学科的发展，不仅可以带动我国基础学科发展，促进国民经济的技术进步，而且会派生出新的学科与产业，对我国经济、科技、国防的振兴与发展将产生深远影响。因此，在我国高技术研究发展规划中，强激光与粒子束技术受到高度重视。有鉴于此，中国工程物理研究院决定创办我国的《强激光与粒子束》学术期刊（以下简称《强》刊），反映我国该领域的研究工作的成果，为国内外研究成果和信息交流提供一个平台。于是，1988 年 10 月在北京召开了首届编委会，推举陈能宽学部委员为主编。1989 年 2 月推出创刊号。

20 年来，《强》刊的发展始终与我国强激光技术、惯性约束聚变及脉冲功率技术的发展同根同源，相得发展，为研究人员提供了学术思想与成果交流的园地，而这些学科领域的发展又为《强》刊提供了充足的稿源和发展的推动力。刊物经历了季刊改为双月刊（1999 年），双月刊改为月刊（2003 年）的发展历程，2007 年 11 月增加了中国核学会为主办单位。刊物自 1993 年以来，一直被工程索引 EI 收录，1995 年被科学文摘 SA 收录，1997 年被化学文摘 CA 收录。1996 年起，一直被列入《中文核心期刊要目总览》物理类、原子能技术类核心期刊，先后荣获全国优秀光学期刊奖、全国优秀科技期刊奖、优秀国防科技期刊奖，2002 年入选了中国期刊方阵双效期刊。当然，我们不能满足这些成绩，今后将继续进行改进，以期吸收更多高质量稿件。为庆祝《强激光与粒子束》创刊 20 周年，我们出版这期纪念专辑，希望能反映我国强激光与粒子束技术在这些前沿方向的工作水平，也希望刊物能在促进强激光与粒子束学科的知识积累、传播和交流等方面，继续发挥积极作用。

---

① 本文写于 2009 年。

　　《强激光与粒子束》的成长和发展过程中得到了主办单位、主管部门、出版行政管理部门和承办单位中国工程物理研究院科技信息中心的大力支持，凝结着编委专家、稿件评审人、论文作者和编辑部全体人员的辛勤劳动，在《强》刊创刊 20 周年庆祝之际，我要向长期以来关心、支持《强》刊编辑出版的单位、部门和个人致以诚挚的感谢。让我们继续共同努力，把《强》刊办得更好，为强激光与粒子束学科的创新和我国高科技事业的发展做出新的贡献！

见证成长　期待未来[①]

　　10 年之前的 1999 年，正值世纪之交，作为中国工程物理研究院人，我们在感受到国家领导人相继视察带来的喜悦和希望中，混杂着美国轰炸我国驻南斯拉夫大使馆激荡的阴霾和愤怒。向来以"铸国防基石，做民族脊梁"为己任的我们，更感觉到责任和危机，期待成为一个更为强壮的孩子，能够去护卫自己的家园。为了这个坚定的心愿，我们热切地憧憬着以开放、交流、创新的姿态迎接新世纪，更快更多地融入到国内外学术界同行之中，希望"通过科技交流来开阔视野、提高自身创新能力和学术竞争能力。"在这种背景下，经院领导倡议和决策，《中国工程物理研究院科技年报（1998 年）》应运而生，首次公开出版发行了。面向新世纪，面向世界，我们播下了满怀期望的种子。

　　从那以后，《中国工程物理研究院科技年报》每年均按时出版，时光荏苒，至今已是整整 10 年，第十期——2007 年度年报又将沉甸甸地呈现在所有关心它的人们的案头上。本刊在首期年报的序言《面向新世纪》中，曾提到"我们培植的是一棵参天大树"，而十年树木，年报在所有关心关注她的人们培植的沃土下，已深深地扎下根来。年报十年，年报在成长，她见证了所有作者、组稿者、编委会、编辑部和出版社的辛勤劳动；年报十年，作为全面记载中国工程物理研究院科技进展与学术成果的公开出版物，她见证了中国工程物理研究院十年学术发展的轨迹；年报十年，作为中国工程物理研究院科技人员展示自己科技成果的一方园地，她见证了中国工程物理研究院科技人员的成长。

　　中国工程物理研究院各学科年度科研进展综述和科研成果的大摘要是年报的两种主要文献形式，而尤以大摘要为其核心形式。包含本期在内，10 年来，年报发表学科综述合计 16 篇，发表大摘要科研成果合计 4230 篇，发表年报专稿 6 篇。此外，还列出了期间中国工程物理研究院研究生部历年的研究生毕业学位论文题目，而院士介绍栏目则成为展示那些曾经在核武器科技工作中做出卓越贡献的科学家风采的窗口。首期 1998 年度年报分为冲击波与爆轰物理、核物理与等离子物理、工程与材料科学、电子学与光电子学、化学与化工、计算机与计算数学 6 个学科，1999 年度年报即增加了军备控制学科，2001 年度又根据工程与材料科学在中国工程物理研究院发展的实际情况，将工程和材料学科分别列出，年报开始按 8 个学科发表大摘要，自此一直延续至今。

　　10 年前，年报甫一出版，就以其准确的定位，特殊的形式，丰富而全面的信息以及踏实的风格受到科技界同行的高度关注和重视，影响不断扩大，被国内众多高校、科研单

---

　　① 本文为《中国工程物理研究院科技年报》创办十周年而作。

位和图书馆列入收藏目录。同时，适应信息时代的需求尤其是网络技术的发展，年报在次年即采纳了通过中国工程信息网传播的方式，后又被中国学术期刊（光盘版）电子杂志社和西南信息中心《中文科技期刊数据库》等电子信息媒体录用。每年的年报出版后，编委们和编辑部都会收到读者众多的需求和反馈信息，还常为作者与读者之间的联系、深入探讨甚至科研合作牵线搭桥。所有这些，无不让当初出版年报的决策者，也让参与到这项工作中的所有人员感到欣慰和自豪。年报确如当初设想，向学术界展示了中国工程物理研究院可以公开的科技发展成果和科技实力，成为与学术界交流沟通的桥梁，增强了中国工程物理研究院在国内外学术界的影响力。

出版第十期年报的 2008 年，又恰逢中国工程物理研究院建院 50 周年的纪念日。我们不能忘记，年报出版发行的这 10 年，也正是中国工程物理研究院发展历史上重要的 10 年。我们知道，20 世纪末，正是我国市场经济迅速发展的时期，国家科技体制和国防科技体制也处于改革调整之中，作为国家唯一的核武器科研生产单位，中国工程物理研究院在当时急剧变化的环境中，恰恰因其特殊的事业和管理体制，难以避免地陷入一时的困境，如当时科技人员收入较低（一句耳熟能详的俗语"搞原子弹的不如卖茶叶蛋的"就是对这种情况的生动描述），就对中国工程物理研究院科技人员的补充带来很大的困难。在军民结合的大背景下确定新的发展目标，禁核试条件下探寻新的科研发展道路，开拓研究领域，探索适应市场经济与特殊事业的管理体制，保持乃至加强中国工程物理研究院学术影响力的学科建设、学术发展，也无一不是让当时的院领导层和全院科技工作者关注和困扰的重大问题，而这些都受到科技人才队伍建设的制约。在党中央和国务院的关心和支持下，也通过我们自己的努力，10 年来，中国工程物理研究院克服了困难，保持了良好的发展态势。这 10 年里，在保持核武器研究的基础地位的同时，高新技术武器和 ICF 研究取得了重要进展，并随之进行了学科结构和研究所的结构调整，中国工程物理研究院学术研究领域由此不断拓展和深化。与此同时，中国工程物理研究院科技人才队伍建设也取得了显著的效果，科技人员结构明显改善。1999 年以来，中国工程物理研究院先后有王世绩（1999 年）、陈式刚和郭柏灵（2001 年）等 3 人当选为中国科学院院士，彭先觉、李幼平、武胜（1999 年）、董海山、孙承纬（2003 年）、张信威（2005 年）和丁伯南（2007 年，已故）等 9 人当选为中国工程院院士，两院院士由 1998 年时的 12 人增加到目前的 24 人。作为全面记录中国工程物理研究院每一年学科发展的权威出版物，学术年报无疑也记载了这 10 年中，中国工程物理研究院克服发展道路上遇到的种种困难，在学术发展和科技人才成长不断取得进步的过程。

十年磨一剑，中国工程物理研究院学术年报确曾见证了中国工程物理研究院这 10 年的科技发展和科技人员的成长，但我们也更应清醒地认识到，这与我们期待的参天大树还有巨大的差距。最近，中国工程物理研究院对制约和影响院科学发展的问题进行了调研，在回答"科研能力与学科专业布局不适应科学发展的突出问题"时，60％的科研人员选择了中国工程物理研究院"整体创新能力、尤其是原始创新能力不强"的选项，高列所有选项的第一位，且远远超过其他选项，这确实在某种程度上反映了中国工程物理研究院科研能力的现状，也表现出一种难得的清醒。而早在新世纪之初，院痛感基础研究和预先研究的相对落后和薄弱，已经在一定程度上影响了院学科发展，甚至制约到我院事业在未来的持续发展，为此专门做出了加强基础研究和预先研究的决定，我们希望年报能够更加充分地反映我们的创新成果。年报无疑也是一面镜子，折射出我们在学术发展存在的局限和存在的问题，更应该催生出我们的危机意识和忧患意识。

面向未来，守候和平，我们充满了更多的期待。

2008 年 12 月

开创者远见卓识　后来者任重道远^①

——中国工程院建院 10 周年有感

❖ 工程院领导与机关同志合影。一排居中为时任院长徐匡迪（2004 年）

中国工程院的建立是科学家的思想同政治家的战略眼光相结合的产物，是中国现代化建设进程客观需求的呼唤。

当人类进入二十世纪末期的时候，中国历史揭开了一个新的序幕：在经历了二十世纪连绵的战乱和艰难曲折之后，中国终于进入了一个较为快速而稳定的发展时期。"发展是硬道理"，"科学技术是第一生产力"，工程技术是架设在科学和经济建设之间的桥梁，这日益成为人们的共识。科技界需要更高地举起工程技术这面大旗，加速科技成果向生产力的转化。

为中国工程技术的发展倾注了几十年心力的一些老科学家，对此有着更为深刻和强烈的感受。1992 年，张光斗、王大珩、师昌绪、张维、侯祥麟、罗沛霖等中国科学院的老

---

① 本文原载于《光明日报·科技周刊》2004 年 5 月 14 日第 299 期 B1 版。

院士（时称学部委员）向中央建言：早日建立中国工程与技术科学院。这一建议迅速得到了中央领导的肯定和支持，并正式定名为"中国工程院"，由中国科学院（学部）牵头进行筹备，1994 年正式成立。应该说，中国工程院的成立，是科学家的思想和政治家的战略眼光相结合的产物。

几位科学家的建议似是偶然，实则反映了客观存在的必然性，"必然性寓于偶然性之中"。建立工程院的思想，凝炼着对世界发达国家发展规律和我国近代史经验教训的总结，提升了人们对工程科技重大作用的认识，体现了对工程科技工作者的重视和尊重，反映了中国现代化进程的客观需求。可以说，是时代的进步和国家的发展使中国工程院呼之欲出，应运而生。

十年实践证明了建立中国工程院决策的正确性，也显示了中国院士制度进一步的发展和完善。

十年来，中国工程院从无到有，逐渐成长，现已拥有六百多名院士，发挥着越来越大的作用。它的经常性工作，是组织院士和院士周围的广大科技工作者，从工程科技的角度为国家的经济和社会发展做好决策和规划的咨询工作，通过与地方及企业的合作，为一些重要项目做好工程科技方面的调研、分析和咨询，并推动国内外的工程科技交流与合作。它的一个特点是：跨行业、跨部门、跨学科，力求工作的客观性、超脱性、科学性，以经得起时间和历史的检验。我在实际工作中常常感受到，从 40 几岁较年轻的院士到年事已高身体尚好的资深院士，都兢兢业业地奋斗在工程科技工作的第一线或担负科技梯队的指导，继续创新和贡献智慧，不仅显示了深厚的学术功底，而且表现了令人感动的精神风范。一些已是耄耋之年的老师辈的院士，依然耳聪目明，思维敏捷，多次提出事关国家科技发展的重大建议，甚至亲自主持大型咨询项目，热情培养和提携晚辈人才，看到他们这种"不待扬鞭自奋蹄"的将帅风采，我深感这是我国科技界的幸事。院士们不仅工作在各自的本职岗位上，而且为国家发展的重大决策作出了实质性的贡献。实践是检验真理的唯一标准，实践已充分证明了成立中国工程院这一决策的正确性。

中国工程院的建立，提高了工程科技在建设中国特色社会主义事业中的地位和作用，极大地调动了我国工程科技工作者的积极性，促进了理、工科的交叉，密切了科学技术与经济建设的关系，带动了我国工程科技队伍的建设，推动了我国科技、经济和社会的发展，意义深远。中国科学院五十年的实践加上中国工程院十年的实践，充分表明了院士制度的积极作用。中国工程院的建立使中国院士制度进一步完善，也是中国科技体制与国际接轨的标志之一。通过在实践中不断总结、不断创新，院士制度会更加完善和发展。

团结广大工程科技工作者，建设高素质的工程科技队伍，为我国现代化事业做出新贡献，中国工程院任重道远。

当前，我们正处在中国历史上一个最好的发展阶段，赶上了一个宝贵的战略机遇期。在十六大精神和三个代表重要思想的指引下，全面建设小康社会，逐步实现祖国的现代化，是十三亿中国人发自内心的共同愿望，也是我们中国人对全人类的文明进步应负的历史责任。时代为中国工程院提供了一个广阔的舞台，工程院责无旁贷、重任在身、使命光荣。

如徐匡迪院长所强调的，工程院要为国家的经济和社会进步作出自己应有的贡献，关键是要建设一支素质高、学风优、品德正的院士队伍。为此，要坚持不懈地做好两件事：

第一，坚持院士标准，坚持质量第一，认真做好每次院士增选工作。不断改进增选各环节的工作，排除各种社会不良风气的影响，营造健康的增选环境和氛围，确保增选评审工作的客观、科学、公正。把德才兼备、真正优秀的工程科技专家选进中国工程院。

第二，加强院士队伍的科学道德和学风建设，包括加强院士自律、完善制度、弘扬楷模、社会监督等。这是院士们的普遍共识和共同心声，也是需要全体院士共同努力才能做好的事情。两院院士群体受到社会各界的尊重，这是社会进步和国家兴旺的标志之一，但同时，院士也是普通人，他们需要把自己有限的精力用在自己有长处的领域，避免过多的社会兼职；院士们也生活在现实的社会大环境中，在享有荣誉的同时，要避免把院士称号过于物质化，应婉拒过高的、不适当的薪酬待遇，保持院士称号的纯洁性；在科技实践中，谦虚谨慎，平等待人，团结同行，善于协作，求真务实，力戒浮躁，倡导科学民主的学术风气，以实际行动努力维护中国工程院的崇高声誉。

青少年们把科学院、工程院称作"科学殿堂"，老百姓都希望这里是"一片净土"，中央把科教兴国、人才强国定为国策，把专家咨询列入了决策程序。要把科学的发展观变成我国全面、协调、可持续发展的现实，任务十分艰巨，我们深知肩负责任的重大。

建设好中国工程院，团结广大工程科技工作者，建设一支高素质的中国工程科技队伍，是院士们的愿望，是人民的希望，是国家的需求，是中国现代化事业的要求。刚刚走过十年道路的中国工程院任重而道远。它将随着中国现代化事业的蓬勃发展，进一步成长和成熟，为国家富强、民族振兴发挥更大的作用。

要高度重视基础性研究和学科建设

——在强辐射重点实验室学术年会上的发言

1. 一项成功的大科学工程，就像一颗硕果累累的参天大树，它一定是深深地根植于肥沃的土壤之中的。

高技术研究不是一根在任何贫瘠的荒漠都能长大的独苗。它需要肥沃的学科土壤才能根深叶茂。

2. 高技术研究事业是长期的事业，要经历几个阶段，几十年、几代人的持续努力。目前总的看来处于初级阶段，我们必须有长远的眼光，为了健康的成长和成功，要始终注意培育扎实的学科基础。健康的儿童才能长成健康的成人。

3. 高技术研究事业的发展有赖于青年一代的成长。边干边学、在完成任务的实践中锻炼成长是青年成长的基本途径，但我们必须有一些学科基础扎实的青年学术骨干，基础厚、底气足。他们必须在完成任务的同时，有意识地在学科基础上丰富、提高自己和科研集体。以任务带学科，以学科促任务；出人才才能出成果。

4. 强辐射技术的发展面临着激烈的国内外竞争。不进则退，关键在实力和后劲。基础和学科水平决定着实力、后劲和前进的速度与加速度，决定着长远的成败。

5. 强辐射涉及的许多高技术，具有多学科交叉性、开放性。一个重点实验室、一个单位不可能把所有有关的基础学科都搞起来，因此 a. 发展有限的有特长学科；b. 积极参与国内外的学术交流与合作；c. 通过开放的管理（如各类基金）联合各路专家，解决相关的基础性的或单元技术的问题。封闭单干必然落后。多种类型的基金是开放性研究的渠道，又是横向经费的来源，也是一种机遇。但机遇只给有准备的人。面对国际竞争和体现国家意志的战略需求，我们要时刻准备着，我们重点实验室重视基础研究与学科发展，就是为了使自己处于有准备的状态。

以创新支撑中原崛起①

1 创新发展方式，实现科学发展

1.1 对发展方式的再认识

三十年来，我国经历了快速的经济增长，成就举世瞩目。冷静地分析会发现这个阶段的经济成就在很大程度上靠的是几个生产要素的大量投入：消耗了大量的自然资源；付出了沉重的环境代价；靠人为的投资拉动；靠大量引进国外的技术；靠国内廉价劳动力。这是一种典型的粗放型发展模式，被美国波特教授称为"初级要素导向阶段"。这种经济的本质特征注定它是不可持续的；它是一种低门槛的经济，"增收不增利"。有人曾计算8亿件出口衬衣的利润才等于一架空中客车创造的价值。

一旦要素（如资源、环境、能源）出现制约，经济必将遭遇重创。中国每日耗水量、污水排放量均为世界第一；能源消费和 CO_2 排放世界第二，SO_2 排放世界第一。钱多了，但污染导致人民生活品质、健康状况的下降。我国廉价劳动力优势将逐渐丧失，"人口红利"会变为"人口负债"，成本价格优势导致对出口的依赖和贸易顺差，带来对本国货币升值压力。

中国的进步只走过了一个序幕。差距十分明显，人均GDP在全世界排在100位以后。存在的基本问题是：规模大，水平低，发展模式不良，核心竞争力不强。出路何在？问题在于一个国家能否及时而有力地改变发展模式，从"初级要素导向阶段"转变到"创新导向阶段"。

中国正在力求成功。中国既是一个人口大国，又是一个人均资源的小国、穷国。仅人均能耗一项就注定了中国不能照搬超级大国的发展道路。莱斯特·R·布朗认为，西方那种以化石燃料为基础，以小汽车为中心，一次性产品泛滥的经济模式，是一种应该被淘汰的，使人类文明陷入危机的模式。中国必须创新自己的发展道路、发展模式。要居安思危，下大功夫，完成这个转变，掌握历史主动。

"创新导向型"的特征是：①主流产业和企业开始具有创新能力，产品附加值提升，专利和品牌增加；②产业链脱离粗放形态，走向集约化、专业化，竞争能力提升；③科技进步贡献率达60%以上（目前我国为40%，发达国家约为70%），研发投入大于2%（目前我国为1.4%，日、美分别为3.35%和2.79%），对外依存度小于30%（目前我国为

---

① 本文是在河南省发展座谈会上的发言，2007年。

50％，日本为 5％，美国小于 10％），专利授权量和论文国际引用数进入世界前五名（目前我国为第 20 位）；④现代化的第三产业蓬勃发展，具有更完善的基础设施，高水平的研究机构和教育体系，并与企业密切联系，互动互强，具有先进的创新文化。

实现这个阶段转变的途径是"自主创新、重点跨越"，即波特所说的"创新导向阶段"、布朗书中所称的"B 模式"。我国提出的"科学发展观"、"建设节约型、环境友好型社会"、"建设和谐社会"、"建设创新型国家"等一系列思想，则是更为全面，深刻地阐明了关于"如何发展"的认识论和方法论，兼有理论性和实践性。这些思想标志着人类对发展模式、发展道路新的觉醒。

胡锦涛总书记强调：提高自主创新能力，建设创新型国家，这是国家发展战略的核心，是提高综合国力的关键；加快转变经济发展方式，推动产业结构优化升级，这是关系国民经济全局紧迫而重大的战略任务。

1.2　转变发展模式，实现科学发展

解决核心技术、自主知识产权、世界知名品牌"三缺乏"。我们问题的根源在于：产、学、研分离；企业本身研发力量弱，缺创新源泉。1820—1952 年，世界经济产出增长了 8 倍，但中国的人均产出实际上是下降的，中国占全世界 GDP 的份额从 1/3 下降到 1/20。

2　推动企业创新，建立学、研、产、官结合的创新体系

2.1　创新体系的结构

在技术创新体系当中，政府起主导作用，企业起主体作用（研究开发投入主体，技术创新活动主体，创新成果应用主体），市场在科技资源配置中起基础性作用。自主创新能力是国家竞争力的核心，应大力推进以企业为主体的自主创新。自主创新包括原始创新、集成创新和引进消化吸收再创新，三者构成国家创新能力。

中原城市群的科学发展，要有一个有机的、互相促进的总体战略。要有一个基于信息技术的城市群网络化管理体系。其中，"郑汴一体化"十分有利于学、研、产、官的结合。各国的创新体系各有特色，共同的特点是产、学、研结合，如日本的"产业群"形态的创新体系、瑞典的"能力中心"形态的创新体系和美国科技创新体系。美国科技创新体系的要点（根据美国工程院的归纳）如下：

（1）美国科技政策及创新体系的起源

1944 年，MIT 的教授万尼瓦尔·布什应罗斯福总统的要求，提交了题为《科学：无尽的前沿》的报告，对美科技产生深远影响。布什报告主要有四个方面的观点：

- 大学应该成为国家最基本的基础研究组织；
- 联邦政府应该投入科学研究以获取研究成果，并培养下一代科学人才；
- 基于竞争机制拨款鼓励研究活动；
- 设立国家科学基金。

布什还首次从经济意义上提出了科技发展的线性模式，即基础研究→应用研究→产品开发→市场应用。

布什强调应该鼓励大学从事基础研究，并鼓励把研究成果商品化。在布什报告影响下，美国国家自然科学基金会于 1956 年成立，标志着美国创新体系开始建立。

（2）关于美国国家创新体系的结构

● 理想的创新体系应该是政府部门、大学和产业界协同一致，致力于通过加强研究创新知识和技术；

● 教育年轻人理解并创造新知识和技术；

● 把知识和技术转化为新的产品、工艺以及服务并推进市场应用；

● 近 60 年来美国家经济增长 50% 得益于科技创新；

● 企业已经成为研究开发投资的主体，2006 年企业研发投入总量为 1944 亿美元，同比联邦政府研发投入总量为 644 亿美元。

（3）关于美国国家创新体系的变化趋势

美国企业的创新模式随着时代发展不断变化。

● 20 世纪 70 年代，企业典型的创新模式是中心实验室；

● 80 年代，企业创新的模式转变为以产品开发为中心；

● 90 年代，高技术新兴企业成为企业获取创新成果的重要手段；

● 当前，开放创新成为企业创新的主流趋势。

要培育企业的创新环境，国家应在完善知识产权保护制度的同时，营造一个公平竞争的市场环境，支持企业组建各种形式的战略联盟，形成核心专利和技术标准；还需经济政策和科技政策的扶持，如财税、投资、金融、消费和政府采购等政策应有利于企业自主创新。另外，人才是竞争的制高点，国家要支持企业培养和吸引优秀人才，并且，要倡导开放、富有活力的创新文化。

国家要重视中小企业的重要性，一个国家的发展，不仅要有能够走进世界的大企业，也要有众多生机勃勃的中小企业。在我国，中小企业已成为推动经济社会发展的重要力量：在经济发展中的作用不断加强（创造 GDP 58%）；在扩大就业中地位举足轻重（75% 的城镇就业）；在技术创新中的活力引人瞩目（65% 的发明专利）；在经贸合作中影响逐步加大（出口创汇占 68%）。在 OECD 国家中，中小企业占企业总数的 95%，它们创造了这些国家 60%～70% 的总就业和 55% 以上的 GDP。中国改革开放以来，65% 的发明专利、75% 以上的技术创新、85% 的新产品是由中小企业完成的。

2.2 企业技术创新的四种类型

2.2.1 企业内部技术团队组织创新，提高企业核心竞争力

近些年来，中国的华为、海尔、联想等公司加大了研发投入。更令人惊喜的是中小企业也锐意技术创新，在市场竞争中获取高效益回报。分布在世界各地高新技术开发区中的大量中小企业都是以自身的技术创新成就来创业发展，成为今天以知识为基础的经济发展的最重要部分。

2.2.2 企业积极参与社会（指国家或民间）推进创新的科技发展计划以及民间的产学研技术攻关联盟

重大技术创新项目的组织实施，从设计到任务完成都以企业创新能力提升及其国际市

场竞争力加强为主线，组织企业、大学、科研院所参加，集聚各方智慧和研发条件共同攻关，取得了显赫成效。例如，1976—1980 年日本通产省组织六家电子企业和大学、研究所联合攻关当时最先进的一微米微电子成套生产技术，取得了令世人瞩目的成就。

这已是得到广泛推广应用的、公认的，由政府协调组织创造环境、以企业为主体、产学研紧密结合的重要创新模式。

日本一微米微电子技术产学研结合创新的成功经验中有三点值得借鉴：①参加攻关的六家公司是市场上的竞争对手，把他们聚在一起攻关创新很难。日本政府创新了管理机制，把技术创新过程分为联合攻关突破共性技术和各企业有了先进技术后独立开发产品两个阶段；并提出技术突破的成果共享，各自用先进技术开发的新产品照常市场竞争。这就为竞争的对手们凝聚在一起搞创新找到了利益的共同点。②以企业为主体的技术创新，企业是得益者。参加攻关的企业必须投入资金等软、硬条件真抓实干。政府不包办代替，只给部分补贴经费和公共政策支持。③联合攻关实体在目标任务完成后解散，而不是永存。

2.2.3　企业从市场和客户的需求出发提出题目和资金等委托大学和科研院所承担研发任务

这是企业与大学或科研院所利益相关方，志同道合的双边创新活动。其研发创新内容是企业有需求但不适合在企业内开展研究的新项目，其中多数是涉及企业未来竞争力的技术。

大学和科研院所乐意承担是因为研究内容目标先进、水平高、学术性强，而且双方宽容失败，把积累经验和培养高级人才作为合作的基础。有关媒体调查显示，这种双边合作创新是国际上最常见和广为流行的产学研结合创新模式。

2.2.4　企业购买知识产权

这种模式是指企业不仅在企业内组织创新和参与双边及多边的产学研结合自主创新，还要以购买方式引进国内外大学、科研院所和其他企业的先进技术和服务管理。在全球化发展的时代，创新是全球性的群众"运动"，海量的新东西不断在全球各地涌现。相比之下，一个企业的自主创新成果总是有限的。

敏智的企业家都善于引进、消化、吸收人类创造的一切与己有关的先进技术和先进管理方法为己所用，通过再创新提升企业核心竞争力。有统计表明，世界 500 强的企业也在收买他人的创新成果。

一个例子是中国的联想，技术人才一部分在国内，一部分在美国，一部分在日本，形成创新的"三角"。曾有一个创新的想法，概念由中国团队提出，日本团队实现，美国团队与客户沟通获得成功。

2.3　中国企业创新的实例

2.3.1　陕西秦川机床工具集团

原是上海老企业，困难时生产 0.35 元一个的煤夹子（20 世纪 80 年代）。现在，机床出口每台几十万美元，占有国内市场的 75%。关键是技术创新＋市场策略创新＋高端产品开发，实现了数控精密高效机床在西方市场的突破，成为顶级磨齿机制造的中国民族品牌。

2.3.2 北京汉王科技股份有限公司（1998年成立）

● 汉字手写识别起家；

● 汉字识别，增加了 OCR 识别技术；

● 模式识别阶段：指纹识别、人脸识别等；

● 智能输入，如高速扫描仪、智能监控等输入设备。

现在以多元智能人机交互为方向，集研究、开发、生产、经营于一体。创新企业要不甘寂寞、坚持不懈。汉王存活成长，从手写领域 NO.1，到 OCR 光学字符识别领域的 NO.1，又拓宽到生物识别领域，目标是做到世界模式之王。它成功的方法是做到创新要"计划生育"，少生、优生：①聚焦核心，快、准、省；②优质抚养，集中投入；③优生优育，提高成功率。

2.3.3 其他企业

还有苏州以集体经济为主体的一批乡镇企业高速发展的"苏南模式"，其特点是"先人一步，快人一拍，高人一筹"。从投资驱动发展到创新驱动。

还有奇瑞汽车的创新理念是：①要有创新的精神；②自主＋联合研发，掌握核心技术（发动机、变速箱、底盘）；③形成完整的产品系列；④充足的人才储备（靠"精彩的事业"、"真挚的情感"）；⑤超强的制造能力；⑥清晰的全球化战略。

3 把节能减排提到战略高度，建设"两型"中原

中国的首要特点是人口众多，随着经济快速发展，总能源需求大、增长快。我国的能源形势是：人均能耗少（中国为2t标煤，美国为11.8t）、总能耗多（中国占世界的18%，美国占25%）、能源弹性系数不断增长（从0.5到1.1）、浪费大（GDP占5%～6%，消耗31%的煤、7.5%的石油）。然而中国的现代化、中国的富裕绝不意味着人均能耗追赶世界水平，中国一定要根据人口众多的国情寻求一种适合中国自己的发展模式。

产业生产和居民生活中大量使用高耗能的技术和产品。现有近 $4 \times 10^{10} \mathrm{m}^2$ 建筑中99%属于高能耗建筑，新建筑中仍有95%属于高能耗建筑；发电、冶金、建材、化工、交通等产业消耗全部一次能源的80%左右，单位产品能耗平均高于国际先进水平的20%～30%；农村能源形态比较落后，浪费资源、污染环境。我国的能源形势严峻。

中国以煤为主的能源结构，加之能源效率低，造成了日趋严重的环境问题：①能源结构中国与世界不同，煤占总能的70%。②我国能源利用效率低，2000年能源系统总效率为10%左右，约为发达国家水平的1/2，其中，资源开采回收率为32%、能源使用效率为33.4%，比国际水平低10%左右。③大气污染严重，环保总局2005年对522个城市监测结果显示，有207个城市的大气处于中度或重度污染，293个城市空气质量处于国家二级标准，大多数城市空气质量未达标；2006年全国 SO_2 排放 $2.589 \times 10^7 \mathrm{t}$，90%是燃煤造成，1/3国土受酸雨污染；全国一亿以上人口呼吸不到清洁空气，因空气污染每年1500万人患上支气管炎。中国的压缩型工业化进程带来了复合型环境问题，快速扩张的经济带来巨大的排放总量，不良的增长方式以牺牲环境为代价。由此可见当前的环境形势也很严峻，我们需要认识到增长有极限、环境有容量。

节能减排不仅是技术问题，更是战略问题；既是当前的紧迫需求，又是国家可持续发展的长远大计。要做到产业结构调整和升级、产能端及用能端（工业、建筑、交通、照明）的节能减排。

对中国特色消费方式、生活方式进行思考，构建节约型消费体系。在全社会倡导"适度的物质消费、丰富的精神追求"的生活方式，反对"攀比奢华"的不良风气。中国的人均能耗、人均轿车数、人均排污量、单位建筑面积能耗等必须控制到显著低于国际水平，提倡"节约而健康的富裕"，这是"节约型社会"的必然内涵，也是创新中国经济增长模式的必然要求。

社会节能方面要做到政府机构带头节能，具有重要的示范、表率作用。要突出抓好节电、节油、节水，抓好能源计量，强化目标责任，接受社会监督。政府引导，市场主导，调动各企业、单位节能减排的内在动力。不重走倒 U 型（图 1）的老路，争取"隧道效应"，落实"新型工业化道路"。

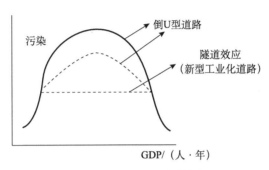

图 1　节能减排的隧道效应

确立"三种绿色能源"的概念：①大力节能，提高能源利用效率，控制需求总量；②多元发展，加快可再生能源与核能发展，改善能源结构；③大力推进煤的洁净化技术，减少污染。低排碳＋碳汇＋碳利用＋碳捕获封存＝"低碳经济"，这是发展方向和国家目标，是中国可持续发展的战略选择，是科学发展、建设中国特色社会主义的必然内涵。中原崛起要吸取发达国家的经验教训，坚持"农业先进、工业发达"的目标，坚持"资源节约型、环境友好型"的新型战略，把环境建设作为基本的民生问题和长远发展大计。

4　结语

在一个十几亿人口的大国，实现可持续发展，是一个前无古人、后无来者的伟大事业。中国人只有用自己的腿，走自己的路，才能走出一条有中国特色社会主义的新的康庄大道！

中原崛起是中华崛起的标志，河南振兴是民族振兴的象征。中州曾是中国古代文明的发源地，也将担当起创造中华当代文明和未来文明的重任，这是中州人民的胸怀，中州人民的思想境界，中州人民的心愿，也是我们努力工作的不竭动力！

防 范 风 险[①]

信息化是一把"双刃剑"，推行信息化时必须注意其高风险性。

英国牛津大学出版的《信息系统风险管理报告》，对全球部分国家 1979 年到 1995 年间实施的 3680 个信息化项目进行了统计分析，结果发现，这些项目能够按时、按预算完成的只有 12％，相当一部分项目或不能按期完成，或超过预算，或未达到预定功能，还有不少甚至在项目完成前就被迫取消。

我国也不例外。上世纪 80 年代末，我国政府实施办公自动化项目时，很多花费不菲的项目最后几乎都失败了。

信息化建设项目之所以会失败，主要原因有两个：一是信息化项目具有高度动态性。由于信息技术本身发展很快，信息化对象的业务流程变化也快，因此，开发的信息系统往往跟不上实际的变化；二是信息化项目并不单纯是技术项目，还与管理和"人"密切相关，这增加了项目实施的难度。

如何减少信息化建设项目的风险，将是今后一段时期我国国民经济和社会发展中需要解决的一个重要问题。当前，以下几方面的问题需要引起注意：

一是不能把信息化看成单纯的高新技术的应用，而应建立"信息化是信息技术和管理现代化相辅相成的社会进步的过程，技术并不能确保信息化 100％成功"的观念；二是不能把信息化仅看成单纯的软件问题，而应将其视为一个系统；三是不能把信息化当作某种固定的模式，要要全面理解信息化的内涵，从实际出发，确定信息化的实施方案，把信息化的先进性与适用性充分结合起来。

---

① 本文发表于《中国信息界》，2004 年 11 月 23 日。

对工程哲学的几点思考[①]

鉴于我国学者创立的新学科——工程哲学近年的发展、作用和影响，同时为进一步推动工程哲学的普及和深入研究，中国工程院和中国自然辩证法研究会共同发起并于 2004 年 12 月 7 日在京举办了"工程哲学与科学发展观论坛"，中国工程院副院长杜祥琬院士到会做了题为"对工程哲学的几点思考"的发言，言简意赅地阐述了工程哲学的内涵及开展工程哲学研究的意义。本文即为杜祥琬院士的发言要点。

作为一名工程科技工作者，我对哲学虽有浓厚的兴趣，却没有专门的研究，现就工程哲学问题谈几点粗浅的认识。

1 工程哲学的提出和深入研究是建设中国特色社会主义事业客观需求的呼唤

工程哲学作为一个学科的研究不会局限于中国，但对这一学科的开拓，我国学者却走在了国际同行的前面。我国学者李伯聪率先倡导了工程哲学的研究，一批哲学界和工程技术界的专家们提出了一系列具有创新性的观点和论述。工程哲学之所以首先在我国提出并得到迅速发展，一方面有赖于上述专家们的深厚造诣和多年的潜心研究，另一方面也有着当代中国的社会背景、社会基础，是有深刻的社会根源的。科学技术是第一生产力，而工程活动是科学技术推动社会经济发展的最重要、最基本的活动方式之一。然而，只有深刻地认识工程技术的本质和规律，并在工程实践中正确把握和运用，工程活动才能成功并真正达到有益于社会和人民的目的。因此，工程活动需要正确的认识论和方法论的指导。过去几十年间，在我国的大量工程活动中，既有成功的经验，也有失败的教训，这是我们的一笔宝贵财富。改革开放以来，我国发展迅速，成就有目共睹，其中也包括组织实施了数不胜数的各种工程。当前，我国正处在历史上最宏伟壮观的建设时期。但是，多年的快速发展，也使我们更全面深刻地了解了本国的国情，同时也更尖锐地揭示了一些深层次的矛盾。我国是一个大国，人口大国，面积大国，是最大的发展中国家；但也可以说是一个小国，人均资源的小国，人均能源的小国，人均可耕地和人均 GDP 的小国、穷国。多种意义上的不平衡，不协调相当严重。中央提出的"科学发展观"、"走新型工业化道路"指明了出路和方向。科学发展观是邓小平理论和"三个代表"重要思想的丰富和具体化，科学发展观强调的几个协调发展，凝结着深刻的辩证唯物论的哲学思想。新型工业化道路走成功并不容易，它对每一个工程项目都提出了很高的要求，需要处理好科技、投资、效益、资源、环境、人才……等多方面的因素及其关系。因此在工程活动的全过程需要有正确的

[①] 本文发表于《中国工程科学》2005 年 02 月 08 日。

哲学观的指导。实际上,每项成功而优质的工程项目,它的工程师和管理者都在自觉不自觉地运用着唯物论和辩证法。现在需要的是让人们更自觉、更系统、更科学地以正确的哲学思想指导工程活动。因此,正在全面建设小康社会的中国存在着对工程哲学迫切的客观需求,存在着研究、发展和运用工程哲学的肥沃土壤。这次论坛把工程哲学和科学发展观联系起来作主题,也是含义深刻的。

2 工程哲学有丰富而深刻的内涵

工程活动涉及人与自然的关系,人与人的关系,工程与社会的关系。工程哲学必然是一个交叉学科,主要是工程与哲学的交叉,它的内涵还涉及到广泛的科学、技术及社会科学的问题。殷瑞钰院士提出了在一个从自然到社会的长链条当中工程哲学研究的六个方面内容,它既包括工程的哲学问题,如工程定位及工程哲学与相关学科的关系等,又包括工程活动中的哲学问题。作为一个工程科技工作者,我特别感受到工程实践中哲学问题的丰富,它存在于工程活动的全过程。一方面是对待工程项目要有彻底的唯物主义的态度。从工程的调研、论证、决策、立项,以至进展和效果的评估,都要真正做到并敢于做到实事求是,从客观实际出发。对工程涉及的技术、基础、环境、材料、工艺等要有真切的了解,把体现唯物主义的实际调查、统计分析、专家论证、试点研究等纳入科学的决策程序;而对工程的质量、效益的评估,必须通过一种机制,保证评估和评价的客观、科学和求实;另一方面,工程活动中充满了辩证法,例如要处理好所用技术的先进性和成熟性的关系,质量和造价及进度的关系,还有顺利和挫折,困难和信心,竞争与协作,保密与交流等涉及到人的因素,许多事情关系到对立的统一,量变到质变,否定之否定的辩证思考,需运用哲学的智慧去把握和处理。结合典型的案例从哲学的高度进行分析,得到规律性的认识,也是一个重要研究内容,所以工程哲学的内涵是丰富、深刻而且饶有兴味的。

3 工程哲学的研究和普及有着现实而深远的意义

首先,我国学者开创先河的工程哲学研究,与时俱进地保持高水平,不断深化和创新,使它发育得更为完善和丰满,具有重要的理论意义和学术意义。

同时,工程哲学具有很强的实践性和应用价值,它的研究和普及将使我们在建设中国特色社会主义的工程活动中,少花学费,少走弯路,提高效率和效益。如徐匡迪院长所说的"工程需要有哲学支撑,工程师需要有哲学思维"。用唯物主义武装工程师和工程的领导、管理者,有助于避免主观主义、政绩工程、拍脑袋工程、豆腐渣工程;而更多的辩证思维有助于避免片面性,走极端,避免思想僵化,等等。所以,对工程科技工作者来说,工程哲学是思想方法、思维武器,也是可以转化为物质的精神力量。一名优秀的工程师要关注工程哲学,学习、研究和运用工程哲学,力求具有较好的哲学素养。

工程哲学不只具有指导工程活动的作用,反过来,人类工程活动及相关科技的深入发展也会影响哲学。从对微观世界的认识来说,与高能加速器工程密切相关的粒子物理的研究,基因工程的研究,将会提供有关世界微观层次的新概念;从对宏观世界的认识来说,航天、航宇工程和探测手段的发展,将会对"漫无边界"的宇宙空间和"不明始终"的时间,提供新的认识。21世纪将是微观文明和宏观文明并行发展的世纪,而这些新的文明发展和认识,也会引发哲学家的新思考,引出哲学的新概念,甚至为哲学的发展开拓新的天地。

工程科技工作者的历史使命和重大责任^①

在新世纪第一次全国科技大会上，胡锦涛总书记提出了走中国特色自主创新道路、建设创新型国家的总体目标，为我国工程科技事业的发展指明了方向，提出了新的要求，这是时代赋予我们的光荣历史使命，广大工程科技工作者责任重大，义不容辞。

走中国特色的自主创新道路，建设创新型国家是中央的重大战略决策

1. 这是在总结分析国内外发展经验教训的基础上提出的国家战略思想和发展指南

世界许多发达国家的现代化进程，基本上是走了一条"发展—污染—治理"的道路。在实现工业化、现代化的进程中，消耗了大量的能源资源，人类赖以生存的自然环境受到严重污染和破坏，不得不投入大量的成本进行治理，这是一条曲折的发展道路。我国已有20多年持续高速的发展，在很大程度上，这个发展是靠投资拉动和破坏环境、消耗大量资源为代价的，这种粗放型发展模式是不可持续的，我们必须走上一条更为科学的发展道路。提出走中国特色自主创新道路，建设创新型国家，正是在我国战略转型阶段作出的战略部署，具有里程碑意义。

2. 这是科学发展观的进一步发展和具体化

科学发展观是统领经济社会发展全局的战略思想，它兼有理论性和实践性双重品格，是关于"发展"的认识论和方法论的结晶。理论上，它把"发展是第一要务"进一步深化，阐明必须走更为科学的发展之路，即"坚持以人为本，树立全面、协调、可持续的发展观"。实践上，提出了"走新型工业化道路"、"建设资源节约型、环境友好型社会"、"建设和谐社会"等重要战略思想。走中国特色自主创新道路，建设创新型国家，是科学发展观的进一步发展和具体化，明确了要从科学技术源头上依靠我国自主研发和创新，提高核心能力和国际竞争力，解决经济增长方式的问题，从根本上摆脱受制于人的境况，降低对国外技术的依存程度，加强国家经济安全与国防安全，在国家经济建设乃至在全球化国际合作竞争中取得主动和优势地位。

自主创新是科技工作者共同的历史使命和重大责任，工程科技工作者更是责无旁贷

本世纪头20年是我国经济社会发展的重大战略机遇期，也是我国工程科技发展的重

---

① 本文写于 2006 年，发表于《光明日报》2006 年 4 月 20 日。

大战略机遇期。广大工程科技工作者要强化机遇意识，促进工程科技水平的全面提高。

1. 提高自主创新能力，工程科技工作者首当其冲

温家宝总理对创新型国家作了明确界定：一是研发投入要占 GDP 的 2.5%；二是科学技术对经济发展的贡献率要超过 60%；三是对国外的技术依存度要小于 30%；四是本国授权发明专利的数量和在国际上发表论文数量要进入世界前五位。第二、三、四条都与工程科技工作者的努力关系密切。工程科技人员从事的是应用技术的研发推广和创造性地实施重大工程项目，直接服务于国民经济发展，并解决经济社会发展的瓶颈问题。

国家创新体系是一个链条，既包括科研机构和高校为主体的科学创新体系，又包括以企业为主体、产学研结合的技术创新体系。为了推动企业成为技术创新的主体，需要一大批杰出的经营管理人才与工程管理专家，对各类生产要素不断进行优化与合理配置；同时，还需要优秀的科技带头人，进行发展战略的创新研究；更要加强企业的研发力量，加强知识产权的创造和保护，培育优秀科技品牌，实现产学研有机结合。

2. 大力发展工程科技，在重点领域实现新突破，解决可持续发展的瓶颈问题

在《国家中长期科学和技术发展规划纲要》提出的五个战略重点中，首当其冲的是工程技术的几大领域，如能源、环境、制造业、信息产业、生物技术等。以能源资源为例，我国经济总量近 10 年来翻了一番，主要贡献来自于工业发展，单位资源的投入产出率不及发达国家的 1/10，虽然宏观调控对固定资产投资有一定遏制作用，但固定资产投资依然庞大，对能源资源的需求呈几何上升趋势。到 2020 年，我国要实现"用只翻一番多一点的能源支持 GDP 比本世纪初翻两番"的目标，这对工程科技工作者来说，是很大的挑战。

在科学发展观的指导下，我国能源发展的战略思路已逐步明朗，其要点是：一是要大力节能，降低单位 GDP 能耗，控制能源消耗总量，发展循环经济；二是要大力发展清洁能源和可再生能源，改善能源结构。我国对风能、水能、生物质能等新的清洁能源的开发和利用还很不够，要加大投入和技术开发力度；三是要努力开发以煤为主的传统能源的洁净化技术，以减少环境污染；四是要加强勘探，开发潜在能源资源。

自主创新要弘扬优良文化和学风，营造建设创新型国家的良好环境

1. 要形成良好的创新文化氛围

提高自主创新能力，建设创新型国家，不可能一蹴而就，需要长远规划，坚持不懈，需要国民科学文化水平的整体提高，培育优良的科学精神、观察能力、想象能力、合作精神，形成浓厚的创新文化气氛。在全社会倡导"重生态、保环境、善节约"的生态文明观，树立适度的物质享受与高尚的精神追求的人生观、价值观，建设高素质社会。

2. 要老老实实做研究

科技工作者要老老实实做研究，诚信搞开发。没有责任感和使命感，没有踏踏实实做研究的精神，没有以苦为乐、甘于寂寞、甘于奉献的精神，是不足以担当工程科技重任的。唯有求真求实，远离浮躁，兢兢业业，不怕失败，才能成为一名真正的工程科技人才，才能为工程科技事业做出有益的工作。

3. 要革除体制性障碍

革除科技创新的体制性障碍，创新科技管理与评价体系，转变政府关于科技管理的有关职能，越来越成为建设创新型国家的迫切需要。很长一段时间以来，科技评价重视数量忽视质量，重视短期目标忽视长远目标，重视研究过程忽视成果转化，影响了优秀科技人才队伍的建设。

政府对科技工作的管理职能要转变，政府的任务不是干预具体研究，而是为产学研一体化建立平台，加强知识产权保护，健全各类标准和法规，创造有利于自主创新的软环境，促进科技成果产业化、市场化。

4. 要大力培养创新型人才

实施科教兴国与人才强国战略，牢固树立人才资源是第一资源的观念，培育一代又一代个性化的、富于创新精神的新人，是建设创新型国家的关键。

培养创新型人才必须要有创新的教育体制，要从娃娃抓起，同时也要从教师抓起，提高教师的素质、创新观念和对如何培养创新型学生的理解，这样才能有一代又一代的思想活跃的新人成长，形成一支高素质的科技创新队伍。实现建设创新型国家的战略目标，既要树立高度的民族自信心，又要充分认识任务的艰巨性，确立踏实苦干、长期奋斗的思想。广大工程科技工作者要不辱历史使命，奋发努力，创造无愧于时代的光辉业绩，建设创新型国家的战略目标一定能实现！

军民科技融合和国防科技的创新发展[①]

一、军民同源是一个朴素的真理，军民融合是科技发展的固有本性

科学技术的发展是一个链条，从源头的科学发现、技术创新，经过中间的技术发展、突破、成熟，多项技术的集成、工程化，直到产生可应用的产品（商品、武器等）。其源头本是不分军民的原始性创新，而在发展的全过程中，虽有最终应用上的军民之分，却也始终贯穿着军民两用性或军民转换互动。军民融合是科技发展的固有本性之一。

在人类科学技术的进步史上，有众多的实例可以说明，军用和民用技术起源于同一科学发现或技术发明，只是由于应用领域的不同走上了彼此不同却又相互促进和转化的技术发展道路。例如火药的发明，源于伏火炼丹，后被用于军事，发明了火药箭、"发机飞火"（即用抛石机投扔火药包）和火枪等，导致了热兵器时代的诞生；同时在民用领域也被广泛用于开山、开矿、筑路等，为改善民生作出了重要贡献。核科学的发现以及核技术的发展，既是核武器出现的前提和基础，也促使了核电和多种民用核技术的产生和发展。又如激光器，其原理在1916年被爱因斯坦发现，1960年被首次成功制造。今天，激光技术不仅被广泛应用于工业、医学、信息等多个领域，给人们的生活和生产带来巨大变化，也被应用于军事领域，催生了激光武器这一高性能武器的诞生，同时民用和军用领域之间的相互促进，也推动了激光技术整体的快速发展。此外，以计算机技术、通信技术、互联网技术等为代表的IT技术，在改变了社会生产和生活方式的同时，也促进了武器装备的信息化，甚至催生了战争形态的新概念。而航空、航天、航海等领域的科学技术，始终是在军民共同的需求牵引下发展，又不断推动了在军和民各自领域的应用。

历史表明，科技发展，军民同根同源，而军民融合之所以是科技发展的固有本性，除了其同源性之外，还在于科学技术普遍具有的军民两用性、军民技术的可转换性以及军民两种需求是科技发展的联合动力。

对于国防科技的发展而言，实现军民融合有利于充分利用民用科技资源和民用科技成果，加快国防科技的创新与发展；有利于降低军事装备全寿命费用，提高国防建设投入的使用效益；有利于发挥军事需求对科技发展的牵引作用，促进创新能力和核心竞争力的提升。因此，军民融合式发展已成为发达国家和发展中国家的普遍共识。例如，自上世纪90年代以来，在美国政府出台的一系列经济振兴计划中，很重要的内容就是实施军民结合战

---

① 本文发表于《国防》2001年第1期。

略，确立了发展军民两用技术在美国现行政策中的核心地位，并强调军民结合是国防科技发展的关键。

当今世界，随着科技革命、产业革命和新军事变革的不断发展，军用技术与民用技术的界限越来越模糊，可转换性越来越强、重叠度也越来越深。在美国国防部和商务部列出的关键技术中，有 80％是军民重叠的技术。因此，科学技术的迅猛发展使军民融合从客观上成为可能和必须。

正是在这样的背景下，党的十七大报告明确提出了国防建设要"走出一条中国特色军民融合式发展路子"的目标。这一目标的提出是顺应世界新军事变革发展大势和国内经济社会发展的必然要求。与单纯意义上的军转民或者民为军用所不同，"军民融合"更强调科研、技术与制造的融合以及与军用技术紧密关联的高端产业的融合。可以说，科学技术融合是军民融合的基础和重要环节。推动科技资源体系的军民融合，加强国防领域和民用领域在科技成果、人才、资金、信息等要素方面的融合，是促进我国国防、经济和科技的全面协调可持续发展的必然选择。

二、军民融合的历史经验、面临的机遇和挑战

（一）在新中国的科技发展史上，有着军民融合的成功典范

新中国成立 60 年来，我国的国防科技工业取得了巨大成就，其中离不开我们所采取的军民融合式的管理体制。"两弹一星"就是军民融合的成功典范。"两弹一星"采取的是由中央集中统一领导、顶层统一指挥、军民资源联合支持的管理模式，这一模式最大限度地提高了对有限资源的利用效率、保证了各方的协同配合，使我们在当时物质技术基础十分薄弱的条件下，在较短的时间内从无到有，完成了这一非凡壮举。

"863 国家高技术研究发展计划"的启动也采取了军民一体化的顶层设计，成立了军民联合的领导小组。实践表明，这一组织形式不仅推动了军民两用高技术本身的发展，也在改革开放的新形势下推动了强强联合的国家队的形成和科技管理体制改革的不断完善。

（二）军民融合面临的新机遇

1. 军民融合是加快转变经济发展方式的迫切要求

2007 年以来，席卷全球的国际金融危机对我国经济造成了巨大冲击。我国经济发展中沿袭的过度消耗资源和能源的粗放型增长方式已经难以为继。加快转变经济发展方式，提高自主创新能力和核心竞争力，离不开工程科技的强大支撑，也对军民科技融合提出了更为迫切的要求。

根据 2009 年中央经济工作会议部署，加快战略性新兴产业发展已成为今后经济工作的重大任务和主攻方向之一，并已将信息、新能源、新材料、生物技术、高端制造等领域列为重点发展对象，其中的信息技术、航空航天技术、新材料技术、新能源技术是典型的军民两用技术，不仅具有良好的经济技术效益，而且能够对相关领域的科技发展起到巨大带动作用。这将为推进军民融合发展提供十分难得的机遇。

我们要通过军民科技融合，促进先进军事科技向民用领域的应用和转化，改造和提升传统产业，依靠技术创新提高产品的价值含量，推动产品向价值链的高附加值环节延伸，

提升传统产业的竞争力。

我们要通过军民科技融合，利用先进的军工技术，发展具有战略意义的高新技术产业，利用军民两用技术培育战略性新兴产业，促进产业结构调整升级，抢占国际竞争制高点，为促进经济社会的健康发展作出应有的贡献。

2. 建设创新型国家，为军民科技融合创造了有利条件

提高自主创新能力、建设创新型国家已经成为我国的一项基本国策。在这一背景下，国家将对关系战略安全和整体竞争力的关键技术给予更大力度的支持，作为其中重要内容的军民两用技术也将得到重视和发展。尤其是在《国家中长期科技发展规划纲要》已确定的十六个重大专项中，其中就有多项与国防科技相关。重大专项的实施对于突破一批军民两用关键技术和国防技术、带动军民结合战略性产业的发展将发挥重要作用，同时还将进一步统筹军民科技资源，对于军民科技融合的深入发展起到促进作用。

（三）军民融合存在的问题和挑战

当前，我国在军民融合尤其是军民科技融合方面还存在不少问题。主要表现在缺乏军民统一的顶层设计和领导管理体制；科研投入上，资金使用分散、缺乏对资金和项目的协调，多头管理、无人负责；在科研人力资源的组织上，条块分割导致人才队伍分散，低水平重复研究问题严重；在科研的组织管理上，产、学、研、用的各环节内部相互封闭，外部则存在各自研究系统的割裂，重短期效果，科技创新体系建设亟待完善。这些问题极大地阻碍了军民科技资源的优化配置，严重影响着国防科技的创新发展，必须充分关注并予以解决。

三、军民统领、创新体制机制

（一）军民融合式国家创新体制机制建设的关键在于"军民统领"

促进军民融合的关键在于体制机制的创新。创新型体制机制建设的关键在于"军民统领"。军民统领的内涵是指：军民统一领导下的顶层设计以及军民统一领导下的国防科技管理。具体体现在成立一个由国务院和中央军委双重领导的管理机构，负责对国防科技的发展进行战略谋划、科学决策、统筹资源、集中管理。同时有一个高层次的专家集体，对上提供决策咨询，对下能从国家利益的高度进行指导和协调。

军民统领能够充分体现中国特色社会主义制度的优越性，"集中力量办大事"，从源头上促进军民科技的紧密结合，在制度上切实保证军民科技资源的高效配置和综合集成，提高国防科技的整体运行效率。历史上，"军民统领"曾有过"两弹一星"的成功实践。在21世纪的新形势下，军民统领仍然适用，但需要在管理机制上不断创新，要充分利用改革开放带给我们的各种有利条件，发挥市场经济环境的活力以及人才、信息和科技资源全球化带来的各种机遇，推动国防科技的不断发展。

（二）不断完善有利于科技发展的军民融合式科技创新体系

一是要把军民科技融合纳入开放式的国家科技创新体系建设中。不断优化资源配置，鼓励和引导民用科技力量广泛参与军品科研生产，以需求带动民用科技能力的提高；同时，通过国防工业部门适度参与民用产品的科研生产，提升民用产品的技术水平，从军民

两方面保证国家核心竞争力的不断提高。

二是要着力在基础研究上推进科技创新。在军方装备采办的各个阶段，包括基础研究，预先研究，装备需求形成，立项论证，方案探索，部件开发，工程研制、设计、生产、维修保障各阶段，充分考虑利用民用技术、工艺和产品，逐步建立起军民一体的高新技术研发体制。

三是要充分发挥军工技术和民用技术的各自优势，大力培育战略性新兴产业，努力提升传统产业的技术水平与生产效率，加快经济发展方式的转变，为保障国家安全和促进经济社会的可持续发展作出更大的贡献。

（三）走中国特色的军民融合式发展道路，进一步强化相应的文化和精神建设

精神支柱是发展的灵魂。精神力量是推动事业发展的强大动力。"热爱祖国、无私奉献，自力更生、艰苦奋斗，大力协同、勇于登攀"的"两弹一星"精神以及"特别能吃苦、特别能战斗、特别能攻关、特别能奉献"的"载人航天"精神，无论过去、现在和将来都应是我们的宝贵精神财富。在新形势下，要继续重视文化和精神建设，加强教育，使各级管理者和科技工作者具有高度的时代使命感和民族振兴责任感，通过军民融合体制机制建设，使国家利益最大化。

建设创新型国家是全社会的共同责任^①

走中国特色自主创新道路、建设创新型国家是党中央的重大战略决策，也是全社会的共同责任。

建设创新型国家，首先是广大科技工作者尤其是工程科技人员的重大责任和光荣使命。刚刚颁布的《国家中长期科学和技术发展规划纲要（2006—2020）》提出，到 2020 年，全社会研发投入占 GDP 的 2.5% 以上；科学技术对经济发展的贡献率要超过 60%；对外技术依存度要小于 30%；本国人年度授权发明专利的数量和国际科学论文被引用数均进入世界前 5 位。其中后三项目标的实现都与工程科技工作者的努力密切相关。同时《规划纲要》还提出了五个战略重点：一是把发展能源、水资源和环境保护技术放在优先位置；二是把获取装备制造业和信息产业核心技术的自主知识产权作为提高我国产业竞争力的突破口；三是把生物技术作为未来高技术产业迎头赶上的重点；四是加快发展空天和海洋技术；五是加强基础科学和前沿技术研究，特别是交叉学科的研究。这五个重点，首当其冲的是工程技术的几大领域，如能源、水、环境、制造业、信息产业、生物技术、空天技术、海洋技术等。广大工程技术工作者要强化责任感和使命感，充分认识到我们从事的应用技术研发推广和实施的重大工程项目，直接服务于国民经济发展，解决的是涉及经济社会发展的瓶颈问题。以能源资源为例，我国经济总量近 10 年来翻了一番，且主要贡献来自于工业发展，单位资源的投入产出率不及发达国家的 1/10，虽然宏观调控对固定资产投资有一定遏制作用，但固定资产投资依然庞大，对能源资源的需求呈几何上升趋势。到 2020 年，我国要实现用只翻一番多一点的能源支持 GDP 比本世纪初翻两番的目标，这对工程科技工作者来说，是很大的挑战。

科技工作者还应有踏实肯干的工作作风。创新是人老老实实做出来的，不是说出来的。科学和技术来不得半点虚假和马虎。科技工作者如果没有责任感和使命感，没有踏踏实实做研究的精神，没有以苦为乐、甘于寂寞、甘于奉献的精神，是不足以担当工程科技重任的。唯有求真务实，远离浮躁，兢兢业业，不怕失败，才能成为一名真正的工程科技人才，才能为工程科技创新做出贡献。广大工程科技人员要摒弃不良风气，不追逐名利，不弄虚作假，真正肩负起建设创新型国家的历史重任。

建设创新型国家，除了广大科技工作者的努力外，还要在全社会形成支持创新、鼓励创新的良好环境。

---

① 本文发表于《求是》2006 年 6 月。

　　首先，要革除体制性障碍，形成良好的创新体制环境。我国的科技体制虽经一定改革，但与经济社会的快速发展相比，仍存在许多不协调的方面。革除科技创新的体制性障碍，创新科技管理与评价体系，转变政府关于科技管理的有关职能，形成宽容有序的科技体制环境，越来越成为建设创新型国家的迫切需要。科技工作的评价体系，对于科技工作具有直接导向作用。为此，当务之急是要转变重视数量忽视质量、重视短期目标忽视长远目标、重视研究过程忽视成果转化的倾向，加强优秀科技人才队伍的建设；政府的任务不是干预具体科学技术研究，而是要努力为产学研一体化搭建平台，加强知识产权保护，健全各类标准和法规，创造有利于自主创新的软环境，促进科技成果产业化、市场化。

　　其次，要努力提高全民族的科学文化水平。要在全社会广为宣传科学知识、科学方法、科学思想、科学精神，形成崇尚科学、鼓励创新的社会风尚，推崇适度的物质享受与高尚的精神追求，进而提高全体公民的科学素养和文明水平。

　　最后，要大力培养创新型人才。创新的主体是人。科技人力资源作为国家战略资源，越来越成为提高国家科技实力乃至国家竞争力的核心因素。创新型教育是社会文明进步的基础，是民族复兴的希望。全国实施科教兴国与人才强国战略，牢固树立人才资源是第一资源的观念，培育一代又一代个性化的、富于创新精神的新人，是建设创新型国家的关键。培养创新型人才必须要有创新的教育体制，要从娃娃抓起，同时也要从教师抓起，提高教师的素质，帮助他们树立创新的观念，提高他们培养创新型学生的能力；教育目标要重在打好基础和培养能力，改进教育内容和方式方法，形成生动活泼的学习氛围，培养学生的创新意识；加强工程科技教育，培养基础扎实又善于动手的创新型人才。同时，要优化教育结构和人才结构，转变唯学历、唯学位是举的观念；要对中高级职业教育予以足够重视，加大投入，形成尊重和合理使用能工巧匠型高技能人才的环境。

对学会工作的认识①

——在全国学会工作会议上的发言

中国科协召开这次全国学会工作会议是我国科技界一次重要的会议。我也是一名学会会员，参加此会倍感亲切。首先对会议的召开表示祝贺，向为我国学会工作付出了辛勤劳动的同志们表示崇高的敬意。刚才，邓书记作了全面、重要的讲话，下面主要说三点认识，供大家参考，也请大家指正：

1. 我国正处在历史上一个最好的发展机遇期，同时也面对着许多严峻的挑战和可持续发展的瓶颈问题。在这个历史时刻，中央把建设创新型国家的历史任务提到了全国人民，首先是科技工作者的面前，这是一个广大科技工作者报效祖国的大好时机。

学会建设是国家创新体系建设的重要环节。学会担负着提高本学科领域的科技水平，普及科技知识，提高全民科技素质，促进高素质人才成长的重任。因此，办好学会，发挥学会的作用，首先要着眼于提高我国的科学技术水平，增强国家的核心竞争力。这是时代赋予我们学会的历史使命，是国家的战略需求。我们要从这个战略高度出发，把学会办成制度更健全的现代化的科技社团。在这方面，我国的学会有进一步改进和提高的空间。

2. 我国科技队伍的建设，在大力提高科技水平和创新能力的同时，要努力加强科学道德与学风建设。在这方面，为新中国科技事业起了奠基和开创作用的老一辈科学家为我们留下了宝贵的精神财富和崇高的价值观。学会在自身建设和组织的各种活动中要充分利用这笔财富，继承和弘扬科技界的优良传统和作风。弘扬科学精神和先进文化，加强科技伦理学的研究，与此同时，在我国社会当前的实际大环境下，要下大力气坚持唯真求实、学术诚信、实实在在地做事、做人、做学问。旗帜鲜明地抵制各种不正之风对学术界的影响和侵蚀，反对各种学术不端行为、不良学风、急功近利和学术浮躁。在建立多元化筹资机制的同时，要避免为追求商业利益而降低学会所办的学术会议的质量和学术期刊的水平。这是学会建设值得重视的一个方面。

3. 学会是按学科建立的科技工作者的群众组织，不是一个行政性单位。这有利于学会超脱部门和单位的利益，有利于学会的科学化、民主化建设，有利于学会保持学术上的公正性、客观性，远离官本位和权力化。这次会议要讨论的文件，将进一步促进学会的制度建设、组织建设和思想建设。使我们的学会成为高素质的、科学民主的，在国内外学术

---

① 本文写于 2007 年 4 月 24 日。

界享有信誉和声誉的组织。这样，学会就能在国家现代化进程中发挥更大的作用，为国家的科学、民主决策起更多建言献策的作用，为科学的评价、评审起更大的作用，为建设和谐社会发挥更大作用。同时，随着政府职能的转变，学会作为学术性中介机构，也能承担部分政府转化的职能，承担更多的社会责任。学会工作大有可为。

相信本次会议对加强我国学会的建设会起到历史性的作用，预祝会议取得圆满成功！

谢谢大家！

珍惜公共财富[①]

现在每年都举办"财富论坛",关于财富的排名和刊物也不少。随着社会的发展,财富观的内涵也会变化。对于饥饿的人,口粮就是财富;对于贫穷的人,有点钱就是财富;而对于基本解决了温饱,奔向小康和现代化的人们来说,眼前的口粮和钱币已不足以概括财富的内涵,不足以满足人们对幸福的追求。而且,如果我们不只关注个人财富和企业财富,而是关注国家、民族(乃至人类)的命运和未来的话,就必然要更加关注精神财富和公共财富。

环境、资源和能源是重要的公共财富,是关乎社会可持续发展的财富,良好的环境是健康、幸福的基本要素。我国三十年来的经济高速增长,成就卓著,但也付出了沉重的环境代价和过多的资源消耗。

空气:二氧化硫、氮氧化物、可吸入颗粒物等污染物排放量中国居世界榜首,全国一亿以上的人口呼吸不到清洁空气,城市空气污染导致的健康危害在城市病死因中所占比例达13%。

水:中国的人均淡水占有量不到世界平均量的三分之一。水污染形势依然严峻,20余年间劣V类断面比例上升近50%,地下水水质污染不断加重。

土地:中国的人均耕地面积不到世界人均量的三分之一,保18亿亩可耕地的目标,已接近红线。重金属污染等造成的土地退化严重,并危害到地下水和食品安全。

我国2013年的GDP占世界总量的约12.3%,却消耗着世界年能耗总量的21.5%。单位GDP能耗过高,高耗能产业比重过大。目前我国的煤炭的"科学产能能力"不到15亿吨,而粗放的开采量已达30多亿吨。同时我国已是二氧化碳排放第一大国,如果煤炭和石油的年消费总量再继续上升,将会突破年排放100亿吨大关,这不仅将损害我国的形象,也不利于我国自身的生态平衡。

看似枯燥的数据警示着我们:粗放的发展方式正在使我们丧失宝贵的公共财富,这就是为什么"转变发展方式刻不容缓"!必须转变单纯以GDP的增长来衡量发展的观念,确立以更为全面的多维度的"科学发展指数"或"人类发展指数(HDI)"来衡量经济与社会发展。中国的HDI指数在世界上的排名相当靠后。必须实际地推进"资源节约、环境友好"型社会,走出一条科学、绿色、低碳的新型发展道路。

我国是人口第一大国,又是一个环境容量有限、人均资源短缺的国家,我们中国人尤

---

① 本文发表于《科技导报》2016年13期卷首语。

其需要珍惜公共财富、创造公共财富，这不仅涉及当代人的幸福，也关乎子孙后代的可持续发展。

文化精神财富不仅是幸福的要素，也是一个健康社会不可或缺的支柱。精神财富的核心是价值观，而"强化公共财富观念"是我们应该提倡的价值观的重要组成部分。

拜访瓦里关山[①]

◈ 2012年气候变化专家委员会调研青海瓦里关大气本底观测站

告别了细雨中的青海湖，我们进入海南州的地界。车里播放着悠扬的音乐《天路》，从车前窗望出去，脚下正是一条通天之路啊！它蜿蜒在无边的草原上，随丘陵起伏，攀绕着云雾中的山峦。

雨过天晴后，忽然天空中抹出一道彩虹，如此漂亮，如此完整，高耸于天穹，两端则支于草原上，久久不散，饱人眼福。我们正好从这个彩色的天门下穿过。气象局的同志告诉大家，就在这彩门的一端，在草原的深处，那座隐约可见的高山，就是我们明天要去的瓦里关山。它今天就是提前绘出这吉祥的拱门，欢迎远方的客人了。

瓦里关山，它究竟是个怎么样的灵山宝地呢？

第二天一早，阳光明媚，在蓝天白云下，我们一心向目的地进发。到了那高山脚下，只见一块巨石，上书着"瓦里关山大气本底观测站"，站长德令格尔下山在此迎候我们。

---

① 本文发表于《中国气象报》2012年8月31日。

大家高兴地合影，当然也不忘把周围辽阔的绿地、青山和雪白的羊群尽收在镜头里。

往上，在往上，终于到了！这就是我们的目的地，在云之端的瓦里关山。再上几十个台阶，到达了观测站的实验室、工作间，这里海拔 3816 米。举目四望，不只是一览众山小的感觉了，左手远处是青海湖，右手那边是黄河。鸟瞰脚下，在层叠的山坡上，是自由自在的牦牛和羊群。

瓦里关站是世界上为数不多的、世界气象组织全球大气观测网的全球大气本底基准观测站之一。

这里有全套大气测量仪器设备，日复一日、年复一年地进行观测积累，不断产生出批量的数据，为科学分析提供宝贵的第一手资料，使人们对大气和气候变化得出规律性的认识。这个站的测量结果，显示着亚洲大陆腹地的大气本底状况。

这里有十六个人，可敬的人。他们终年坚守在这山巅之上，耐得住艰辛和孤寂。他们进行科学观测，一丝不苟，使中国对世界大气科学研究的贡献享誉全球。海拔虽高，气象工作者的追求更高，缺氧不缺精神。一位曾经上千次往返于山巅和平原之间的司机，因呼吸道疾病早逝，被人铭记。站长和一批青年人，热衷于这项事业，还在筹划着更美好的明天。他们的底气来自这顶天立地的事业和超凡脱俗的辽阔空间的陶冶。他们送给客人的礼物则是指头大小的一罐瓦里关山上的空气，这是多么特殊而无价的礼物啊！

这是一次拜访，我们拜访了这座圣洁的科学之山，访了这些可敬的气象人。在这里，我们见证了科技工作者应有的本色，找到了科学精神的当代基准，再次感悟了堪称民族脊梁的价值观。瓦里关山令人流连忘返。

给延庆一中两位同学的回信

李　松同学
王晓旭同学：

　　接到你们的来信，非常高兴，我和毛老师都看了多遍。来信真挚感人，思考细腻，文字流畅，字迹工整，尤其是那充满朝气和理想的少年心灵跃然纸上，使我欣喜兴奋。

　　的确是一种感情和责任心，使我毫不犹豫地接受了学校的邀请，才有机会与你们相识，共同感受王淦昌的人格。至于那点资助，实在是杯水车薪，我更看重的是一种非物质的情怀，是忘年交之间思想感情的交流。人至桑榆之年，我把青少年朋友的成长看得远重于一己的作为。我非常赞赏你们的志向和理想，从你们身上我看到民族的希望。

　　请记住：成长和奋斗的道路不会一帆风顺，常会有困难和曲折，百折不挠、坚忍不拔是我们民族的精神；社会是复杂的，任何国度和时代都会有不同价值取向的人。一个充满希望的民族，需要一批又一批的新人传承崇高的价值观，这些人构成中华民族的中流砥柱。相信你们会坚持追求真理、造福人民的人生方向，成为一个正直的人，有益于人民的人。

　　我会珍惜你们的来信，期待着你们健康成长的信息。我多么希望，十年二十年后能分享你们成功的喜悦！

　　随信寄上一篇散文《享受辽阔》，就算国庆节送你们的小礼物吧。

2007 年 10 月 1 日

关于应对气候变化立法[①]

——在"应对气候变化立法高级别研讨会"上的讲话

经过三十多年的发展，中国提高和深化了关于"发展"的认识：要讲求发展方式，选择发展路径，遵循发展规律。提出了"转变发展方式"，明确了"绿色、低碳、循环"的路径，确立了"生态文明建设"的目标。

应对气候变化是全球性、战略性的环境和发展问题，它所引领的"低碳发展"，直接含义是减少温室气体排放，更为广义的则是一种新型发展方式，一种节约、高效、环境友好的发展方式，一种质量效益型、促进新型增长、可持续的发展方式。所以，低碳发展是科学发展观的本质特征之一，是生态文明建设和实现现代化的必然选择。对我国这样一个环境容量有限，自然生态禀赋比较脆弱的国家，应对气候变化更有着特别重要的意义。

近年来，我国领导人明确强调，应对气候变化"是我们自己要做，不是别人要我们做"，明确了"2030 年前后实现二氧化碳排放达峰"并争取提前，我国向联合国提交的INDC 全面勾勒了我国应对气候变化和低碳发展的目标与措施，我国应对气候变化的国际责任和国内转型发展的目标高度一致。

实现低碳绿色发展的国家目标，需付出巨大努力，需要行政的、经济的、法律的、金融的、宣传教育的组合拳。十八届三中、四中全会强调了建设完备的法制体系，依法办事。五中全会上习近平同志把"生态环境保护"列为全面建成小康社会的"短板"之一，更增强了气候立法的紧迫感。

实际上，2009 年 8 月，十一届人大常委会已作出了关于"积极应对气候变化的决议"，指出要把"相关立法作为形成和完善中国特色社会主义法律体系的一项重要任务，纳入立法工作议程。"国务院也作出决定：请有关部门和单位，研究拟定有关应对气候变化的法律草案工作。

国际上，不仅英国、日本、澳大利亚、新西兰、瑞士等发达国家制定了应对气候变化的专门法律，墨西哥、菲律宾、巴西等发展中国家也通过了专项法律，为应对气候变化提供了法律保障。

我国在推动低碳发展方面做了大量工作，各级公务员和公众的意识也有了提高。在碳交易制度、低碳产品认证等方面也有规章制度的基础，进一步深入则需要法制的支撑。

[①] 本文为 2015 年 11 月 11 日发言稿。

1. 应对气候变化涉及多个部门，需加强顶层设计、整体规划，有共同的制度依据，这同时也是转变发展方式的制度依据。

2. 客观上，我国有应对气候变化立法的空间。如环境法未涉及温室气体排放问题，森林法未涉及碳汇问题，节能法未涉及碳排放总量控制问题，碳排放交易制度也需进一步纳入立法序列。

3. 立法是社会组织化程度、文明成熟度和社会治理模式现代化的体现，立法和依法行事的过程也是提高公众认知和公民素质的过程，对我国社会进步具有深远作用。

国家气候变化专家委员会曾于 2013 年 4 月提出了关于促进气候变化立法的建议。其中，包括立法的基本思路，"中华人民共和国应对气候变化法"或"国家低碳发展促进法"的框架建议，并建议尽早起动草案的拟定。可供参考。今天，在十二五收官之时召开这个会很重要，我们可以期望，在十三五期间应对气候变化立法工作将取得里程碑式的进展。

在核安全法实施座谈会上的发言①

沈副委员长，各位领导，同志们：

大家好！

作为一名核科技工作者，很高兴参加今天的核安全法实施座谈会。《中华人民共和国核安全法》（以下简称《核安全法》）的制定，是我国核科学、技术、工程和产业发展呼唤的产物，是核领域从业人员盼望的大法。首先我向为制定这部大法付出辛勤劳动的全国人大和国家领导部门的同志们表示衷心的感谢！向你们为我国法制建设作出的新贡献表示崇高的敬意！

核能和核技术是二十世纪人类最重大的科技成就之一，理智的人类将其用于人民的幸福和社会进步。因此，确保核安全是核事业的核心文化和必然要求。半个多世纪以来，在党中央的领导和关怀下，我国在核科学、技术及其军民应用方面都取得了卓著的成就，也一直保持着良好的核安全业绩。核安全是国家安全的有机组成部分，在新的国内外形势下，《核安全法》的制定和实施，是核领域法制化建设的里程碑，使我国核领域的各项工作有了明确的法制规范，对确保国家的核安全、保障核事业的健康、可持续发展和推动核领域的国际交流与合作都必将起到重要的作用。

核安全法的实施，核领域的科技工作者首先要做好《核安全法》的学习和宣传，进一步理解和掌握法律的内涵实质和核心要义，以各种形式参与核安全法的普法活动当中。要通过核安全法的学习和宣传，进一步强化信息公开和公众参与，保障公众的合法权益，破解"谈核色变"现象，化解"邻避"问题变成"邻利"关系，打造政府、企业、公众铁三角，提高核能社会接受度和全社会对核安全的信心。

同时要认真贯彻、执行《核安全法》，特别是要坚持习主席提出的理性、协调、并进的核安全观，加强核安全能力建设；加强核安全相关科学技术的研究、开发和利用，加强知识产权保护，注重核安全人才的培养，推广先进可靠的安全技术。

此外，为核安全决策和实施提供咨询意见。

《核安全法》的出台和实施必将把我国的核安全法制水平、核安全管理理念和核安全科技水平提升到世界前列。我们以党的十九大精神为指引，贯彻实施好核安全法，为我国核事业的健康蓬勃发展，建设美丽中国，实现中华民族伟大复兴的中国梦作出更大的贡献！

借此机会，祝各位领导和同志们新年快乐！

谢谢大家。

---

① 本文写于 2017 年 12 月。

阅读是通向科学的钥匙[①]

——在中国儿童少年基金会"未来公园——用科技连接世界儿童"科普公益项目暨"2018 国际青少年科普大会"启动仪式上的讲话

尊敬的各位来宾、亲爱的小朋友们：

大家下午好！作为一名老科技工作者，非常高兴今天能够参加孩子们的活动。

首先，非常感谢中国儿童少年基金会、中国国际经济技术合作促进会、伊利集团共同举办此活动！

今天这里来了很多小朋友，特别高兴地欢迎大山里来的孩子们，祝福和希望他们能够和各地的孩子一样得到公平良好的教育、得到科学的营养，也有机会与各国小朋友们交流！

孩子是父母的宝贝，国家的希望，社会的未来！

对孩子的成长，我想谈一点自己的感受：比灌输科学知识更重要的是培养他们获取知识的欲望和好奇心！通过什么样的途径呢？我想最好的途径就是阅读和思考。

什么是知识呢？知识源于大千世界，经过阅读认识世界、获取知识，多认识一些未知世界，就多长一份知识，阅读也是各国儿童间交流和沟通的途径。阅读完后就要思考，要鼓励孩子们发挥他们童真的想象力，活跃的思考是创造力的基础，也是未来创新的基础。

怎么开始阅读呢？阅读可以先从童话、童诗开始，在这样一个过程中，孩子们会情不自禁地创作充满童趣和想象力的、属于自己的童诗和故事。

意大利作家贾尼·罗大里写过一首童诗《雪人》，其中有这样几句：

"雪人生命短暂却很快乐，

他不会生冻疮，

也不得风湿和感冒。

我知道有一个地方，

那里只有他一个人不饿。

雪是白的，饥饿是黑的，

儿歌就唱到这儿吧。"

阅读这首诗歌，会触发孩子们的想象：什么地方有雪呢？一定是一个寒冷的地方。为

---

① 本文是 2017 年 12 月 15 日于人民大会堂的发言稿。

什么又说那里只有他一个人不饿呢？实际上是说那个地方大家都在挨饿。这样孩子们自然就会想象到诗歌中所说的那个地方：一个饥寒交迫的地方，也是有人现实生活的地方。

阅读是人与世界发生联系的通道，是通向一切科学的钥匙。阅读后的好多想象是认识世界并创造新世界的开端。

让孩子们爱上阅读、爱上科学、进而爱上世界，在心中埋下热爱书的火种，享受阅读的愉快，在阅读中获取知识和灵感，陶冶美丽的心灵，放飞梦想的翅膀，成为生动活泼、自由幸福的人！

谢谢大家！

通过"无废城市"试点推动固体废物资源化利用，建设"无废社会"①

各位领导，同志们：

非常高兴受邀参加这次座谈会，刚才固管中心领导详细介绍了"无废城市试点"工作方案，这是大家干好这项工作要遵循的。下面我简单谈谈我的认识：

党的十九大报告提出，要加强固体废弃物和垃圾处置。我国是人口大国，必然也是固体废物产生大国。数据显示，我国目前各类固体废物累积堆存量为600—700亿吨，每年产生量近120亿吨，随着人民生活水平的提高和城镇化的快速发展，固体废物产生量呈现逐年增长态势。固体废物中有毒有害物质成分复杂，如不进行妥善处理和利用，简单堆放、填埋会对周边水体、大气和土壤造成污染，并贡献雾霾和温室气体，给民众带来环境健康风险，对生态中国、美丽中国的建设极为不利；同时，也造成资源极大浪费，对社会造成恶劣影响，容易引发社会事件，进而影响社会稳定及我国国际形象。

习近平主席说过做好废弃物资源化利用这项工作是"化腐朽为神奇"。事实上，"废物是放错位置的资源、宝贵财富"，如能将其减量化、资源化利用，意义是多方面的：

经济效益：多种固废资源化利用，发展潜力巨大，可形成多个产业链条，是环保战略性新兴产业，能够培育新的经济增长点和新动能。以资源化利用节约能源，以能源化利用优化能源结构。可减轻原生资源开采利用及相关资源的对外依存度（仅钢铁的回收再利用，可使铁钢资源的对外依存度，由60％降至30％）。

环境效益：从源头上消除固废处理不当对人居生活环境的影响，消除环境风险隐患，解决"垃圾围城"、"垃圾困村"等顽疾，有利于优化城市和农村生活环境，创造共享的美丽空间，满足民众日益增长的对美好环境的诉求，促进生态宜居的美丽中国建设。

社会效益：有利于民众健康、扩展就业、增加收入，使民众有获得感，进而促进全民参与度和作为社会主人的责任感，增强民众对社会和政府的信任感，利于社会安定，从根本上避免不必要的社会冲突；提升公民素质，促使大家养成绿色、低碳、循环的生活方式和良好习惯，形成节约资源和善待自然的良好意识，促进每个社会细胞绿色化、低碳化。

综上所述，固废的资源化利用水平，是社会进步程度的一个重要标志，切实做好这件事，必将给国家和民众带来可观的环境、经济和社会效益，有力促进我国社会的现代化建设和可持续发展。

---

① 本文是在环境保护部召开的"无废城市试点"工作座谈会上的发言，2018年1月26日。

因此，中国工程院"生态文明"重大项目组特别设立了"固体废物分类资源化利用战略研究"研究课题，由我担任负责人，我们联合国内多家单位、高校和企业，以及多个地方政府，开展了大量的调研和研究，形成了课题报告，并上报国家相关部门，其中环保部固废管理中心的领导和研究人员也作了很大贡献。在研究持续进行和不断深化的过程中，我们受先进国家启发，提出了"无废社会"的概念，即通过创新生产和生活模式、构建固体废物分类资源化利用体系等手段，动员全民参与从源头对废物进行减量和严格分类，并将产生的废物通过分类资源化充分甚至全部得到再生利用，整个社会建立良好的废物循环利用体系，达到近零废物排放，实现能源、环境、经济和社会共赢。这个循环能力是社会进步必然达到的目标和要求，是实现现代化必须经过的一道坎。

当前，固废资源化利用这项工作在我国正在做出努力并已取得了很大进展。但目前，资源化利用率仍低、未形成应有规模产业、缺少规划和目标。具体表现为以下几个方面：

第一，认识仍需提高，建设"无废社会"尚未提高到生态文明建设和以人为本、以人民为中心的国家战略高度，虽然建设"无废社会"的本质要求与生态文明建设的内在要求高度一致，是构建资源循环型、环境友好型社会的重要途径。

第二，我国在这一领域的法律制度体系尚不完善、管理不协调、标准不明确。尽管我国颁布了《中华人民共和国固体废物污染环境防治法》等相关法律和制度的文件，其中有涉及固体废物资源化利用的相关内容，但种类覆盖不全、系统不健全，尚不能形成完整体系。同时，在制度落实和管理方面，职责不清的现象比较突出。资源化利用过程中环境污染防治和环境风险控制技术等规范，综合利用产品的环境健康风险质量控制等标准严重缺失。

第三，基础不牢，经济性和社会参与度不高。由于现有税收和政府补贴等覆盖范围有限、技术创新还不够等原因，固体废物资源化利用普遍存在处置成本高、盈利点不清晰、经济效益差的问题，影响了整体市场活力。同时，由于相关信息公开和宣传不到位，价值资源化利用过程二次污染防治水平不高，公众对此认识不足，参与度也不高。

我们建议，要把建设"无废社会"提升到国家战略高度，"以人民为中心"、"以人为本"的高度，作为全面奔小康补短板的内容之一，作为实施乡村振兴战略的重要抓手之一。而"无废社会"是长期目标，需要逐步推进，我们可以先在国内选择有基础的城市，率先开始建设"无废城市"试点，并争取与"低碳城市"、"智慧城市"工作相结合。在试点基础上不断总结交流经验，并在全国范围内推广，为建设"无废社会"打基础。

国内外实践经验表明：通过"无废城市试点"工作推动建设"无废社会"具有充分的必要性、可行性和可推广性。在欧洲，不少国家废物资源化利用率很高，有的国家达到90%～99%（比如瑞典，"垃圾就是能源，4吨垃圾等于1吨石油"，垃圾利用已成获利的企业，使瑞典今后20～30年可摆脱对石油的依赖）。2015年12月，欧盟委员会正式通过了新的循环经济一揽子计划，明确了战略目标，以刺激欧洲循环经济的推进和可持续社会转型。在日本，废物充分资源化，建设循环型社会已经得到社会的普遍认可，并构建了覆盖废物全生命周期关键环节的法律法规体系。在美国，为固体废物资源化产业制定了严格的管理规范，通过多维配套的经济手段鼓励企业充分参与资源化利用产业的发展。

在我国台湾，几十年来一直坚持固体废物资源化利用，公民意识不断提高，固体废物分类的社会普及率很高，在新北市，垃圾焚烧发电厂同时成为旅游地和免费婚礼广场。近期台湾又提出构建"永续物料管理"模式，进一步深化固体废物资源化。在我国大陆地区，固体废物资源化利用相关法律制度框架初步建立，近年来也开展了不同地区废物资源化利用的试点，取得了一定成绩，一些城市已经具备了相当的基础，也成长起来一批成功的企业。例如：中国光大国际有限公司投资建设的多个垃圾焚烧发电项目，各项环境指标达到国际先进水平，而且实现盈利和装备制造国产化。河南天冠企业集团有限公司利用秸秆等生物质制生物乙醇、生物天然气等生物能源产品，成功打造了绿色、低碳、环保的循环经济产业链。鞍钢集团公司利用世界领先的冶炼渣处理工艺技术，钢渣处理率达到100%，利用率达到70%，钢渣中金属物料提取率达到98%。北京神雾集团推出的"分布式清洁能源站"，以乡、镇、区为单位建立小范围区域性垃圾热解处理站，按每天处理50吨城市生活垃圾计算，可获得燃气1.2万立方米/天，燃油7吨/天，固体炭20吨/天，这些高热值能源既可供本地使用，也可储存、运输后深加工处理，即每个乡、镇、区就是一个小型的"油、气、煤田"。

为扎实推进固废资源化利用，做好"无废城市试点"工作，进而推动建设并最终建成"无废社会"，提出以下几条建议：

第一，加强顶层设计。把通过"无废城市试点"工作推动建设"无废社会"提升到国家战略高度，作为全面奔小康补短板的内容之一，作为经济社会发展的一项基础性工作，现代化必备的一个标志。推动资源产出率、资源循环利用率等量化指标的广泛应用，将其作为生态文明建设的重要战略指标，纳入经济社会发展评价和政府绩效考核体系。逐步构建全社会固体废物分类资源化循环体系，努力实现全社会资源能源消耗最小化、资源利用最大化，最终形成具有中国特色的循环经济社会发展模式，建成"无废城市"和"无废社会"，实现可持续发展的长远目标。

第二，夯实基础。完善法律制度：明确固体废物相关产业源头准入控制、回收、综合利用等环节相关方法律责任和管理要求，推进生产者责任延伸制、企业间共生代谢等制度建设，建立资源化利用市场退出机制，不断优化市场结构，提升资源化利用整体水平。明确标准：建立健全固体废物资源化利用过程污染控制标准体系、综合利用产品质量控制标准体系，重点工业装备再制造技术规范及再制造产品标准体系；建立工业副产品鉴别标准及质量标准体系，从产生源头控制固体废物品质，促进可利用固体废物充分资源化。加强监管：要以解决"部门墙"制约为重点，合理配置不同部门的管理责权，形成分工明确、相互衔接、充分协作的联合监管工作机制。并在各级设有从事固废资源化的专业人员和机构，加强固体废物收集、转移、利用处置等环节的监管力度。重视数据统计：基于我国固体废物的数据统计上还存在统计口径不一致、统计数据不完整、甚至部分种类的固体废物缺乏统计数据的问题，应改进统计方法、扩大统计范围，提高统计数据的准确性和可靠性。

第三，明确阶段目标。全国而言，到2020年，固废分类资源化利用应达到形成产业的坚实基础和初步产业规模；资源化利用技术体系初步完善，资源综合利用能力达30亿吨/年。到 2050 年，固废分类资源化利用成为成熟而先进的产业，成为中国现代化的标志和"中国梦"的要素。各市则应定出自己的阶段目标。

第四，加大政策支持力度。推动社会参与、加强宣传教育、打牢社会基础：改进社会治理模式，主动避免"邻避效应"，使公众成为参与者和主人，打造"企业、公众、政府铁三角"，充分发挥除政府机关外、企业、社区、家庭、中介组织和个人等社会力量，培养其参与的积极性。并将固体废物分类资源化纳入国民教育体系工作内容，提高全社会对固体废物资源化利用紧迫性的认识，普及资源循环理念知识，促进每个公众生活方式的绿色化。增强投资强度，强化科技支撑能力：强化国家财政专项资金、政府性投资等直接投入对市场的带动作用，加大国家财政预算在固体废物资源化领域的投入，同时引导社会资本进入资源化利用产业市场。以工程实验室、产学研平台、产业孵化器、标准实验室等为依托，建设资源化利用过程及产品的污染防治技术、标准研究，资源化产品质量评估，风险评估等科技支撑体系。

特别感谢环保部领导高度重视这项意义重大的工作，也感谢今天来参会的各位城市代表，你们的热情和积极参与为这项工作开了一个好头。无废城市和无废社会的建设是意义重大的美丽的事业，同时也是一项长期艰巨的事业，需要坚忍不拔的精神，付出持续的巨大的努力。"无废城市"将写入中国历史，大家将为这个历史作出贡献。

新思想引领新时代，新行动开启新征程，让我们共同努力把这件充分体现国家和民众利益的、接地气的工作做好做实。

再次感谢大家！

世界科技强国的四个标志

习近平总书记在 2016 年全国科技创新大会上，提出了建设世界科技强国的战略目标："到 2020 年时使我国进入创新型国家行列，到 2030 年时使我国进入创新型国家前列，到新中国成立 100 年时使我国成为世界科技强国。"这个宏伟目标是中国人民的百年夙愿，也是前贤先烈的血染宏图。这一宏伟目标的实现，将是中华民族永垂青史的百年伟业，也将为人类文明进步作出历史性贡献，让久远的后代分享和铭记这个伟大的时代。

世界科技强国，这个题目很大，它不是一个学科性的、专业的题目，覆盖范围非常广泛。世界科技强国不能由自己说了算，应该是世界公认的！世界科技强国应该是什么样？具备什么特征？我们国家现在处于什么位置？我们又如何走向世界科技强国这个目标？这些问题有待广大科技工作者的认真研究和努力实践。我想，判断一个国家是不是世界科技强国，主要有以下四个标志：

第一，世界科学和技术强国，首先是科学，科技强国首先应该是科学发现的沃土。目前，人类对宇宙的认知只有约 5%，还有 95% 是未知的，在宏观和微观领域都有很多的未知等待去探索、去发现。我国要成为基础研究的强国，对人类认识未知作出有份量的贡献。要能涌现出一批重大原创性科学成果，诞生一批诺贝尔自然科学奖，继而走向并占领世界科学技术前沿制高点。

第二，是世界技术创新的引擎。成为世界科技强国不能只靠引进外国的先进技术，必须在自主创新的基础上，引领世界前沿技术、核心技术、颠覆性技术的发展，切实增强这个能力。以前我们是世界科技革命的跟跑者，何时能够引领新一轮世界科技革命，何时才可以被称为科技强国。

科技创新对社会、经济发展的贡献率高，为国民经济发展创造新的增长点、新动能，并拥有一批世界级、有影响力的品牌。现在国内的先进仪器设备多半都依赖进口，我们要大力提高先进仪器设备的制造能力，这个能力是国家科技水平的综合体现。同时，社会有优良的基础设施，令人羡慕的生态环境，人民享有健康的生活质量，公平而高水平的公共服务。

第三，世界科技强国必然是军事强国，要拥有强大的国防实力。我们坚持和平友好道路，致力构建人类命运共同体，引导人类走可持续发展的共赢之路。我们不希望发生战争，要有制止战争的能力，让别人不敢打，可称为"威慑有效"。一旦战争发生，更要有"战之能胜"的硬实力，这就要求有必备的优势装备、杀手锏。

第四，世界科技强国最根本的一点是成为培养和吸引人才的高地。现在世界上最吸引人才的地方应该是美国，我们要能自己培养一流人才，能够成长一批国际顶尖水平的科学大师；还能像磁铁一样，能吸引世界优秀人才，成为全球高端人才创新创业的聚集地。当我们成为世界上最吸引人才的地方，那就应该是世界科技强国了。因此，我们要创造创新型人才成长的乐土、产生大师的制度环境，成为吸引世界一流人才的磁石，并且全民科学素质世界一流。

改革开放四十年来，我国科学技术领域进步显著、成就巨大，但距世界科技强国还有多方面、全方位的较大差距。下面举几个简单的数据：我国 GDP 总量位居世界第二，但人均 GDP 全球排名目前大概 70 位上下；我国人均教育投入是美国的 1/8，高等学校入学率我国是 42%，美国是 90%；诺贝尔奖全球共 861 项，美国得了其中 345 项；……以上数据跟我国的人口比例和应有贡献是不相称的。与俄罗斯、以色列的数据作对比分析，也很说明问题。需清醒地认识到，建设世界科技强国，目前我国还相差甚多，任重道远。

如何走向科技强国目标，实现上述四个标志，赢得未来？我想，归根到底要依靠人才。下面仅从人才的角度谈几点对路径的思考：

第一，要让人才能成长起来，要深度改革我国教育制度，成长起有创新潜质、生动活泼的一代代新人。到 2050 年时，最具创新能力的主力军，应该是现在出生不久或将要出生的孩子们，他们将进入我国教育体系并成长长大，要培养他们有好奇心、有科学兴趣，爱动手、爱阅读、爱发问、爱思考、爱质疑、爱交流；同时，也要让他们成为正直的人，诚实的人，有胸怀的人。

第二，要让青年人专心做事，要深度改革社会治理，切实解决好四大民生问题（上学、养老、医疗、住房），该上学时有学上，该养的老人有人养，医疗不要如此费劲和花钱，住房不造成如此大的负担和压力。针对这些问题已经有了很多好的建议，比如巴德年院士提出能否逐步实行全民免费医疗；我们可不可建议实现十二年义务教育；住房政策和房地产政策能否厘清并采取必要措施。另外，要改革管理体制机制，习近平总书记也强调"不能让繁文缛节把科学家的手脚捆死了。"有一次我跟丁肇中先生交谈中听他说起，他一进日内瓦的加速器中心，两个礼拜不出来，吃住睡都在里面，基本上所有时间都用来做研究。中国工程院和中国科协曾做过一个调研，影响我国科技工作者（特别是带头人）成长的一个重要因素是忙于事务，很多时间没有用在用心钻研上。要创造良好的社会环境，让他们能够心无旁骛、专心致志的从事科学研究。

第三，要让青年人静心做事，这也是全社会的精神、文化建设问题。要革除社会上普遍存在的浮躁、浮夸之风。靠弄虚作假、投机取巧，追求名利、帽子，假冒伪劣不可能自强于世界民族之林，我国的科技工作者要能够坐得住冷板凳，精心长期努力，追求高质量的工作。

举一个非常动人的例子，因为研究工作需要，我曾带队到青海瓦里关大气本底观测站（海拔 3816 米）调研，这个站的职责就是测量大气本底，因此周围几公里都不允许发展工业，不能因为人类的活动影响了大气的成分。一共十几个人在站里工作，多半是二三十岁的青年小伙，当时的站长是一位蒙古族的气象专家，大家一年要不停从山上上上下下，身体经受着很大的考验，站里又不允许烧火，吃饭就靠电来煮方便面，他们感觉到自己的工作不仅仅是为国家更是为人类做贡献，都安于这样的工作，让调研专家都非常感动。大家周围确实有一批青年人在静心地工作着，非常执着地这样追求着，希望这样的人能越多越好。

第四，除了让人才成长起来，专心、静心做事外，还要特别强调精神建设。它是我国科技队伍建设的灵魂，也是建设科技强国的文化保障。我工作的单位中国工程物理研究院凝炼了十个字的事业文化——"铸国防基石、做民族脊梁"，这里的民族脊梁不是指哪几个人，也不是指哪一种武器，而是一种精神，是以民族振兴为己任的奋斗精神，我国现在尤其需要这样一种精神建设。

这里讲一个小故事，现在小型无人机的快速发展给社会带来了甜蜜的烦恼，甚至成为一种新型威胁。我国 863 计划激光团队紧密结合国家需求，成功研制了国内首台"低、小、慢"目标处置装备"低空卫士"，并受命成功执行了多次国家重大活动的低空安保任务，特别在"九三阅兵"的关键时刻，"不动声色"地发挥了实战作用，受到阅兵领导小组的表彰。这件事只是激光团队展露出来的"冰山一角"，是一个军民融合发展的典例，也说明确有一批科技工作者在做"隐姓埋名人"，为国家强大甘做无名英雄。

最后，深度改革是第一生产力。四十年前，正是改革开放，提出了科学技术是第一生产力，这个思想的确立，对于中国广大的知识界是一个巨大的动力，吹响了向科技进军的号角。解放思想、实事求是，凝聚强大的社会共识，才能创造高质量的新型发展，经由创新型国家，建成世界科技强国！

中国的崛起（包括科技的兴起）是一个长期艰苦奋斗的过程！

实现世界科技强国目标，需要付出非凡的努力！

工匠精神是科学精神和人文精神的结合[①]

工匠精神是科学精神和人文精神的结合。科学精神的实质是求真，这个是容不下一丁点虚假的，假工匠是干不出好活的。人文精神，就是精益求精、高度负责。工匠是值得人敬佩的，就是在于这样一种精神。一个社会物质发展很重要，经济基础也很重要，但是一个社会绝对不能没有精神支柱，如果没有精神支柱，这个社会的基础就会垮塌。

我们的生活离不开工匠，社会进步离不开工匠。工匠精神首先是工匠，作为工匠要有专业技能，而且有独到的绝活、独到的功夫，这对于我们的社会是非常宝贵的。这里面既包括一些传统的绝活，比如景德镇瓷器、手工艺作品、民间艺术等，很多精美的东西离不开手工；也有一些现代的绝活，比如精密的光学加工、设备仪器的制作等。

工匠精神其实离我们很近。我经历过这样一个真实的故事，我们团队在一次实验中要用到一面特殊的非球面镜，这面镜子在运输至试验场的途中出现了损坏，当时大家都非常着急，试验时间是不能耽误的。在试验场领导介绍下，我去拜访了一位当地有绝活的老师傅，在说清楚这面镜子的特殊意义后，这位老师傅用了几天时间将这个镜子赶制了出来，保证了实验的成功，令大家非常感动和由衷敬佩。

希望我们国家有更多优秀的工匠，也给工匠更多的尊重，让我们这个社会更好地弘扬工匠精神，让我们这个国家能够早日走在世界的前列。

[①] 本文为 2018 年 9 月 20 日在《新京报》大国匠心致敬礼上的讲话。

2018 海归中国梦年度盛典感言[①]

感谢人民日报在改革开放 40 周年之际举办这个论坛。

1. 在我们这个中等教育还没有普及的国家，在这个还有几千万人没有脱贫的国家，我们这些人有机会受到较好的教育，是一批幸运者，在我们成长的道路上，洒满了父老乡亲们的汗水，在我们获得的知识和能力中，凝结着同胞们的心血，在我们的双肩上，担负着民族的嘱托和希望。我们是中国人民的普通儿女，我们唯一的选择只能是报效国家。

2. 人们对海归寄予厚望是可以理解的。但海归不等于杰出，只有成就了杰出的事业，做出了杰出的贡献才能称之为杰出。精神支柱是发展的灵魂，精神力量是推动事业发展的强大动力。当年，成就了"两弹一星"伟业的老一辈科学家们，他们共同的精神力量就是：深知中华民族经受的屈辱和灾难，并"以民族振兴为己任"。这个精神支柱，使他们克服了种种艰难困苦，努力实现了国家的目标。"两弹一星"精神凝炼的事业文化"铸国防基石、做民族脊梁"的实质也在于此。今天国家提出了"建设创新型国家"并进一步"建成科技强国"的伟大目标。这是中国的科技工作者和中国人民梦寐以求的历史性目标，是前贤先烈的血染宏图，这一目标的实现，将是中华民族永垂青史的百年伟业。我国的科学技术正在快速进步，取得成就有目共睹，但离建成创新型国家和科技强国的战略目标，仍有较大差距。在这个创新蓬勃、不进则退的时代，这对新时代海归提出了更高的要求，呼唤着大家做出高水平和高质量的工作，使中国的科学技术水平真正走到世界的前列。

3. 我们国家的发展正从速度型、数量型转向质量型、效益型。成功地实现这个转型，必须培育新的发展动能，摆脱对粗放发展路径的依赖，这个新动能的核心就是创新驱动。科学精神的灵魂在于创新，核心技术是买不来的，高水平的科技成果常常是长期持续努力的结果，需要坐得住冷板凳，需要坚忍不拔的努力，力戒浮夸和骄躁，宁静是创新环境的必要特征，宁静方能致远。科技史上高水平的创新常常是非功利追求的结果。学风建设、精神建设是建设科技强国的文化保障。

我想：任何时代，任何国家都会有不同的人选择不同的价值观，一个有希望的国家和民族，必定会有一批又一批的新人，选择崇高的价值观，一个充满希望的国家，必然是一个后人不断胜过前人的国家。每一代人有每一代人的使命和担当，让我们共同努力，营建一个好的学风和创新环境，为实现科技强国梦和中华民族伟大复兴的中国梦不懈奋斗！

---

① 本文写于 2018 年 5 月 29 日。

展望事业　寄语青年

——杜祥琬院士访谈

2018 年，九院九所六十岁了，正值杖朝之年的杜祥琬院士与事业一同成长，科学生涯也已度过了五十四载春秋。曾任九院副院长、863 首席科学家、中国工程院副院长的他，不仅是著名的应用物理学家，也是一位战略科学家。近日，我们有幸采访到杜祥琬院士，近距离聆听杜院士对个人科学生涯的回顾，对我院一甲子事业的思考，对未来发展的展望以及对青年人才的期望。

回顾事业　感慨成长

自 1965 年初进入中国工程物理研究院理论部工作以来，杜院士已将人生的大半辈子都奉献给了九院的事业，也实现了个人成长轨迹与我院事业发展道路的同步。回顾与事业共同成长的历程，老一辈科学家爱国奉献、敬业奋斗、重视人才、协同攻关、创新发展的精神，如同我们事业的遗传密码，不仅让杜院士受益良多，更给 60 年后正从事这份事业的我们以重要启迪。

记：杜院士您好！在建院建所六十周年之际，非常高兴能够采访到您。您一生的科学生涯涉及领域非常广泛，哪一段给您印象最为深刻？能详细给我们讲一讲吗？

杜：参加工作以来，我先做的是核，863 计划开始做激光，后来被选到工程院做能源，又涉及到气候变化，这样走过来，一转眼就是几十年，印象最深刻的我说两段故事。一段是突破氢弹阶段，首先进行了氢弹原理试验，那时候我所在的 102 组做核试验诊断理论。为了及时判定试验是否成功，安排了"速报"项目。氢弹和原子弹的物理特征具有非常明显的不同，要想知道爆炸的是不是氢弹，就要知道反映氢弹特征的高能中子和总 γ 射线的量值和图像与我们预估的理论数据是否符合。1966 年 12 月，按理论部领导要求，我们组三个年轻人由上海带着预估的计算结果赶到 21 基地，把数据交给搞测试的同志。爆炸结束后，高能中子和总 γ 射线的测试结果很快出来，确定是氢弹无疑。氢弹原理试验的成功，是中国掌握氢弹的实际标志，如果按照这个时间来算，中国从成功爆炸原子弹到氢弹研制成功是两年零两个月，所以当时速报成功以后大家的高兴也是空前的。

第二个故事与如何确保核武器的有效性相关联。863 计划以后，我们开始研究非核手段，做定向能技术起步意义重大，但也比较难，我们的第一任首席是陈能宽，过了一个五年计划，让我接任首席科学家。但那时候根本不知道目标怎么定，路子怎么走，技术路线怎么选取，非常焦虑。我们开始做发展战略研究，先找路子。经过几年的讨论，那时候朱光亚、王淦昌、王大珩也来参加专家组的会，和我们一起研讨路子该怎样走。后来依靠专家组集体的智慧，基于科学的分析、判断，选择哪一种激光器作为主攻激光器、哪些关键技术需要突破、哪些物理问题需要弄清楚，这些问题通过一个五年计划逐渐理明白了。

从1992年以后，一步步往前走，逐年上了路子，激光器能力也逐年上了阶梯，一直到1995年，我们开始做第一个集成试验。那时候设计了一个集成试验系列PTIE，也就是先期技术综合试验系列，以此来判断我们有能力完成设定的目标。1997至1999年，每年一个试验来检验关键技术，试验系列带动了各项关键技术的进步，也把一些物理问题搞得比较清楚。从1997年开始，我们觉得有能力可以做一点初步的工程，提出样机战略，到2000年基本完成，2001年验收，超过了原来863计划的要求。

在高技术这条线上，我们团结了国内各研究所有优势的团队，克服了一系列实际困难，取得这样的成果，作为首席科学家，我跟着这个事业成长，虽然有自己的焦虑，遇到不少困难，不过也享受成就感，这对我来说都是很好的锻炼，我也感受到其中的意义。

记：在从事科学研究的过程中一次又一次转换领域，对于您个人来说也是不小的挑战，您是如何快速适应、顺利实现领域和角色转换，并在新的领域发挥重要作用的？

杜：我一生涉及的多个领域、阵地转换，都是被安排、被选择的。这几个需求应该说是都是国家的需求，我非常清楚其中的意义，所以努力去适应。你问我如何快速转换？我想就是两条，第一是学习，这些领域的变化基本没有离开物理学的范畴，因为我是学物理的，但是具体到每个领域的内涵，从核、光到能源，还是有不少差异，除了学习没有别的办法。第二是依靠大家，发挥团队的作用，另外，要向每个有长处的人学习，把大家的积极性调动起来，这样才能把事情做好。

记：对您科学研究产生重要影响的有哪些人？是怎样影响您的？

杜：能够一毕业就分配到九院来，有幸在一批老一辈物理学家的领导下工作，他们既有深厚的学术功底，又有很好的人品，我终生受益。比如搞试验的王淦昌先生、搞理论的彭桓武先生、统筹全局的朱光亚老副院长、理论部的主任邓稼先，还有周光召、于敏、黄祖洽、周毓麟，他们都直接指导我的工作，我感受到他们的共同点是全身心扑到这项事业上，为了突破两弹事业，不顾一切以身许国。为什么这样？他们都从旧中国走来，深深知道中国的历史，历经的灾难、屈辱，所以立志要振兴中华民族，让国家富强的观念和心愿非常强烈。两弹一星精神有好几条，我认为概括起来就是一句话：以民族振兴为己任。所有这些人身上都有这个特点。

他们的另外一个特点是学术功底非常深厚，在很多业务、技术问题当中，发挥了自己在物理上、技术上的决策作用。在关键时刻，他们往往会从试验、理论、物理等方向做一些选择和判断，比如氢弹原理突破，那段时间我跟着于敏在上海算题，当时的计算机和现在的计算机不一样，是打印纸带的，一个时刻打印一张纸，所有物理量都在纸上，不一会儿就打印出一大摞。有一次，于敏发现纸带上的物理量反常，就让大家检查是物理问题、数学问题，还是计算机的问题，最后发现是一个晶体管坏了，把晶体管一换，物理量马上就正常了。这就是靠物理概念的本事做出来的。在他们的指导下工作，对我来说是非常幸运的一件事。他们给了我很多帮助，对我的人生观、价值观的形成和学风的造就也起到很重要的影响。

记：氢弹研制过程中整体的氛围和环境是怎样的？

杜：我重点说一个感觉，就是学术民主，当时原子弹成功以后，咱们事业的千军万马都来集中突破氢弹。那时候，水平最高的老一辈科学家都不知道氢弹原理，尽管做过一些基础性研究，也知道核聚变的概念，但是如何能够造就这样的高温、高压、高密度的条件来实现热核聚变，让其能够自持燃烧，并不知道。当时不讲职位高低、不论年龄大小，谁有想法就上台讲，我们叫"鸣放会"。你认为这样设计可以，他认为那样设计可以，不管对不对，有想法就可以在黑板上画，于是提了很多模型、多种方案，这就是学术民主。最后理出四种可能的原理，拿到计算机上去算，让计算机的计算结果来判断哪一个能走通。最后的氢弹原理就是在这四种当中选出的一种。突破氢弹原理给人什么启发呢？当我们突破一个未知的领域，想求得一个质的飞跃，一定要有一定的学术民主，这一点到现在都是重要的。

记：当年人才辈出，氢弹突破时是怎样培养人才的呢？

杜：咱们院从一开始就知道核武器研制事业是几代人才能做成的。当时钱三强先生把我们这批学生送到苏联去上学，也是为了培养下一代人。来到所里以后，我也非常具体地感受到老一辈对下一辈人才成长的热情鼓励，彭桓武先生、老邓、老于、老黄这些人对我们都很有帮助。

在我三十六七岁的时候，所里成立了规划组，时任理论部负责人的周光召让李怀智任组长，我任副组长。规划工作很重要，九所的规划会影响整个院，这些他都交给年轻人去做。

1975年，老周让我当九所副所长，虽然我由于想做具体科研工作的想法，婉拒了"官衔"，但老周让我重组中子物理室。那时我才三十七岁，他就把这样的重任交给我，我想一个是工作需要，另一个是为了培养比他更年轻的人，让人才成长起来。周光召的用心对我影响很大，所以后来我负责863工作以后，也很有培养人才的意识。

激光这个事情也不是一代人能搞得完的，后来我们设立了863激光青年基金，专门让青年人申请，做课题，每两年召开一次强激光青年交流会，让年轻人上台展示他们的成果，专家组成员评优秀论文，给他们以鼓励，通过这样的机制让一批人成长起来。不管是核武器还是高技术，都不是一代人能够完成得了的，要有几代人的接力棒，人才成长是事业很基本的条件，而且要通过国内外的学术交流和科研实践，让人才走上最高水平，这样才能把我们的事业做好。

展望未来　任重道远

今年是建院建所六十周年，在一甲子的辉煌征程中，我院为维护国家安全做出重要贡献。站在事业发展第七个十年的起跑线上，在新时代的新形势下，作为战略科学家的杜院士为九院九所事业发展建言献策。

记：相比两弹攻关时期，现在核武器研制创新是否存在更大难度？下一步路我们应该怎样走？

杜：你的问题有一定的现实性，也有针对性。现在的青年朋友可能会想，原子弹氢弹爆炸成功，后来小型化、中子弹也突破了，现在我们做什么呢？今天的中物院如何设定自己的目标呢？就核武器来说，当年突破是解决有无问题，我认为现在的核武器研制至少可以从三个方面努力：

第一个方面，把核武器做精，核武器是高度精密化的设计，越是往小型化走越精密，虽然原子弹、氢弹、中子弹等等我们都突破了，但是当年时间非常紧迫，对很多东西的理解是经验性的，并没有从科学上弄得特别明白。其实不仅中国的核武器，美苏等国家的核武器也存在这个问题，所以要把核武器本身的物理规律以及相应参数通过更精密的实验室手段搞清楚，达到高水平。当然也包括一些工程，如何把部件、分系统都做到更高水平，这都是要考虑的。

第二个方面，基于科学的库存管理。把核武器放在仓库里，研究它在库存条件下的寿命、有效性和可靠性问题，大概是每个核国家都存在的问题。这里面涉及到很基础性的材料科学，研究不同介质长期储存在一起的相互作用，会发生什么变化，这些变化如何影响核武器的寿命，从实验上有很多工作要做，因为我们需要长期保持核武器的有效性、可靠性和安全性。

第三个方面，如何保持核武器的有效性。我们在这里不得不说说美国，因为美国建立了一个国家导弹防御体系，其影响最大的可能就是中国了。最新的美国国防战略报告把中国和俄罗斯列为敌手，这一点比过去更明确。在这样的条件下就提出了一系列的核与高相结合的研究课题，我们要考虑努力实现核与非核相互配合的新体系，让中国的核武器保持有效性。

这三个方面要做的事真不少，当时我们解决核武器有无的时候完全没有这些问题。未来我们还有很多事情要做，这三方面其实挺难的，既涉及到科学问题，也有技术问题、工程问题，在新的历史条件下，希望九院、九所正视新问题、解决新问题，这也是新一代的使命和责任。

记：回顾中国高技术的发展历程，对今天的高技术工作有何启发？九院九所高技术发展目标应如何设定？

杜：高技术发展到现在已经三十多年了，走过了一段突破的阶段，走出一条路子，有了一些储备，这条路看样子是可以走通的。下面的高技术就面临一个要发力，要实际起作用的阶段。因为我们做研究不只是为做而做，也不是纸上谈兵，归宿就在于转换成新的装备，也就是新概念武器装备。现在各个军兵种都有这个需求，这里面又有几个层次：

第一是战略层次。与此相关的高难度项目正在进行中，目前来看，试验不断取得新的进展，达到原来难以想象的高精度，但是要形成有效装备还需要时间。

第二是战术层次。既然做了激光，还有微波定向能，可以派生出很多实战、战术应用，比如可以用来防空、防海。所以现在空军、海军、陆军、战略支援部队都有这个需求，如何把高技术三十多年的开发有效转化成战术上实际运用的装备，是值得努力的。

第三个层次就是公共安全。这要从2014年的北京APEC峰会说起。这几年新出现一种新型的安全威胁，就是小无人机。小飞机门槛低，好操纵，APEC峰会上如果各国首脑开会的时候来几个小无人机就把会场搞乱了。如何应对这种威胁？对于这种低慢小的目标，地对空导弹、高射炮等都不适合。空军觉得激光有可能有办法，就与我们联络，我们的团队用几个月的时间做出"低空卫士"，APEC峰会到场值班，但当时没有出现敌情。2015年"九三"阅兵，"低空卫士"的系统又升级了，一套放在车上，一套放在楼顶。在"九三"阅兵的现场，飞机要起飞时，在预定航道下方出现了一个漂浮物，直接威胁到飞机能否安全起飞，"低空卫士"奉令不动声色地把目标击落，后来我院得到阅兵领导小组的嘉奖。高能激光国内国外都做了很多高难度的试验，但真正在实用场合派上用场的还就我们这一次。像这一类用于公共安全领域的需求还比较多，其实指标要求并不特别高，也不是特别难，但要特别可靠，没有100%的可靠性没人敢上去值班。这是一类新的、军民结合的应用，也可以叫我们的副产品。

具体到九所，我认为九所在高技术计划启动的前期发挥过重要作用，特别在是在物理概念的研究方面。虽然高技术与核武器不同，试验、工程往往可以走在前面。但里面仍然有很多物理问题需要研究，特别是新的需求产生的时候，需要九所搞理论的同志配合搞试验的，去与他们一起做分析，做数值模拟计算，发挥计算物理的长处，来配合硬件、配合工程，及时发挥九所的作用。

记：在一甲子的辉煌中，我院的事业发展取得突出成绩，但也面临国家的新要求，国内外环境的复杂变化和诸多挑战。未来事业发展道路应该怎样走？哪些方面需要进一步加强？

杜：新形势下，核也好，高技术也好，都有很多工作要做。建院六十年来，国家培育了，我们也积累了很多技术手段，比如实验室的设备和能力，我们可以把在核武器和高技术方面积累的技术基础用来既为国防服务，也为国民经济服务，主动迎合国家的军民融合、创新驱动战略，我院要主动理解，国家需要创新，而且需要军民融合性的创新。

从核到高技术，我们总的水平是相当不错的，但是基础研究的深度和广度还不够，希望我院在做任务的同时加强基础性的研究、学科性的研究，因为基础影响未来、影响后劲，根深才能叶茂，把基础做扎实，既是任务的需要，也是培养人才的需要。

另外，九院、九所的管理机制还需要再创新。国家现在大力推动军民融合，有很多民办企业也融入到军里面来，他们的机制很灵活，运行效率很高，我们应该学习。我觉得我院有一些长期惯性的管理应该与时俱进，提高水平，要让大家在这里干事觉得效率高，很来劲儿，而不是管理僵化。

记：目前九所事业正处在二次创业的关键阶段，未来九所应该怎样做？

杜：核方面需要加强的三个方面，都少不了九所的工作，虽然很多问题可以通过实验室的工作来做，但都少不了理论和数值模拟的配合，要利用数值模拟能力，发展数值模拟能力，把数值模拟的工具搞得更精密，也要把设计核武器的参数做得更精密，发挥核武器在新的条件下的有效性。九所将在里面发挥重要作用。高技术也是一样的问题。

另外，可以利用我们积累的技术能力为国民经济做一些事情，比如软件，是九所的特长。在武器设计的需求下，我们的各种计算能力和计算方法水平一直在不断进步，如何利用积累起来的能力为国民经济做些贡献？比如核电，中国的核电设计还有一些薄弱环节，软件还没有完全国产化，九所可以运用我们的基础，根据核电的需求做一些相应改变，这样完全有可能在新的条件下为核能的和平利用做出贡献。

还有一个，我本人很有兴趣，也是院里所里正在做的，就是核聚变。氢弹是爆炸型的核聚变，但如何在非爆炸条件下实现受控的核聚变，并将其作为能源？这个问题全世界都没有解决，不管是磁约束聚变、惯性约束聚变或是两者的结合。彭桓武先生去世前在物理杂志上发表了一篇很小的文章，上面说磁约束、惯性约束都有优点和缺点，都不一定做得通，需要创新。如何实现非爆炸型的受控核聚变，需要新概念。现在九所正在探索，有些也在跟一所、二所结合来做。因为目前大家都没有突破，如果中国在核聚变上创新，有新概念走在前头，不是没有突破的可能。其实这个问题不光是我们一个院一个所在做，但是我院、我所在这方面有长处。我本人很感兴趣这个领域，也有一些讨论，包括提出核裂变、核聚变能不能结合，做混合堆，虽然过去也有这一类的思想，但现在有新的设计，这些有没有可能实现？如果我院、我所能在这方面做出贡献，是很有分量的。创新驱动在这些方面不是空谈，确实很多工作需要发挥年轻人的智慧。

寄语青年　再谱新篇

"少年强则国家强"，人才始终是我院事业发展的源头活水，从 60 年前抽调顶尖人才投身核武器研制事业，到如今形成结构合理、梯次互补的科研队伍，我院始终重视人才。伟大的事业凝聚优秀的人才，一流的事业需要一流的人才，未来事业发展中我们应如何培养人才？青年人应该从哪些方面努力，才能快速成长，从而为支撑事业稳步持续发展贡献力量？下面是杜院士的思考。

记：在 60 年的事业发展过程中，我院形成了独具特色的文化，您认为新形势下我院的核心价值观、核心文化应如何传承？青年人应如何处理物质需求与精神需求的关系？

杜：这个问题很重要，也非常实际。新的历史条件下两弹精神如何传承？一方面有要继承的东西，另一方面也有要创新的东西。有些好的传统、好的精神并不随时间改变，比如以民族振兴为己任，这个现在就是中华民族伟大复兴的中国梦，还没有实现。

每一代人都有每一代人的使命和担当，我有时也在反问自己，半个世纪前的老故事现在的青年朋友还感兴趣吗？我的答案是，现在是新时代了，我们面临多种选择、多种诱惑，但不管是任何社会、任何国家、任何时代，总有不同的人选择不同的价值观，必定会有一些人选择崇高的价值观，以国家民族振兴为自己的责任。我也观察到现在的青年人里的确有一些人非常执着地搞科学研究，他们以成就感作为自己的享受。当然大家可以有各种选择，但我相信，中华民族如果有希望，必定在新的时代里有一批人选择崇高的价值观，为国家目标奋斗。

希望年轻一代看重使命、看重责任，勇于担当。任何事业，老一辈水平再高，也只能做一段，需要接力。青年人要有很强的接力愿望，让自己这一棒跑得更好，这是前人怎样也代替不了的。

对于物质需求与精神需求的关系问题，我认为在新时代，很多物质条件是必须的，我们要创造条件让大家更好地工作和生活。现在国家也一再强调要让科研人员没有顾虑地做好科研工作，这方面也会不断改进。其实物质条件的保障和为了事业奋斗两者并不矛盾。特别是今天物质条件改善这么多的情况下，两者是可以一致的。要让大家在有比较好的物质条件的基础上，更有效率、更愉快地将工作做好。

在互联网时代，年轻人获取知识的渠道更多，希望年轻一代适应新时代，充分利用互联网、物联网的新手段，活跃思想，做创新的主力军。我接触到的一些年轻朋友都非常努力，也比老一辈人更活跃，我希望这些人都幸福，当然奋斗是幸福的来源。各级领导要理解年轻人的心愿和需求，为他们创造更好的条件。好的精神再加上好的物质条件，我们的工作才能做出更高水平。

记：新时代，院所领导应该为人才成长提供怎样的条件？请您详细讲一讲。

杜：人才问题始终是根本性的问题，我院也一直很重视人才培养工作。在新的时代，不仅是国防，国民经济方面也一样，老的发展方式走不下去了，一定要靠创新驱动。现在创新驱动、军民融合战略已成为新时代非常重要的战略思考。这种时代下需要创新驱动型的人才、军民融合型的人才，院所各级领导要适应新时代的新特征。我做过调研，有些民营企业和传统军工企业结合以后换发出新的生机、新的机制和新的效率，使自己适应市场的能力大大提高，希望我们能主动去跟他们学习，使我院我所与新时代的特征结合得更好，培养更多具有时代特征的人才。

前几天中国青年报刊登了一篇对我院的采访，文章叫《中国面壁人》，我院的确有一些年轻人非常优秀，他们的事业心和责任心很强，而且愿意克服各种困难。同时，这些人在新时代里面又很具有时代特征，很了解新的工作方式，并将互联网等手段为自己所用。如何在新的形势下培养新的人才，创造新的工作方式和新的工作机制，都是人才培养中要考虑的。

另外，我院、我所也需鼓励青年人做基础性、学科性的研究，并在与国内外的交流上进一步扩大开放度，建立更多学术联系，与一流水平的人和单位密切交往，这样水涨船高，我们的人也能够更快速地进步。这一点从我院开放之后一直在努力，也做了不少工作，但是还有提高的空间。

附录：魂牵五十年　梦圆武家山[①]

——记 2014 年 10 月 11 日杜祥琬院士故地重游

　　有一种相思叫桑梓之念，有一种牵挂可谓水滴石穿。

——题记

　　金秋十月，金风送爽，百忙中来到这座因为水坝而闻名中外的城市——三门峡，走进其中，惊喜不断，意外连连，感受颇多，它的美丽让人流连忘返，魅力令人无法招架。傍着母亲河，靠着函谷关；西有宝轮寺，东临车马坑；倚近大水坝，座在天鹅湖，这是我们出发的地方。结束了上午充实而"高、大、上"的会议，来不及好好休息，杜院士一行就迫不及待地踏上了回"家"的路，马不停蹄地前往一个叫武家山的地方，一个普通的村庄，可能在地图上找不到它的标记，但在那里，却有一段回忆让杜院士魂断梦萦、刻骨铭心。

　　没有晴空万里，也不是艳阳高照，淡淡的雾霾恰似一方盖头遮住了沿途城市的面貌，增添了许多神秘，似乎是对远方客人的到来略感娇羞，或是要和走进它的人们开个玩笑，别有一番风味。小车缓缓行驶在路上，道路两旁早已变了模样，同行的三门峡科协郭亚娟书记是东道主，很是巧合，此次前往之地也是她的故乡。一路上，她耐心、细致地介绍了家乡的发展和变化，与杜院士一起回忆了以前"回家"途中必经的大陡坡、铁路、崎岖山路、泥泞村路……当她说起小时候用鞋底做自行车刹车片的趣事时，车内一片欢笑，气氛好不热闹，她的热心也让大家对武家山更加向往。

　　回家的路遥远，而心却很近；回家的心迫切，而路却漫长。一路上，杜院士努力回忆着曾经的点点滴滴，纵是已过了半个世纪，他对武家山的"情缘"往事依旧娓娓道来，清晰如昨地记得许多故事，依然能够叫出一些乡亲的名字，令车上所有人由衷赞叹。感叹今非昔比、物是人非，能感觉到他的心情既欣喜又有几分忐忑，欣喜自然是因为马上就可以重回到自己阔别已久的故乡，见到朝思暮想的乡亲，圆"半个世纪"之梦；忐忑是为何？原来杜院士夫人毛剑琴教授在车上讲述了她前些年类似的"回家"经历，回忆了当时和老乡热闹的情景：一起围坐炕头、诉说相思之苦、把手唱歌、拍照留念……或许是担心离别太久，岁月的洗礼还能否让彼此相识，曾经的热忱是否依旧，他的心里自然有些淡淡的

---

　　① 本文作者崔磊磊。

276

疑虑。

车子在山路上盘旋行驶，道路两旁的苹果树惹人眼球，套着纸袋待摘的苹果让人印象深刻。一进村部，就看见前面不远处人头攒动，下车的一瞬间，眼前的场景让大家倍感惊喜，欢迎人群有男有女，热烈的掌声即刻响起，气氛一下沸腾起来，翘首以盼的乡亲们迅速将杜院士团团围住，大家争先恐后自报家门，一一与杜院士握手，仔细端详，齐说："老了，老了"，无情的岁月在大家脸上留下了太多痕迹。有几个老乡直接喊出了"杜祥琬"的名字，"你是当年的小会计，那时你 18 岁"、"你住我隔壁窑洞吧？""你父亲和我一起下山挑过水，现在还好吗？"……杜院士也用自己的方式和大家打招呼，回应着大家的热情。此时此景，不需千言万语，一次次热情的相拥足以表达彼此激动的心情，是啊，当年同吃一锅饭，建立了深厚的感情，五十年后又重逢，怎能不激动？在场之人无不动情无不动容。

"老杜，你还记得我吗？那个时候咱村吃水不方便，你经常走几里山路帮我家挑水，我父母都说你是个为民办实事的好干部！"一位满头银发却精神抖擞的老农妇握着杜院士的手激动地说，身上穿着的红毛衣格外鲜艳。杜院士回答说"你是李仙荣吧，我当然记得了，那时候我们都还年轻，你比我小！"，"你还记得我啊！"心里自会是满满的欣慰和感动。话音刚落，另一位年近花甲的老乡紧紧握住杜院士的手说："祥琬老兄，一别 50 载，您当年的形象还清晰如昨啊，1965 年您来我们村搞'四清'运动，待吾等如亲兄弟，和老乡们结下了深情厚谊。回京后还不忘我父亲的病，先后两次来信慰问，并帮助联系好教授，若非'文化大革命'，我父亲肯定会康复，此情我弟兄二人铭记在心，念叨了 50 年，今天终于把您给盼来了，也算慰了乡亲们的相思之苦。"被乡亲们紧紧拥簇着，杜院士握着乡亲们的手说："这块土地我想念了整整半个世纪啊，很多次做梦都梦到当年村里的情景，梦到大家，一直想回来看一看，和亲人们聊一聊，今天终于和大家见面了，大家都好

吧？"乡亲们齐声说"都很好！"，当得知乡亲们都是自发聚集在一起欢迎自己到来的时候，杜院士深情地说"谢谢大家！"，说话的声音已经沙哑，可能他自己并未察觉。

故人相见，分外动情，乡亲们将杜院士拥入早已收拾好的"贵宾室（村文化大院会议室）"，并精心准备了家乡的特产——苹果，一个个送到我们的手里，杜院士说"知道咱们的苹果好吃，刚才路上我也看到了，今天吃着格外甜！"接着说"那时候条件艰苦，柿子泥和点玉米面就是主食，吃多了会闹肚子，但肚子饿还不能不吃，记得有一回，我去县里办事，路过一家饭馆，买了一个白面馒头，当时吃起来真香啊！"一句话把大家的记忆带到了1965年的冬天，当时是杜院士在苏联留学回国的第二年，他积极响应号召从第二机械工业部下派到灵宝市焦村镇武家山村，协助当地干部开展"四清"运动，在村里待了半年多。半年中，杜院士与村民同吃同住同劳动，迅速打成一片。在群众的眼中，他身体力行、敢作敢当、两袖清风、一身正气，给乡亲们留下了深刻而良好的印象。如今，当时年轻力壮的大家已是两鬓斑白，众人中年纪最轻的也近古稀，但时光的流逝冲淡不了内心的真情，时隔半个世纪的再聚首让整个武家山村都洋溢着久别重逢的喜悦。就这样，大家围坐在一起，畅谈过去的艰难岁月，忆苦思甜；共话昨天的点点滴滴，时不时传出哄堂的欢笑声，一片暖意融融的景象。

杜院士耐心地询问了每一位老乡家里的情况，当听到老乡们肯定的回答时，他感慨万分说："人老了，经常会想过去的'苦'事，这些都是非常珍贵的。当年虽然物质条件很贫瘠，但武家山的乡亲们给了我很多的关怀和照顾，现在还历历在目、铭记在心"。"老杜，到村里走走，看看吧"，"好啊，回来就是想看看家乡的变化，走吧，大家一起！"一出门，宽敞的村文化大院让人眼前一亮，水泥地面上堆放着丰收的粮食，两边竖立着崭新的篮球架，正前方是高起的舞台，有小朋友正在场地上开心玩耍。看到这里，杜院士由衷地说"吃过饭，大伙一起坐在院里看演出，看篮球比赛多好啊！"。

行走在村里的小道上，杜院士步调格外轻盈，每一步也走得分外踏实，乡亲们一路走一路对他讲述着村里的变化，千言万语好像也说不完，杜院士也感慨难以找到旧时的模样：窑洞、土坯草房少见了，如今多是砖瓦房，过去泥泞的土路已变成宽敞平坦的水泥路，杜院士临走之前未完工的水渠现在也规整漂亮，新盖起的小二楼、商店矗立在道路两旁，房顶上竖起的五星红旗正迎风飘扬。"老杜，到我家里坐坐吧，就在边上"，盛情难却，应邀走进老乡的家中，气派的大门、干净的院子、拴在树干上的小狗汪汪叫，提醒主人有"宾客"来到，全家人便出门相迎；走进屋内，墙上用瓷砖贴出来的大福字十分耀眼、整洁的房屋、干净的门窗、丰收的粮食、通到厨房的自来水、装在屋顶的太阳能，一幕幕都无言诉说着新农村的巨大变化。杜院士说："我能进您屋子里看看吗？""当然可以了"回答的语气很是自信和自豪。杜院士和毛老师便走进每间屋子里，仔细观察，欣喜异常，不时感慨"村里的变化真大啊，让人向往啊"，最后还和这家人一起合影留念，看着大家脸上挂着的微笑，我迅速按下快门记录下了这难忘的每一秒。随后大家又被邀请走进另一位老乡家中，能感觉到他家里条件不是很好，房屋有点破旧，院子里靠山一边还保留着土窑洞，只不过现在是用来停放农用车、摆放农具、盛放粮食，老乡首先很热心地拿出了家里整袋的核桃和大枣给大家品尝，随后又进房间拿出了两罐东西，走近一看原来是蜂蜜，杜院士再三谢绝，老乡不善言辞却坚持说这是自己家里养蜂采的蜜，"纯天然、无加工"，要让最"亲"的人尝尝。后来才知道他老伴因病去世得早，孩子又在城里工作，自己不想离开故土，就呆在老家种种地、养养蜂，每年都会给左邻右舍送自家的水果和蜂蜜，深得大家的喜欢，是大家眼里的"热心肠"，听到这里，大家纷纷投去称赞的目光，老乡却忙不停地给大家夹着核桃，脸上挂着微笑。出门又受邀走进另一老乡家中，看到院子里堆着的玉米阳光下泛着金光，杜院士高兴地说："看来又是丰收的一年啊，这个磨成面就可以吃了吧？""现在基本上都不吃了，拿来喂喂家禽、牲口"老乡回答道，听到回答，杜院士感慨农村变化之大，更追忆以前的生活之艰苦。接着众人的视线被堆在院子角落里的一堆矿石吸引，询问得知原来是大名鼎鼎的金矿石，老乡介绍说村子后面的山里发现了金矿，正在开采，平日里村民就去捡捡小块的矿石，一斤能卖一两块钱，杜院士说："金矿对村子来说是好事，但是一定要保护好这片美丽的环境啊，另外请大家一定要注意安全"。

听到村里有"亲人"到来的消息，一些年龄更长、行动不便的老乡也早早来到路口等待，看到杜院士走来，老乡们纷纷走上前，摘下头戴的头巾，只为将亲人看得更加清楚，紧紧握住杜院士的双手，久不忍释，嘴里不停地重复："是什么风把你吹来的？到底是什么风把你吹来了？"双眼已经变得湿润，幸福却挂在眼角，不觉让人想起紫气东来的典故。随后拿出早已准备好的"礼物"，可以看出是新鲜的大枣，或许平时自己也不舍得吃，但在亲人面前，毫无保留，这就是武家山乡亲们给大家的震撼，杜院士只好又接过，他深情地说："是我心里的风把我吹来的！""您一定要保重身体啊！"，"好，好！"老乡连忙回答。对于年轻的我们，不见面还可以发条短信、打个电话、捎个问候，但对于半个世纪未相见的老乡来说，这次握手来的谈何容易啊，亲人的一句保重何等珍贵啊！

走过一段田间小道，来到当年住宿，现已坍塌的土窑面前，杜院士看看了周围，兴奋

地说："对，对，就是这里，就是这个窑洞，我想起来了！"然后感慨地讲述到："当年我到村里后，村里安排我住进条件比较好一点的'小会计'赵景功家，可当时我们是来搞'四清'运动的，想了想，最后还是住进了村里最贫困的五保户家中，就在我们脚下的这个窑洞里"，他走上前又仔细看了看窑洞接着说："当时没有床、没有被褥，便卸了门板搭了一张床，就这样在这个没有门扇的窑洞里度过了一个冬天"，"当时感觉最难受的不是寒冷的天气，而是和我们一起'生活、战斗'的跳蚤啊"杜院士一句回忆的话，引得大家纷纷回想响应。"我记得当时你经常在这里教我们唱歌"村民赵军哲激动地说，说完便哼唱起来"我们年轻人，有颗火热的心，革命时代当尖兵，哪里有困难，哪里有我们……"杜院士与乡亲们不约而同一起唱起了当年他教给大家的《高举革命大旗》，在场的青年人多数不会唱，但也被当时的气氛深深感染。当然还有一件重要的事情就是拍照留念了，杜院士亲自选了几个不同的角度，和乡亲们合影，仿佛大家又一次住进了窑洞里，一起挑水、劈柴、做饭、唱歌……最后，杜院士说："虽然想看我住过的窑洞坍塌没有了，有点遗憾，但是看到现在村子蓬勃发展的新面貌，心里更开心"。

大家继续边走边聊，心里的话儿似乎说不完，爬上一段山坡，站在小山坳上，微风吹来，空气里透着淡淡清香，碧蓝的天空、辽阔的绿地、成片的果林、安详的村镇尽收眼底。村支书赵景谋指着一条弯弯曲曲的小山路说："老杜，这条山路你应该有印象吧？"，"这就是当年我们一起下山挑水的路吧，太有印象了，我记得下面沟很深，路又很陡，下雨天尤其不好走，肩膀上挑着水，还不能撒，但跟乡亲们一起唱着歌、颠着扁担，也不觉得累"杜院士回忆道。说完，大家纷纷走上前，鸟瞰脚下，山确实很陡，路消失在不远拐弯处，但却看不到沟底。赵书记接着说："现在不用再去挑水了，山底开了一个洞子，再把水抽上来，自来水通到每家每户了""好，很好啊！"杜院士说着便走向了不远处竖立着的几棵老柿子树，看得出来它们经历了世间沧桑，但如今鲜红的柿子还挂满树枝，让人不觉感慨岁月流逝，更感慨大自然的无穷力量。杜院士兴奋跑到树下，抚着树干说"这就是我前面说的柿子啊，印象太深刻了"我又按下快门，记录下了"一人"和"一物"情缘再续的珍贵时刻。时间匆匆，天色将晚，山谷里不停回荡着欢笑声，在无穷的欢乐和激动中大家纷纷合影留念。此刻彼此心里又多了一丝丝的不舍，舍不得亲人匆匆而来又将离去，舍不得刚见到朝思暮想的亲人马上又要说再见，滴下几滴幸福和祝福的泪水，此时此刻，难说再见。

美好的时光总是那么短暂，临别之际，热心的乡亲们为杜院士拿出了自家苹果、核桃、大枣、柿子等特产，杜院士欲婉言谢绝，但实在执拗不过老乡们的一片热情，老乡们嘱咐一定要把东西带回北京给亲人们尝尝，尝尝"家乡"的味道，记住这一方亲人的挂念。

返回的路上，能感觉到杜院士仍在回味着刚才的点点滴滴，毛老师开玩笑的说了一句"这次场面可比我那次大多了啊，怎么样，感觉不错吧？"引得车里笑成一片，杜院士说："真的没想到，要感谢武家山，感谢乡亲们"，"人间有真情，这是最可贵的！"在无限不舍中，武家山离大家视线渐渐远去。

一次相见，永世难忘；一句问候，天长地久。圆了"半个世纪"之梦，杜院士激动的心情久久难以平静，面对如此热忱、如此淳朴的乡亲们，感慨发自肺腑，他也在思考留下些什么，似乎有千言万语，想由衷礼赞这片欣欣向荣的土地，更想礼赞过去、现在与将来在这片土地上辛勤劳作的乡亲们，最后他决定留下对乡亲们最美好的祝愿和对家乡美好明天的祈福！

（本文对灵宝市新闻网《跨越半个世纪的"灵宝情缘"——杜祥琬院士'回乡'记》有参考。）

诗歌篇

历史将记录在案^①

历史将记录在案:

二○○八的"五·一二",

是人间罕见的大悲大难。

岷江映照着碧山的秀,

青翠衬托着画中的川,

刹那间,

却成了满目疮痍,

生灵涂炭。

隆隆地啸,

滚滚黄烟,

山崩地裂,

江河阻断,

公路不再,

通讯瘫痪,

城市化为废墟,

村庄埋在下面……

父老乡亲,

失去了家园。

倾盆大雨夜幕间,

漆黑一片,

塌方中有求救的呼号,

废墟里有生命的呜咽,

幸存者向亲人发出撕心裂肺的呼唤!

一群小生命,

难敌千斤的水泥板,

那熟睡般的小女孩,

扎着美丽的小辫,

---

① 本文发表于《院士通讯》2008 年第 6 期,原载于《光明日报》2008 年。

却永远不会醒来，
再难见她天真的笑脸！
学校成了瓦砾堆，
散落着学生的日记，
斜倒着教人求真的对联……
我不忍看，
不愿接受这残酷的现实，
我不禁热泪满面！
细听，废墟里传出国歌的旋律：
绝不轻言再见！
瓦砾下的男孩忍着伤痛，
却说："别靠近我，这里危险！"
童音里鸣奏的，
是震不垮的灵魂，
是生命的礼赞！

历史将记录在案：
中国人怎样面对这突降的灾难。
领导人第一时刻奔赴前线，
亿万人有了主心骨啊，
哪个能不奋勇向前。
汶川、北川、什邡、青川……
还有那著名的都江堰，
这些名字顿时让亿万颗心，
震撼、挂牵，奋起、驰援！
年轻的女民警，
顾不得自己的新生儿，
却让失去母亲的婴儿，
一边一个把自己的奶水吸干；
人民教师，
用身躯扛着即将倒下的教室门，
让孩子们从自己的身下逃难，
而她却走向了永生，
形象如纪念碑，高大伟岸！
九岁半的小男孩，
竟有肩负千钧的神力，
不顾房塌砸伤自己的头，

背出了一个个受伤的伙伴！
只是在事后终于见到了爸爸，
他才把溢满心中的泪水，
洒满亲人胸口的衣衫……
这个敦实的四川男孩，
代表着一代中国男子汉！
七十九岁的老院士，
咽下泪水救伤员，
一百多台手术，
坚持不下火线。
献血者排成长龙，
各地飞来，
无需动员的募捐。
几十个小时的持续奋战，
救出了一位同胞，
疲惫而兴奋的志愿者，有何感言？
"想哭，高兴！"
多么简单，却令人震撼！
几百子弟兵，
带队的司令员，
徒步冲进红白镇，
惨象在召唤，
没有工具就用双手扒呵，
日不餐、夜不眠，
把一个个濒危的生命救出，
司令员动情地说：
"看看我们的战士，谁还有指甲！"
这是无需注解的忘我奉献！
历史再次感叹，
蜀道难于登天，
高山伴深谷，
云雨多变幻，
可它却奈何不了
陆、水、空三路大军，
终于攻进了每个灾点。
攀登汶川何其难，
参谋长说："爬也要爬到汶川，

人倒了，脸也要冲着汶川！"
十几万子弟兵，
七十多万志愿者，
这是和平时期的实战，
是壮烈的举国动员。
壮哉，中国，
面对这场无情的"大考"，
中国人交出了优异的答卷！

历史将记录在案：
灾后的中国将风光无限。
灾难锻炼了青少年，
他们体验了大爱无边，
深知生的可贵，
明白肩上的重担，
心中不是只有自我，
更有民族的危安；
一批身残的幸存者，
会胸怀坚强的心，
加倍努力干。
灾难凝聚了全民族，
一方有难、八方支援，
同胞遭灾，
热心相助毫无条件。
几万人的生命，
换来了人们更强的责任感，
崇高的价值观壮大了生长的空间，
民族精神的升华，
是持续发展的源泉。
灾难使中国感受各国人民的温暖，
世界对中国也刮目相看：
效率、精神、透明、团结，
中国面貌向世界展现！
天地之灾是里程碑，
是文明历史的新起点。
中国曾饱受灾难，
振兴之路不会平坦。

人民更加成熟，
步伐更为稳健，
深知重建的严峻挑战，
深知前路漫漫、任重道远，
灾难将由历史的进步来补偿，
双手与智慧，
将创建更美的家园，
在人与自然的和谐中，
中国将风光无限！

观 都 江 堰

岷江东去水涛涛，
脚底急流逐心潮。
宝瓶离堆多壮观，
竹索飞起架天桥。

鱼嘴劈江分洪好，
造福万世人称道。
二神庙里见一斑，
古今佳事有多少！

1978 年 5 月 27 日

登 青 城 山

雨后青城山，
古景添新颜。
云绕上清宫，
下有五洞天。
结伙来此游，
呼应亭上欢。
天梯踩脚下，
只缘肯登攀。

1978 年 5 月 27 日

游 漓 江

久闻漓江秀，
今日得一游。
奇峰两岸立，
云雾绕山头。
峰顶挂"明月"，
百尺瀑布流。

象鼻饮玉河，
青山"雄鸡"斗。
石妇望夫归，
石人推磨走。
金鸡驼仙翁，
九牛看三洲。
九马竞画山，
七仙江边留。
"父子"细细谈，
"骆驼"慢慢走。

喜看老榕树，
抬头望绣球。
书童傍山读，
江水常伴奏。
倒影映水中，
竹筏轻悠悠。

画卷阅不尽，
诗景不胜收。
无双仙人境，
唯我中华有。

1984 年 4 月 26 日　桂林至阳朔

宁 武 颂

宁武有奇景，
多年不知情。
高原大草甸[1]，
森林环抱中。
放眼层叠翠，
巍峨山岩耸[2]。
大片原始林，
云衫抱红松。
晋北天池美[3]，
三石多景亭[4]。
秀丽情人谷，
万年冰石洞[5]。
深山古栈道[6]，
悬棺夺天工。
山顶圣洁泉，
对望双八形[7]。
古老水磨坊，
汾水源头清。
山西一宝地，
内涵深又丰。
更有宁武人，
纯朴而热情。
祝福我宁武，
明日更繁荣。

1　指芦芽山对面的马仑草原。
2　管涔山高耸的岩石形态各异。
3　宁武有多处山中的天然湖景。
4　山头上叠垒的三巨石，从不同的角度望去呈多种奇景。
5　宁武地下发现了天然形成的冰洞，冰景奇特，已开发的深达 66 米，据考已有万年以上的历史。
6　管涔山的山腰处，有长达数公里的古栈道和吊桥。
7　山顶泉眼对面山景呈正八字和倒八字的双八形态。

博湖泛舟之夜

——2005 年 7 月 22 日夜新疆博湖泛舟之夜

夜游博斯腾，
明月照当空。
飞艇穿芦苇，
浪花伴笑声。
夜幕照明珠，
湖面平如镜。
云水成一色，
梦幻大海中。
忙里享清闲，
博湖赐激情。
新疆好地方，
难忘此夜行。

科研团队组诗^①

抒　怀
——赠青年朋友

闲暇颐园信步游，
荷塘倒影望垂柳，
几叶扁舟天伦乐，
鹊跃林荫唱枝头。
唱枝头，
众鸟和鸣，
天然乐奏。

人生脚步坚实走，
众友齐心同奋斗，
艰难磨砺开新路，
并非闲白少年头。
少年头，
后生可赞，
再织锦绣！

——杜祥琬

相　知
——喜读《抒怀》一诗，步其韵而和之

梦游故园创业地，
先辈征程多艰辛；
两弹绽开元元¹⁾笑，
中华崛起寰球惊。
寰球惊，
东方巨龙，
一跃腾空。

---

① 本文发表于《物理》2007 年第 04 期。

院士赠诗励后生，
任重道远求创新；
携手攻关高技术，
不负故知殷殷情。
殷殷情，
再展宏图，
后继有人。

——中国工程物理研究院十所　王黔闽、许州、张凯

感　怀
——和杜祥琬院士

偷闲信步河堤走，
一湾春水两岸柳。
枝头新鸟啼旧调，
细闻声声时代喉。
时代喉，
精进相承，
更美一筹。

前辈[2]开河竞上游，
晚生岂甘落后头？
承前启后成大业，
青春无私献鸿猷。
献鸿猷，
强我中华，
笑傲寰球。

——中科院成都光电所　付承毓

协　力
——和《抒怀》一诗

山擎水路驭水行，
水映山影润山青，
山水相连展宏图，
前辈[2]同心震天鸣，
震天鸣，

一缕新光，
世界诧惊。

鹤发[2]尤存报国情，
青衫岂能闲观景，
披荆斩棘开新路，
协力攻关破坚冰，
破坚冰，
一马当先，
再树威名。

——中科院大连化物所　刘宇时

共　勉
——答赠诗

百年硝烟难堪首，
一轮红日东方升，
两鬓霜白泯功名，
数载一剑天铸成。
天铸成，
寰宇震惊，
古国扬名。

春光飞逝不我待，
胸有乾坤华自生，
德才双修劈荆棘，
敢问世界谁争锋。
谁争锋，
青蓝合璧，
共缚苍鹰。

——中科院大连化物所　刘万发

奋　进
——和《抒怀》

刻苦攻关忙不休，
试验场地夜如昼，
仪器设备传信息，

科学数据装满头。
装满头，
慎密规划，
滴水不漏。

自然奥秘层层剖，
知识积累代代厚，
谦和协作筑人梯，
求实创新驻心头。
驻心头，
先辈精神，
传承远久。

——中科院大连化物所　刘岩　韩新民

1）元元：遮民，众民。
2）指为我国"两弹一星"事业作出卓越贡献的老一辈科学家。

❖ 国家 863 激光团队合影，2018 年 4 月于大连

老友相聚有感

——写于一九九九年一月三十日留英学友聚会

留英学友
相聚九九
抚今追昔
其乐悠悠

攻读西欧
报效中洲
不虚年华
可喜成就

中年朋友
今已白头
请君保重
天长人久

毛剑琴
杜祥琬
1999.1.30

贺玉明老弟新书首发并七十华诞

清华荷塘月色下
玉明醉游放奇葩
人文技术融一身
夕阳高照如紫霞

杜祥琬

2011.04.21

颂 "八六三"

高瞻远瞩 "八六三"，
军民结合齐奋战。
富国强军是目标，
凝聚人才求发展。

攀登高峰不畏艰，
团结战斗十五年。
发展战略开新路，
硕果累累创新篇。

形势呼唤 "杀手锏"，
深知任重且道远。
百姓期盼是动力，
再创辉煌新纪元。

杜祥琬
二〇〇〇年一月二十八日于北京

赠六一〇所

横跨鄂豫，
隆中宝地。
生命之舟，
浓缩高技。
几代梦想，
终成奇迹。
救生伟业，
历史铭记。

杜祥琬
2001 年 8 月

难忘母校行

母校百年庆，
故乡千里行。
莘莘学子归，
十里远相迎。
人过花甲年，
乡情愈加浓。
喜见老学友，
难掩激动情。
忆我好师长，
内心永尊敬。
翻开校史篇，
心血铸历程。
旧地再重游，
顿觉人年轻。
母校换新颜，
弘扬好传统。

隆重百年庆，
锣鼓鞭炮鸣，
故乡师生前，
深深一鞠躬。
满座小同学，
可爱又聪颖，
美如菊花放，
万紫又千红。
衷心寄厚望，
中州攀高峰。

2002 年 10 月
写于自开封高中回京途中

密云休假小记

（一）
山间小径登坝顶，
遍山槐花夹道迎。
青蒿飘香浸肺腑，
松林深处闻乐声。

风筝扶摇腾碧空，
年过花甲似返童。
水源农家蔬果鲜，
溪翁庄里纯朴情。

2004 年 5 月 6 日

（二）
毗邻密之水，
湖光天池美。
氧吧满时空，
山香仙人醉。

2004 年 7 月 25 日

自 言 自 语

古稀七旬今不稀，
岁月如水奔流急。
众心合奏谱乐章，
紧扣科技主旋律。

崎岖磨难多受益，
超脱深思明真谛。
终生学习是享受，
不待扬鞭自奋蹄。

人间真情最可贵，
世上凉热皆洗礼。
有幸传承前辈师，
更喜满园春荀起。

时空无限人渺小，
民族振兴靠接力。
从容漫步夕霞照，
寄望新辈创佳绩。

杜祥琬
2008.04.26-29

江南造船颂

　　江南造船厂的名字，早在当学生的时候就听说了。直到年过花甲，才有机会随工程院调研组来厂。目睹风采，感慨万千。遂成打油诗一首，略抒情怀。

江南造船，
百年积淀。
工业明珠，
黄浦江畔。
民族实业，
创业维艰。
国家命运，
厂史实现。
灾难、复兴，
时代变迁。
船业先驱，
人才摇篮。
屡建功勋，
丰碑伟岸。
打造一流，
世纪召唤。
老厂新生，
长兴再建[1]。
创新技术，
现代理念。
历史机遇，
前景灿烂。
百年故事，
再谱新篇。
"大、强"目标[2]，

终将实现!

2004 年 3 月 6 日

1 江南造船厂将在长兴岛建成新厂。

2 指我国造船业"做大、做强"的规划目标。

庐　山　情

今日同游含鄱亭，
烟雾缭绕雨不停。
不识庐山真面目，
只缘身在此山中。

赋诗祈祷诚则灵，
乱云飞去现美景。
终见庐山真面目，
天地有知山有情。

1998.07.30

日照中秋夜

海上明月升，
滩起孔明灯，
天际月灯会，
浪边众欢腾。

二零零九、中秋

游太平山岛

太平山岛本无奇，
峻峭山岩海中立，
山花芦苇纯天然，
迎客巨松多靓丽。

深蓝环绕见蜇鱼，
生态渔业育海底，
生命摇篮谱新篇，
可赞鲁日好儿女！

杜祥琬于日照
2009.10.5

川气东送赞

普光气田，
超深勘探。
开发宝气，
少井高产。
科技创新，
净化高酸。
川气东送，
效益非凡。
绿色长龙，
千里绵延。
石化健儿，
何惧"十难"，
越岸涉水，
穿江翻山。
指挥高效，
强势监管。
成就大业，
举世罕见。
能源品牌，
可歌可赞！

2010 年 11 月 26 日于达州

海 南 日 记

天兰兰、海蓝蓝，
空气清新数海南。
芒果香、椰汁甜，
风味套餐尝海鲜。
火山口、真奇观，
东山全羊歌手伴。
十一朋，有良缘，
道客村里迎兔年。
拜海瑞、寻椰三，
红树林中曲径弯。
鞭炮齐鸣万泉边，
红色娘子美名传。
东山岭上多流汗，
饱览南药植物园。
大东海、水底潜，
细沙碧浪亚龙湾。
鹿回头，佳话传，
天涯海角留纪念。

岷 江 情

千里峡谷青，
岷江伴我行。
碧水多壮观，
多姿又汹涌。
云底绕山巅，
叠翠似无穷。
涛涛江水声，
层层崇山岭。
蜿蜒盘山道，
造物夺天工。
田梯从天落，
银河百尺倾。
苹果遍山野，
花椒点点红。
山花自烂漫，
桃李竞笑容。
道旁采原蜜，
众友战群蜂。
黄羊逐石落，
牦牛笑盈盈。
叠溪水下城，
回首触心惊。
高耸红军塔，
后人肃起敬。
高寒原始林，
顿觉入仙境。
美景傍岷江，
缠绵恋我情。
追你到源头，
但愿再相逢。

1998.7.9 于九寨沟

找 北 歌

什么叫大饱眼福？
什么叫浸人肺腑？
到北极村来吧，
层叠的美景尽收眼底，
芬芳的大气任你吞吐！
万顷兴安象绿色的雾，
宽阔的黑龙从容漫步，
天公挥洒出一抹彩虹，
雨后的斜阳一展画幅。
血泪淘金留下了典故，
林人奋斗创造着财富。
好客的主人热情款待，
找北的人们心满意足。

2009 年 8 月 8 日于漠河

古 稀 感 言

二十无知七十老，
半百岁月忙叨叨。
未曾虚度可自慰，
淡享夕阳无限好。

杜祥琬
2009.10
北大同学 50 年聚

游 龙 江 源

细雨如烟，
丛林绵延，
金沙铺路，
九曲十八弯。

神州北端，
众友结伴，
合力排障，
追寻龙江源。

水师巡船，
浪花飞溅，
心潮澎湃，
阅黑龙两岸。

额、石两河，
来自古远，
相汇成江，
安静而壮观。

不息奔流，
一往无前，
多少岁月，
见证变迁。
倾听大自然的史诗，
感受两岸同命相连。

杜祥琬
2009·夏

自由电子激光颂歌

——献给东京讨论会的颂诗

〔美〕查尔斯·布劳

电子自由且快速，
制成激光高亮度，
从黑到黄色可调，
代价终将创财富。

可这个许诺躲躲藏藏，
用户愤怒抱怨又失望，
但我劝君莫忧伤，
明天将会做的棒，
使用户们感激又欣赏。

让我们为未来举起杯，
为 FEL 齐声赞美，
互相斟满醇香的酒，
一起痛饮共享快慰，
我们会有更多伙伴，
携手奋斗大有作为。

谢家麟　杜祥琬　译

复鼓浪屿林俊明

《敬赠杜院士》

杜康酒神人似仙，
祥云悠悠巡九天。
琬圭精气属国粹，
功高德昭更向前。

鼓浪屿林俊明

《国科疑》

振兴科仪倾国力，
赶英超美何太急？
体制不健娩呆痴，
仰天长叹忧国疾。

鼓浪屿林俊明

《杜复林老弟》

忧国疾，
盼能医，
何仪可测病源处，
寻得神医救自己。

和赵景谋诗^①

迎杜祥琬老先生故地重游

武家山人：赵景谋

折柳当年拭泪腮，
青山张臂故人来。
居同孤老寒窑洞，
食在贫家土灶台。
指点乡村犹小道，
纵横学海展雄才。
沧桑半纪风云事，
执手何须叹发白。

祥琬老兄：

一别 50 载，我这当年的小孩子也近花甲了！但您当年的形象清晰如昨！

1965 年您在武家山搞四清工作，住在五保老人的破窑洞，吃在贫下中农热炕头。为人谦和，工作认真，作风扎实，待吾等如亲兄弟，和老乡结下深情厚谊。回京后还不忘我父亲的病，并帮助联系好教授，若非"文化革命"，我父肯定会康复！此情我弟兄二人铭记在心，念叨了 50 年。您终于又踏上魂牵梦萦的热土，见到了经常念叨您的众乡亲，圆了故地重游之梦，也慰了乡亲思念之苦！恳切希望老兄多回来看一看、住一住！常来常往！顺祝老兄身体健康，全家幸福！

答景谋老弟

杜祥琬

心系武家山，
梦牵五十年。
桑榆终圆梦，
激情胜语言！

---

① 本文写于 2014 年。

紧握不忍释，
兄弟姐妹般。
寻觅当年路，
却见多新颜。
祈我好乡亲，
幸福更美满！

赞港珠澳大桥

可赞港珠澳
大桥连隧道
蜿蜒百里长
全球树模标
海上升明珠
快速成两岛
活似两巨轮
对望扬帆笑

先铺法基床
沉管用杠吊
深插钢圆筒
浮运装隧道
墩台整体制
开发新材料
保护白海豚
绿色且环保

耐久超百年
后代将称道
大型标准化
技新更成套
集群工程难
大气而美妙
港澳连一体
珠海两肩挑

发展大湾区
此桥可指靠

大师带人才
建设队伍好
联动创优化
管理多创造
超级工程优
汗水伴辛劳

回首十二年
由心生自豪
谱写发展史
中国新骄傲
群心策群力
光辉再闪耀

2018 年 1 月 14 日

柏 林 墙

噢！
这就是柏林墙，
水泥里头筋是钢。
三米高、廿公分厚，
当年百多公里长。
一道人间的屏障，
意在阻隔东西方。

噢！
这就是那柏林墙，
一夜之间被推倒。
没有动用炮和枪，
这震撼世界的一幕，
曾掀起一股热浪。

今天的柏林墙，
还留下一公里长，
给人们看，供人们想，
这最不起眼的景点，
吸引着世人造访。
热浪留下了静思：
这世界走向何方？

无言的柏林墙上，
写满了各国的语言，
表达思考和希望：
"不要战争、不要墙"！
坚固的未必长存，
顺应历史和人愿，

才是最后的力量。

独一无二的柏林墙，
你是历史的闹剧，
还是历史的课堂？
是四十年的短暂，
还是亘古的久长？

杜祥琬
于柏林
1999 年 8 月 29 日

俄罗斯即景

两洲横跨
万里行程
检阅俄罗斯的原野
倾听时代的脚步声

无尽　挺拔的
白桦
庄重　浑厚的
塔松
几株红叶
装点着灌木丛
稀疏的木制农舍
坐落在
无边的草坪
像几颗星辰
撒在无际的太空

突降鹅毛雪
袭来一阵寒风
顷刻太阳出
满目夏日情景
一个时辰
春夏秋冬

开阔　宁静
难见几缕炊烟
少有几个人影
偶见一群奶牛
草原任其漫行
几天几夜
相似图景

独有壮阔叶尼塞

码头忙不停

蔚蓝的贝加尔

深邃无穷

她以平静的微笑

向你致敬

匆忙的人们

穿着依旧

餐车

卅年前的水平

时间近于凝固

脚步过于沉重

车站的大标语

预示着沉静中的涌动

但愿古老的俄罗斯

获得新生

作者注释：1989 年 9 月，中物院四位同志应邀访苏，这是乘火车归途中的几句写实。

[码头忙不停] 坐落在叶尼塞河边的克拉诺亚尔斯克，是西伯利亚重镇，一片繁忙景象。

[车站上的大标语] 秋明车站上有一副大标语："改革是党的事业、人民的事业。"

❖　与俄罗斯少年在一起（克里姆林宫外，1996 年）

与我院战友共勉

草原山沟戈壁，
留下坚实足迹。
中华富强史册，
写入浓重一笔。

1999 年 11 月 4 日

风洞之歌

身架半空，
头顶石壁，
战斗在风洞工地。
劳动紧张热烈，
决心向国庆献礼！

向上瞧，
茉莉花开满石壁；
向下望，
汗水泥浆汇一起；
左右看去，
小伙子变成少白头，
姑娘们都成白毛女，
劳动多风趣！

边干边唱，
边唱边想，
双手做的是
简谐振动，
创造的
是世界奇迹！

杜祥琬
1958 年 9 月

享受真正的辽阔[①]

　　杜祥琬院士的科研生涯，始终与国家的需求密不可分。从戈壁大漠到川蜀深山，从数力到核物理，再到激光，他的一生，在不同的地域和专业间不断转换，他走过的各个领域，都留下了丰硕的成果。

与"核"结缘　未知的任务改变一生命运

　　最大的宇宙没学成，倒学起了最小的原子核，命运的转换也由此开始。

　　初见杜祥琬，明媚的阳光透过办公室的玻璃流淌进来，在他的满头银丝上闪着柔和的光，他的微笑里是岁月沉淀下来的安详与温婉，像极了他的名字。这名字是有来历的，在1938年的战乱中，杜祥琬出生在逃难路上，一个盛产"琬玉"的地方，所以父亲为他取名祥琬，想让他平安吉祥，又想把他琢玉成器。

　　杜祥琬的父母都是大学生，是踏着"五四运动"足迹成长奋斗的一代人，勤奋踏实、艰苦奋斗成了他们给杜祥琬上的第一课。他的父亲杜孟模早年毕业于北京大学数学系，受其影响，杜祥琬从小就有浓厚的学习兴趣，当时他提前半学期参加了升初中的考试，并被顺利录取。但他放弃了，理由很简单：有一道因式分解题是六年级下学期才学的内容，他不会。那时的他就懂得，盖楼多高要看地基多牢，一块砖头也不能少。

　　如果没有"一块砖"的踏实精神，恐怕很难有杜祥琬后来的科研成就。走上这条路，也是辗转曲折的。

　　杜祥琬在读高中时，最喜欢的是天文学，因此，1956年高考时第一志愿就报考了当时全国大学惟一的天文学系——南京大学天文学系。

　　就在此时，国家在当地挑选两名留学苏联的预备生，杜祥琬以优异的成绩被选中，接到通知才知道，下南京变成了上北京。然而正当他全力以赴学习俄语的时候，由于当时中苏关系趋于紧张等原因，派遣留苏学生的事情暂停了，他被转入北京大学数力系学习。

　　两年后的暑假，杜祥琬正和几个同学在学校摆弄电子零件，突然接到通知，要求到北京外语学院报到，准备去莫斯科学习。原来，在著名核物理学家钱三强的主持下，国家选派30名大学生到莫斯科工程物理学院攻读原子能专业，杜祥琬再一次被选中。从此，国家的需要促使他将目光从最宏大辽阔的宇宙转向最细小精微的核物理领域。

　　"大大的宇宙没学成，却学起了小小的原子核。不过你想想看，原子核和它外面的电

　　① 本文原载于《经济日报》2009年5月17日，作者王璐。

子组合起来，是不是有点像太阳系里的各个行星啊？"杜祥琬笑着说，很是幽默。

杜祥琬清晰地记得，他们带着憧憬，坐上开往莫斯科的列车，走了 6 天 6 夜，穿越东北、进入辽阔的西伯利亚，经过贝加尔湖，越过乌拉尔山脉，到达莫斯科。30 个同学被分配到了不同的专业，他被分到理论核物理。

留苏的日子是艰苦而充实的，尽管不知道学习这样的专业，日后回国能做什么，但他珍惜这万里之外的求学机会。

1965 年初，回国后的他被分配到中国工程物理研究院理论部工作。没有任何外部资料和信息可以参考借鉴，杜祥琬在王淦昌、朱光亚、邓稼先、周光召等一批优秀科学家的带领下，开始了不分昼夜的讨论与研究。

20 多年的"核"生涯里，他曾多次驻扎戈壁。零下 20 摄氏度的夜里，住着四面透风的帆布帐篷，戈壁滩上没有水，只能喝孔雀河的咸水，拉肚子就成了经常的事。但比起取得科研成果时的幸福，一切的艰难都值得。

回想起那时的心情，杜祥琬轻轻唱起"我们走在大路上，意气风发，斗志昂扬……我们献身这壮丽的事业，无限幸福，无上光荣。"优美的旋律里，是他闪动着的眼神和情不自禁的微笑。他唱出的是那个时代的热血沸腾，今天听起来，依然有强烈的感染力。

投身"激光" 国家需要就是科研指向

他所面临的考验，不仅是突破不同科技领域间的隔阂，更是如何带好这支来自不同专业、不同背景的科研队伍，让他们齐心协力出成绩。

1987 年，杜祥琬迎来了科学道路上的又一次转折——被选入国家"863"计划激光专家组。不久，就任国家"863"计划激光技术主题专家组首席科学家。这意味着他要从已经驾轻就熟 20 年的核研究，转向一个新的高科技领域，这需要怎样的勇气和毅力！

连他自己也不会想到，这 20 年会是他压力最大、最为繁忙的 20 年。激光是个综合性很强的学科，需要不同专业背景的人共同研究，杜祥琬带领这样一支科研队伍，不畏艰难，屡败屡战，走向成功。

那时我国的激光技术还远远落后于国际先进水平，强激光技术存在不确定技术途径和高风险，杜祥琬主持研究和制定了符合我国国情的发展目标、研究重点、技术途径等发展战略与实施方案，带领同事们独立自主地开拓出一条我国发展新型强激光技术的道路，在较短的时间内把我国新型强激光技术研究推进到国际先进水平。

"激光的功用太大了，医疗、工业、武器的进步都离不开它。"杜祥琬说。正因为如此，他和他的团队加倍努力地进行激光研究。在这个高难度的陌生领域里，要齐心协力研究出成果，需要的不仅是扎实的物理基础、强烈的责任感，还有优秀的组织领导团队的能力。"任何一项工程科技的成就，皆非一朝一夕之功，常常是大团队、长周期奋斗的结果。"杜祥琬深有感触地说。

杜祥琬的战友们当中，有一支年轻的团队，在四川的深山里，攻关 8 年，未能出光，这样长期"坐冷板凳"的滋味不好受，年轻人当中，有的几度要放弃。"你爬过华山吗？"他问道，"华山上有颗'回心石'，大多数人走到那里都很疲惫，坚持不了了，就只好回头。"可是，他和他的团队坚持下来了。杜祥琬从科学技术上分析自由电子激光无可替代的优点和可行性，为他们打气加油。

"100 件事，做好了 99 件，还是出不了光，必须做到百分之百。科学来不得半点虚假。"这是杜祥琬对团队的要求。他说，这种精密的高技术研究，是硬碰硬的事，容不得一点浮躁，只能潜心钻研，战术上充分重视和细心。充分认识并认真解决每一个环节的技术问题，使每一个技术参数到位。这样的严谨苛刻，终于让这项研究在 8 年后成功出光，并被评为当年全国 10 项基础研究成果的第三名。

是什么让这个团队不畏艰难和孤独，最终硕果累累？"是共同的价值观和精神支柱。"杜祥琬一字一句地说。大家形成了一种默契，就是我们在做一项"强国力、扬国威"的大事，再多的困难也磨不灭那强烈的使命感和责任心。

杜祥琬清楚地记得他年轻的时候和邓稼先、于敏等一批老科学家在一起搞科研时的场景，从 20 多岁到 50 多岁的一群人，热烈讨论，争相在黑板上画图、写公式，提出自己的方案。大家没有顾虑，不计较形式，只有一个目的，让祖国早一天有强大的科技实力。

他把这种熏陶带给年轻一代的科研工作者，努力为他们创造更好的科研环境，让他们能为祖国出大力。他促成了每两年举办一次的"全国青年激光学术交流会"，还设立了"激光技术青年基金"，培养有潜力的中青年业务骨干。他深知，这是一场长期的国际竞赛，需要一代代科技工作者不懈地努力。他在《抒怀——赠青年朋友》中写道：

"人生脚步坚实走，众友齐心同奋斗，艰难磨砺开新路，并非闲白少年头。少年头，后生可赞，再织锦绣！"

探索"新能源"　老骥伏枥只为百姓安康

那是一种信仰带来的无穷动力，能为祖国和人民多贡献一分智慧，是幸福。

几年前，杜祥琬担任了中国工程院副院长，一段新的历程开始了——从事国家能源发展战略咨询研究。

从"核"到"光"，再到"新能源"，贯穿其中的是应用物理学，还有国家需要。但是，除了这些，在杜祥琬的内心，有股强大的动力在支撑他。

在杜祥琬眼里，为祖国和人民多贡献一分智慧，都是无比幸福的。

为此，中国的环保路该怎么走，成了他现在最大的心事。"522 个城市多数空气没有达标，400 个城市缺水，180 万平方公里土地沙漠化，近 4 亿人口的耕地和家园受到威胁，4000 多种生物濒危。"杜祥琬一口气说出一连串数字。

"不能让中国的'地大物博'成为'地大物薄'"，杜祥琬的话里有几分凝重。他认为，中国的环境问题，首推空气污染。原因和丰富的煤炭能源有关。再者是水，工业的发展让水污染加剧，水之后就是息息相关的土壤问题。这一切，导致了生物多样性的减少。他记得，小时候常到附近的山岗上玩，那里有很多蚂蚱，但现在都消失不见了。"现在只剩下蚊子了。"杜祥琬无奈地笑笑。

杜祥琬认为，中国要走一条新的环保路，要改变能源的"颜色"和"结构"。为此，我国需要开发 3 种概念的绿色能源："绿色能源是个新概念：节约能源、提高现有能源的利用效率本身就是一项巨大的廉价的绿色能源；人们最容易理解的可再生能源、核能等属于绿色能源；推进煤的洁净化技术，使煤这个黑色能源绿色化，也属于绿色能源。"今后的几十年内，绿色能源不仅能够解决我国能源的需求问题，而且可以显著改变我国的能源结构，使其逐步绿色化，以达到"资源节约型、环境友好型社会"的要求。

杜祥琬认为，绿色能源是指低污染或无污染的环境友好型能源；可再生能源属于绿色能源范畴，它的最大特点就是可再生，主要包括水能、风能、生物质能、太阳能等；新能源则是相对于传统能源而言的，主要包括核能、风能、生物质能、太阳能等，而水电发展起步较早，不属于新能源行列。

中国可再生能源的潜力到底有多大？杜祥琬说，我国利用可再生能源、核能等新型绿色能源的潜力比较可观。估计到 2020 年，水电可达 2.6 亿千瓦；风力发电是目前在中国非常有产业化前景的可再生能源，正在改进技术，降低成本，2020 年装机容量有望超过 3000 万千瓦；我国太阳能资源丰富，而且正在技术上取得突破，预计到 2020 年，太阳能集热面积达 3 亿平方米，年替代化石能源达 4000 万吨标准煤，太阳能光伏发电将达数百万千瓦。我国以非粮农、林废弃物和荒地种植作物及垃圾为主的生物质能源丰富，主要发展方向是沼气、生物质发电、生物乙醇、生物柴油、生物质颗粒燃料等。垃圾燃烧发电或以其他方式资源化也是一个重要方向。

中国是个 13 亿人口的大国，实现可持续发展是一项前无古人的伟大事业，不能照搬他国经验，必须走出自己的绿色康庄大道。为此，他和 100 多位专家开始了不断地调研，整理，讨论，几年的时间过去，编写成了《中国可再生能源发展战略丛书》，"这只是个开端，新能源发展还有很长的路要走。"现在，他正在同一大批专家一道，深入研究 2030 年乃至 2050 年前我国能源发展战略。

为了便于记者理解他所从事的科研工作，杜祥琬不断变换着方式，或画图，或查资料，或打比喻，"就拿这阳光来说，我所从事的所有专业都能在它身上找到对应点。"杜祥琬笑着说，太阳发射出的能量粒子是四面八方的，所以普照大地，而激光正是把光子集中一个方向射出去，才有了巨大能量；新能源研究中，太阳能是一个巨大的能源库，清洁、取之不竭。

听起来很奇妙。但是，选择应用物理，既是选择乐趣，也是选择艰苦与寂寞。在严寒酷暑中不断试验，不断创新；要在多年没有出成果的情况下顶住压力继续前行；要和妻儿长期分离……在杜祥琬的科研生涯中，与家人"同甘的机会不多，共苦的考验很长。"让杜祥琬欣慰的是，他的妻子毛剑琴给了他无限的包容和支持。毛剑琴是他的北大同窗，是改革开放后我国自动控制领域的第一位女博士，她很懂得杜祥琬，从不埋怨，他们一起走过漫长岁月。在她 56 岁生日的时候，杜祥琬写过一首五言诗，共 56 句。"共渡灾难时，困苦见真心……但愿人长久，共勉知我心。"这风雨同行的爱情，让杜祥琬始终能以更大的热情投入事业。

在杜祥琬的人生中，每一次的投入都是专注的，奋斗的过程是一种享受，他把自己内心丰富而细腻的感情寄托其中。杜祥琬是个热爱生活的人，他能清楚地记得几十年来点点滴滴的成长乐趣。他怀念高中时全班一起合奏二胡时的整齐壮观，他感激数学老师给他的思维启迪，他留恋戈壁滩上一起奋斗过的科研同事……

在杜祥琬的办公桌上，摆放着一张他和小孙女的合照，一老一小，在故乡一望无际的黄河滩上笑得很灿烂。一个豁达，一个天真，不同的表情，同样的幸福。

延伸阅读

战斗在北大的共产党人
王效挺，黄文一　主编
（北京大学出版社，1991 年）

核军备控制的科学技术基础
杜祥琬　编著
（国防工业出版社，1996 年）

中-英合作：
气候变化风险评估
（中国环境出版集团，2019 年）

高技术要览——激光卷
杜祥琬　主编
（中国科学技术出版社，2003 年）

公众应对恐怖事件常识
杜祥琬　主编　沈倍奋　副主编
（科学出版社，2007 年）

中国可再生能源发展战略研究丛书
（中国电力出版社，2008 年）

应对气候变化的科学技术问题研究
（科学出版社，2015 年）

中国能源中长期（2030、2050）发展战略研究
（科学出版社，2011 年）

童梦京华
毛大庆
（中信工业出版社，2013 年）

新中国著名建筑师——毛梓尧

周畅，毛大庆，毛剑琴　主编

（中国城市出版社，2014年）

中国能源战略研究

杜祥琬　著

（科学出版社，2016年）

核物理与核军控研究

杜祥琬　著

（科学出版社，2017年）

我国核能发展的再研究

（清华大学出版社，2015年）

低碳发展总论

杜祥琬　等著

（中国环境出版社，2016年）

激光物理与技术研究

杜祥琬　著

（科学出版社，2018年）